Das Kosmosbuch der Wildpflanzen

Roger Phillips

Das Kosmosbuch der Wildpflanzen

Der Führer zu 1000 Blütenpflanzen Mitteleuropas

Ein großer Kosmos-Naturführer

Kosmos · Gesellschaft der Naturfreunde
Franckh'sche Verlagshandlung · Stuttgart

Aus dem Englischen übersetzt und bearbeitet von Dr. Bruno P. Kremer
Titel der Originalausgabe: „Wild Flowers of Britain", erschienen bei Pan Books Ltd., London, 1977, unter ISBN 0 7063 5580 6.
Eine gebundene Ausgabe ist bei Ward Lock Ltd., London, erschienen.

Mit 1069 farbigen Abbildungen
Alle Aufnahmen stammen von Roger Phillips, mit Ausnahme von: M. A. Atherden: 28(f), 83(f); Joan M. Cooper: 82(e); W. Elfyn Hughes: 125(a); J. A. Etough: 56(d), 57(e), 83(e), 101(a), 101(f), 124(a), 125(f), 172(d), 172(e), 173(b), 173(e); P. H. Hazle: 82(c), 82(d), 83(d), 124(b), 153(a), 172(f); A. Huxley: 28(e), 56(e), 57(b), 57(c), 100(e), 100(f), 101(c), 172(a); Ray Hunter: 75(f); Arthur Lange: 82(f), 124(f); Peter Lawson: 125(e); J. L. Mason: 29(e), 38(c), 39(b), 39(d), 39(e), 39(f), 56(b), 74(a), 74(b), 74(c), 74(f), 75(b), 83(b), 100(d), 100(e), 103(c), 152(a), 152(f), 173(a); G. R. Miller: 100(b); D. A. Robertson: 100(a), 124(d); Martyn Rix: 152(e); Joan Small: 28(a), 28(d), 29(a), 29(b), 29(c), 29(d), 29(f), 38(b), 56(a), 56(c), 56(f), 57(a), 57(f), 82(b), 83(a), 100(c), 101(b), 102(e), 103(b), 124(c), 124(e), 125(c), 125(d), 152(b), 152(c), 152(d), 153(b), 153(c), 153(e), 172(b), 173(f); Mark Smith: 28(b), 28(c), 57(d), 125(b), 153(d); Mary Stevens: 82(a), 83(c), 153(f), 172(c), 173(c); Duncan Thomas: 100(d).

Umschlag von Edgar Dambacher
unter Verwendung einer Aufnahme von Roger Phillips

CIP-Kurztitelaufnahme der Deutschen Bibliothek

Phillips, Roger:
Das Kosmosbuch der Wildpflanzen : d. Führer zu 1000 Blütenpflanzen Mitteleuropas ; e. grosser Kosmos-Naturführer / Roger Phillips. [Aus d. Engl. übers. u. bearb. von Bruno P. Kremer]. – Stuttgart : Franckh, 1981.
Einheitssacht.: Wild flowers of Britain ⟨dt.⟩
ISBN 3-440-04930-2
NE: Kremer, Bruno P. [Bearb.]

Franckh'sche Verlagshandlung, W. Keller & Co., Stuttgart / 1981

Printed in Great Britain / Imprimé en Grand Bretagne
LH 14 Ste / ISBN 3-440-04930-2
Satz: G. Müller, Heilbronn
Herstellung: Cripplegate Printing Co. Ltd., Edenbridge, Kent

Das Kosmosbuch der Wildpflanzen

Einleitung

Vor einigen Jahren, als mein kleiner Sohn gerade fünf Jahre alt war, bemerkte ich, daß ihm als Großstadtkind die frische Luft und ungewohnten Düfte der freien Landschaft fehlten. Also begannen wir mit sonntäglichen Wanderungen und Spaziergängen in die Natur, bei Regen oder Sonnenschein, Sommer und Winter. Außerdem gingen wir dazu über, uns unsere Mahlzeiten auf einem offenen Feuer selbst zuzubereiten. Anfangs waren diese Unternehmungen ein richtiger Auftauvorgang, eine Art persönlicher Abhärtungs- und Umgewöhnungskurs, aber nun sind sie immer beliebter geworden.
Durch die Jahre hinweg habe ich beim Herumlaufen draußen immer wieder beobachtet, wie die Natur sich im Jahresgang verändert, wie die Pflanzen mit den Jahreszeiten wachsen und vergehen. Ich begann mich dafür näher zu interessieren und nach den Artnamen zu fragen, Pflanzen, die ich in Wald und Flur fand, genauer anzuschauen und zu bestimmen. Dazu versorgte ich mich zunächst mit einer Anzahl Pflanzenbücher.
Meine Unkenntnis der formalen Katalogisierungs- und Zuordnungsverfahren der Pflanzen nach Gattung und Familie war jedoch offenkundig, und so wußte ich zunächst nicht, wo ich mit der Nachsuche zu beginnen hatte. Ohne genauere Vorstellung vom Namen oder vom näheren Verwandtschaftskreis der Pflanzen blieb zunächst nichts anderes übrig, als in den Pflanzenbüchern Seite für Seite zu blättern, und selbst nach dieser Methode schlug mancher Bestimmungsversuch noch fehl.

Ich bin Fotograf, und meine gesamte Erfahrung und Schulung liegt viel eher im sichtbaren als im akademischen Bereich. Ich habe daher den Versuch unternommen, ein Buch zusammenzustellen, in dem das Sichtbare weit im Vordergrund steht. Ich versuchte, genau das Buch zu machen, das ich eigentlich einige Jahre zuvor gebraucht hätte.
Das wichtigste Anliegen dieses Buches ist es, eine überwiegend optisch ausgerichtete Bestimmungshilfe an die Hand zu geben, mit der jeder Naturfreund zurechtkommt, ob er nun schon weiterreichende Kenntnisse hat oder nicht.
Erstens habe ich die Pflanzen in der Reihenfolge ihrer Blütezeiten angeordnet und nicht familienweise gruppiert, weil eine solche Anordnung eben nur dann sinnvoll ist, wenn der Benutzer bereits weiß oder entscheiden kann, in welchen Verwandtschaftszusammenhang eine gefundene Pflanze gehört. Ich habe mich bemüht, die einzelnen Arten genau zu ihrer natürlichen Blütezeit zu fotografieren. Wenn die jeweilige Blühperiode nur kurz währt, vielleicht nur ein oder zwei Monate andauert, ist die Entscheidung einfach. Wenn aber, was häufig der Fall ist, eine Pflanze mehrere Monate lang blüht, habe ich sie immer an den Anfang der entsprechenden Blühperiode gesetzt. Wenn möglich, wurden auch überwiegend Pflanzen des gleichen Lebensraums zusammengefaßt.
Zweitens habe ich fotografische Aufnahmen verwendet. Als ich anfangs selbst die Bücher durchblätterte, um Pflanzen zu bestimmen, war ich häufig über den Mangel an guten Aufnahmen in solchen Büchern sehr erstaunt. Sicher gibt es auch hervorragende Zeichnungen, aber ich glaube, daß ein fotografisches Bild dem Anfänger nützlicher ist und ihm viel eher einen unmittelbaren Eindruck einer Pflanze geben kann. Viele Leute haben diesen Versuch kritisiert und darauf hingewiesen, daß eine gute Zeichnung eine durchschnittliche Pflanze zeigen und alle wichtigen Bestimmungsmerkmale hervorheben kann. Sicher, aber ich behaupte, daß die Stärke dieses Einwandes zugleich auch seine Schwäche ist. Die hier abgebildeten Pflanzen sind keine idealisierten Ausgaben, sondern ganz normale Exemplare, wie man sie draußen überall findet.
Drittens habe ich für dieses Buch ein größeres Format gewählt. Der Nachteil dieser Wahl ist natürlich, daß man das Buch nicht einfach in die Tasche stecken und mit nach draußen nehmen kann. Dies wird aber bei weitem durch den Vorzug aufgewogen, daß für die Abbildung der einzelnen Arten ein viel größerer und angemessenerer Raum zur Verfügung steht.
Viertens habe ich, um dem Leser und Benutzer die Artbestimmung zusätzlich zu erleichtern und zu sichern, von jeder abgebildeten Pflanze die wichtigsten Merkmale, den Standort und die Verbreitung angegeben.

Zum Umgang mit diesem Buch

Die Pflanzen sind in kalendarischer Abfolge angeordnet, beginnend auf Seite 12 mit den ersten Frühlingsblühern. Mit jeder neu angeblätterten Seite schreitet das Blütenjahr fort. Pflanzen, die sich ähneln oder die verwechselt werden können, sind mit entsprechenden Querverweisen versehen, so daß sie jeweils leicht aufzufinden sind. Außerdem ist von einigen Pflanzen mehr als eine Aufnahme vorhanden, so daß manche Arten in verschiedenen Entwicklungsstadien zu verfolgen sind. Daher werden auch Pflanzen mit auffallenden Früchten meist doppelt abgebildet. Ein weiterer Vorteil dieses chronologischen Vorgehens ist die übersichtliche Orientierung darüber, welche Pflanzen zu einer bestimmten Jahreszeit draußen zu erwarten sind. Die verschiedenen Textangaben halten folgende Informationen bereit:

Deutsche Pflanzennamen

Trotz erheblicher regionaler Unterschiede in der Benennung der Pflanzenarten wurde eine einheitliche deutsche Namensgebung angestrebt, wie sie auch von den eingeführten Exkursionsfloren vorgeschlagen wird (vgl. Literaturverzeichnis S. 192). Der deutsche Pflanzenname ist jeweils halbfett gesetzt.

Wissenschaftliche Pflanzennamen

Die aus Gründen einer genaueren Festlegung unvermeidbaren wissenschaftlichen (botanischen) Namen der Pflanzen folgen überwiegend der 2. Auflage von Ehrendorfer, Liste der Gefäßpflanzen Mitteleuropas. Auf frühere Bezeichnungen (Synonyme) wurde meist verzichtet. Wissenschaftliche Pflanzennamen sind jeweils kursiv gesetzt.

Autorennamen

Dem wissenschaftlichen Namen folgen meist mehrere Buchstaben oder eine Namenabkürzung, die denjenigen Botaniker bezeichnen, der die Pflanze als erster beschrieben und benannt hat. In den Anfängen der systematischen Botanik entdeckten und beschrieben die frühen Botaniker in den verschiedenen Ländern völlig unabhängig voneinander, was für ein und dieselbe Pflanze häufig zu einem unübersichtlichen Begriffs- und Nameswirrwarr führte. Heute ist die „Namensflurbereinigung" weitgehend abgeschlossen, wobei als gültiger Name im allgemeinen die Benennung aus der Erstbeschreibung (oder einer späteren Neubearbeitung mit Umstellung in eine andere Gattung) verwendet wird.

Familiennamen

In allen Fällen wurden auch die deutschen und wissenschaftlichen Familienbezeichnungen der abgebildeten Arten aufgenommen, so daß der interessierte Leser mit Hilfe dieser Information im Familienverzeichnis im Anhang nachschlagen kann, welche anderen Pflanzen dem gleichen Verwandtschaftskreis angehören.

Lebensdauer

Die kurze Kennzeichnung jeder berücksichtigten Pflanzenart enthält Angaben darüber, ob es sich um eine ein-, zwei- oder mehrjährige krautige Art oder um einen Strauch (Zwergstrauch) oder Baum handelt. Dies ist besonders in solchen Fällen wichtig, bei denen nur bestimmte Pflanzenteile abgebildet werden konnten.

Wuchshöhe

Die Höhenangaben (in cm oder m) nennen die Normalgröße der betreffenden Pflanze und legen den Rahmen fest, in dem sich die meisten Vertreter einer Art bewegen werden. Ungewöhnliche Standortbedingungen können die Pflanzen im Erscheinungsbild oft stark verändern und dann auch die Wuchshöhe beeinflussen.

Kurzbeschreibung

Die Kurzbeschreibung nennt in wenigen Stichworten die wichtigsten artkennzeichnenden Merkmale an Stengel, Blättern und Blüten, anhand deren eine Pflanze sicher erkannt und von verwandten oder ähnlichen Arten unterschieden werden kann. Die dabei verwendeten Fachausdrücke werden in einem gesonderten Begriffsverzeichnis (S. 10) erklärt.

Häufigkeit

Nicht alle Pflanzenarten kommen überall gleichzeitig in der gleichen Menge vor. Hier gibt es gewaltige Unterschiede, die in den Verbreitungs- und Häufigkeitsangaben berücksichtigt werden. Meist sind es einheimische Pflanzen, die an geeigneten Standorten zwischen Meer und Alpen wachsen. Andere kommen nur nördlich der Mittelgebirge vor, wieder andere sind besonders in Süddeutschland häufig. Manche haben ihr Hauptverbreitungsgebiet in West- oder in Südeuropa und treten nur als gelegentliche Einwanderer oder unbeständige Gäste auf.

Bedeutung

Aus Raumgründen mußten Hinweise auf die praktische Bedeutung der einen oder anderen Art sehr eingeschränkt werden. In jedem Fall ist jedoch vermerkt, wenn eine Pflanze eßbar oder giftig ist.

Blütezeit

Für jede Pflanze ist die Hauptblütezeit durch römische Zahlen (entsprechend der Monate) angegeben. Man muß jedoch berücksichtigen, daß je nach geographischer Lage des Fundortes Abweichungen möglich sind. Im Flachland werden die Sumpf-Dotterblumen merklich früher blühen als in einem hochgelegenen Tal im Bergland.

Querverweise

Wo nötig oder sinnvoll bezeichnen die Zahlenangaben am Ende der Pflanzenbeschreibung ähnliche oder ver-

wandte Pflanzen, die man zum Vergleich heranziehen sollte. Manchmal wird auch auf ein anderes Entwicklungsstadium oder reife Früchte der gleichen Art verwiesen.

Naturschutz

Viele Pflanzen blühen besonders auffällig und sind daher als Vasenschmuck sicher attraktiv. Weil viele Arten wegen ihres ansprechenden Aussehens oder ihrer Seltenheit stark gefährdet sind und auszusterben drohen, sind in allen europäischen Ländern entsprechende Naturschutzbestimmungen erlassen worden, die das Abpflücken oder sonstige Zerstören von Pflanzen oder ihrer Standorte verbieten. Geschützte Pflanzen sind als solche im Text gekennzeichnet. Kein wirklicher Natur- und Pflanzenfreund wird solche Arten sammeln oder ausgraben und so den Ausverkauf unserer Naturlandschaft betreiben.

Abbildungen

Die meisten Pflanzenaufnahmen tragen einen schwarzen Kreis von 1 cm Durchmesser, von dem auf die wirkliche Größe der abgebildeten Pflanzen(teile) geschlossen werden kann.

Die großformatigen Bilder wurden mit einer De-Vere-Kamera (mit 210 mm Objektiv) auf Ektachrom-Tageslichtfilm aufgenommen. Die mittelformatigen Bilder (linke Buchseiten) wurden mit der gleichen Kamera auf Ektachrom-Tageslichtfilm im Format 12,5 × 10 cm aufgenommen. Als Lichtquelle diente ein Blitz. Für die Studioaufnahmen verwendete ich einen Strobe-Blitz mit Fish-Fryer-Vorsatz. Im beweglichen Studio nahm ich jeweils zwei Metz 402-Batterien und einen großen Reflektor zur Weichzeichnung. Die Einzelaufnahmen entstanden auf verschiedene Weise, entweder im Format 12,5 × 10 cm wie oben oder mit einer Hasselblad auf Ektachrom Professional. Die Aufnahmen anderer Bildautoren wurden im Format 6 × 6 cm oder im 35 mm-Format geschossen, entweder mit Sonnenlicht oder unter Verwendung eines Elektronenblitzes.

Register

Am Ende des Buches finden Sie ein vollständiges Register der deutschen und wissenschaftlichen Pflanzennamen. Zusätzlich ist ein Familienregister angefügt, in dem in alphabetischer Abfolge alle diejenigen Pflanzenfamilien erscheinen, aus denen einzelne oder mehrere Vertreter im Bildteil berücksichtigt wurden.

Einige botanische Fachausdrücke

Achäne Kleine, einsamige Nußfrucht, bei der Samenschale und Fruchtwand miteinander verwachsen sind (bei Korbblüten- und Doldengewächsen)
Aggregat Gruppe nahverwandter Arten oder Unterarten (Kleinarten)
Ähre Blütenstand mit ungestielten Blüten an durchgehender, einzelner Hauptachse
Alkaloide Basische, stickstoffhaltige Verbindungen in Pflanzen von oft starker Giftwirkung
Alternierend Merkmal der Blattstellung; an den Stengelknoten stehen jeweils nur einzelne Blätter (vgl. gegenständig und wirtelig)
Annuell Einjährige Pflanzen; Auskeimen, Blühen und Fruchtreife laufen innerhalb einer Vegetationsperiode ab
Anthere Teil des Staubblattes, in dem die Pollenproduktion abläuft
Arillus Meist auffällig gefärbter Samenmantel, der nicht mit der Fruchtwand identisch ist (z.B. bei der Eibe)
Außenkelch = Epicalyx; außerhalb des eigentlichen Blütenkelches befinden sich noch weitere kelchblattartige Hüllorgane
Balg Nur aus einem Fruchtblatt gebildete Frucht, die an der einzigen vorhandenen Längsnaht aufspringt
Baum Holzpflanze mit meist einfachem Stamm, der sich erst in größerer Höhe verzweigt
Beere Frucht, bei der die gesamte Fruchtwand fleischig wird (Himbeere = Sammelsteinfrucht; Erdbeere = Sammelnußfrucht)
Blatt Vielgestaltiges Anhangsorgan der Sproßachse
Blättchen Von der übrigen Spreite völlig getrennter Teil eines zusammengesetzten (z.B. gefiederten) Blattes
Blüte Sproßteil mit begrenztem Wachstum, der die geschlechtliche Vermehrung übernimmt und mit entsprechend umgestalteten Blättern (Fruchtblättern, Staubblättern) ausgestattet ist. Vgl. Blütenhülle
Bulbillen Stark vergrößerte Knospen (Brutknöllchen), die sich ablösen können und der vegetativen Fortpflanzung dienen
Calyx Blütenkelch; besteht aus mehreren freien oder miteinander verwachsenen Kelchblättern (Sepalen)
Corolla Blütenkrone, besteht aus mehreren freien oder verwachsenen, meist lebhaft gefärbten oder vergrößerten Kronblättern (Petalen)
Cupula Becherförmige Achsenwucherung, die bei den Buchengewächsen die Früchte trägt oder einschließt
Dichasium Verzweigungsform, bei der die beiden Seitenäste die Hauptachse übergipfeln (häufig bei den Nelkengewächsen)
Dolde Blütenstand, bei dem die Nebenachsen einblütig und unverzweigt bleiben, jedoch von einem Punkt der Hauptachse ausgehen. Sind die Nebenachsen ihrerseits doldig verzweigt, liegt eine zusammengesetzte Dolde oder Doppeldolde vor. Vgl. Scheindolde
Dorn Stechend-spitzes Ende eines Sprosses oder umgewandeltes Blatt, an dem neben der Epidermis auch tieferes Achsengewebe beteiligt ist. Immer mit Leitbündel ausgestattet. Vgl. Stachel
Dreihäusig Männliche, weibliche und zwittrige Blüten auf der gleichen Pflanze
Einhäusig = Monözisch; männliche und weibliche Blüten getrennt auf der gleichen Pflanze
Epicalyx Vgl. Außenkelch
Epiphyt Pflanzen, die auf den Zweigen oder Ästen größerer Holzpflanzen (meist Bäume) leben (z.B. Mistel)
Gattung Pflanzensippe, die in der taxonomischen Rangordnung mehrere Arten umfaßt; z.B. bilden die Rote Taubnessel und die Gefleckte Taubnessel (= verschiedene Arten) die Gattung Taubnessel *(Lamium)*
Gegenständig An einem Stengelknoten stehen sich zwei Blätter exakt gegenüber
Familie Pflanzensippe, die in der taxonomischen Rangordnung mehrere Gattungen umfaßt; z.B. gehören die Gattungen Taubnessel und Thymian neben anderen Gattungen zur Familie Lippenblütengewächse
Flora Gesamtheit der in einem bestimmten Gebiet vorkommenden Pflanzenarten
Frucht Blüte im Zustand der Reife; umfaßt Samen und Hülleneinrichtungen
Habitat Lebensraum oder Umwelt eines Lebewesens
Halbschmarotzer Pflanzen mit Blattgrün, die nur einen Teil ihrer Nährstoffe direkt aus anderen Pflanzen beziehen
Halbstrauch Pflanze von meist niedrigem Wuchs, bei der nur die basalen Teile verholzt sind
Hülse Frucht der Schmetterlingsblütengewächse; entsteht aus einem Fruchtblatt, das sich an zwei Längsleisten öffnet
Hybride Pflanze, die aus der Kreuzung artverschiedener (seltener auch gattungsverschiedener) Eltern hervorgegangen ist
Hypocotyl Stengelabschnitt zwischen Wurzelansatz und Keimblatt
Immergrün Sträucher oder Bäume, die ihre Blätter über Winter behalten
Insektenblütige Pflanzen, bei denen Insekten den Pollentransport und die Bestäubung übernehmen
Insektivoren Pflanzen, die Insekten fangen und damit einen Teil ihrer Ernährung sicherstellen
Involucrum Hülle aus kelchblattartigen Organen, die die Blütenköpfe der Korbblütengewächse einschließen
Kapsel Frucht, die aus zwei oder mehreren Fruchtblättern gebildet wird. Verschiedene Öffnungsmechanismen (z.B. Streukapsel)
Karpell Fruchtblatt; meist zu mehreren zu einem oder zahlreichen Fruchtknoten verwachsen
Karyopse Frucht der Gräser; entsteht durch Verwachsung der Samenschale und der Fruchtwand aus einem oberständigen Fruchtknoten

Kelch Vgl. Calyx
Kelchblätter = Sepalen, meist grüne, wenig ausgestaltete Blätter, die die äußere Umhüllung der fertilen Blütenblätter bilden
Kiel Scharfe Kante oder Leiste, meist auf der Unterseite eines Blattes
Klause Teilfrüchtchen der Lippenblüten- und Rauhblattgewächse
Knolle Unterirdisches Reserveorgan, kann durch gestaltliche Umwandlung von Sproß- oder Wurzelanteilen entstehen
Knoten Teil des Stengels, an dem ein bis zahlreiche Blätter ansitzen
Körbchen Blütenköpfchen, das zusätzlich noch eine Hülle aus Hochblättern (Involucrum), trägt, z.B. bei den Korbblütengewächsen
Kosmopolit Weltweit verbreitete Pflanze
Kraut Unverholzte Pflanze
Kronblätter = Petalen, meist auffallend ausgestaltete, vergrößerte und gefärbte Blätter, die die innere Umhüllung der fertilen Blütenblätter (Staubblätter, Fruchtblätter) bilden
Krone Vgl. Corolla
Monochasium Verzweigungsform, bei der die einzige Nebenachse die Hauptachse übergipfelt
Nektarien Drüsenorgane in der Blüte (manchmal auch außerhalb), die den Nektar ausscheiden
Nuß Frucht mit trockener, harter (lederiger oder verholzter) Fruchtwand
Nüßchen Nußartige Teilfrucht, die zusammen mit meist zahlreichen anderen aus einer Blüte hervorgegangen ist
Nutation Rhythmische Suchbewegungen wachsender Pflanzenteile, z.B. der Sproß- oder Blattranken
Pappus Haarkelch der Korbblütengewächse
Parasit Pflanze ohne Blattgrün, die ihre Nährstoffe ausschließlich aus anderen Pflanzen bezieht
Perennierend Mehrjährige Pflanze

Perianth Doppelte Blütenhülle aus Kelch (Calyx) und Krone (Corolla)
Perigon Einfache Blütenhülle aus gleichförmigen bzw. gleichgestalteten Blütenhüllblättern
Petalen Vgl. Kronblätter
Pionierpflanzen Erstbesiedler neuer oder frischer Standorte
Pollen Männliche Vermehrungseinheiten der Blütenpflanzen
Rispe Blütenstand mit verzweigten Blütenstielen (Seitenzweigen)
Rhizom Unterirdischer, meist kriechender Sproß (Erdsproß)
Ruderalpflanzen Pflanzen der Wegränder und Schuttstellen
Salzmarsch Pflanzengemeinschaft an geschützten Gezeitenküsten oder in trichterförmigen Flußmündungen (Ästuarien)
Saprophyt Pflanze, die ihre Nahrung aus totem, organischem Material bezieht
Scheindolde Blütenstand in Form einer Schirmrispe oder Schirmtraube
Schote Frucht der Kreuzblütengewächse; mindestens 3mal so lang wie breit, entsteht aus 2 (4) Fruchtblättern
Schötchen Frucht der Kreuzblütengewächse; höchstens 3mal so lang wie breit
Sepalen Vgl. Kelchblätter
Sproß Oberirdischer Teil der Pflanze, besteht aus Sproßachse und Blättern (= Anhangsorgane der Sproßachse)
Stachel Stechendes Gebilde, das nur aus der Epidermis und den darunter liegenden Gewebeanteilen besteht, immer ohne Leitbündel. Vgl. Dorn
Stempel = Pistillum, weiblicher Teil der Blüte, der gewöhnlich aus dem Fruchtknoten, dem Griffel und der Narbe besteht
Steinfrucht Frucht, deren Fruchtwand aus einem äußeren fleischigen und einem inneren harten Anteil besteht
Stengel Gesamtheit der Stengelglieder einer Sproßachse
Stiel Träger der Blattspreiten, Blüten und Früchte
Stipeln Nebenblätter, blattartige Anhängsel der Blattbasis
Strauch Holzpflanze mit Verzweigung von Grund auf; meist weniger als 3 m hoch
Traube Blütenstand mit unverzweigten Blütenstielen
Windblütig Pflanzen, bei denen der Wind die Pollenverfrachtung und die Bestäubung übernimmt
Wirtel = Quirl, Ring von Blüten oder Blättern an einem Knoten
Zapfen Meist ähriger Blütenstand mit verholzter Spindel und verholzten Deckblättern
Zweihäusig = Diözisch; männliche und weibliche Blüten getrennt auf verschiedenen Pflanzen
Zwergstrauch Sommergrüner oder immergrüner Strauch bis etwa 30 cm Wuchshöhe

(a) Winterling *Eranthis hyemalis* (L.) SALISB., Fam. Hahnenfußgewächse *(Ranunculaceae)*. Ursprünglich nur in Südosteuropa, häufig als Frühblüher in Gärten und gelegentlich verwildert. Schwach giftig. Blüten II-IV. Aufnahme vom 10. Februar.

(c) Frühlings-Knotenblume, Märzbecher *Leucojum vernum* L., Fam. Amaryllisgewächse *(Amaryllidaceae)*. Ausdauernde, einheimische Zwiebelpflanze, ziemlich selten in Auen- und Schluchtwäldern, mitunter aber auch als Gartenpflanze kultiviert. Wildbestände stehen unter Naturschutz! Höhe bis 25 cm. Blüten II–IV. Aufnahme vom 3. März. Vgl. 12(b) und 22(n).

(b) Schneeglöckchen *Galanthus nivalis* L., Fam. Amaryllisgewächse *(Amaryllidaceae)*. Ausdauernde Zwiebelpflanze mit einblütigem Stengel und zwei blaugrünen, stumpfen Grundblättern. Heimisch nur im südöstlichen (Mittel-)Europa, aber überall häufig angepflanzt und vielfach verwildert. Vgl. auch 12(c) und 22(n). Blüten II–III. Aufnahme vom 10. Februar.

(d) Wald-Bingelkraut *Mercurialis perennis* L., Fam. Wolfsmilchgewächse *(Euphorbiaceae)*. Häufige und meist gesellige Pflanze in Buchen- und Nadelmischwäldern, Humuszeiger. Schwach giftig, riecht beim Zerreiben unangenehm. Zweihäusig. Die Abbildung zeigt eine männliche Pflanze. Höhe bis 40 cm. Blüten III–V. Aufnahme vom 3. März. Vgl. auch 130(d).

(e) Grau-Pappel *Populus canescens* (AIT.) SM., Fam. Weidengewächse *(Salicaceae)*, Bastard aus der Silber-Pappel (12h) und Zitter-Pappel (12f). Baum bis 35 m Höhe, häufig gepflanzt. Vor allem in Flußtälern verbreitet. Blätter oberseits glänzend, unterseits grauweiß behaart, rundlich. Rinde grau. Zweihäusig. Blüten II-IV. Vgl. 176(1).
(f) Zitter-Pappel, Espe, Aspe *Populus tremula* L., Fam. Weidengewächse *(Salicaceae)*. Baum bis 20 m Höhe, Blätter fast kreisrund, Narben purpurrot. Ziemlich häufig in lichten Wäldern, an Waldrändern, in Hecken, Schlägen und auf Blockhalden. Weichholz. Anspruchslos. Vgl. 176(g). Blüten III-IV.
(g) Kanadische Pappel, Bastard-Schwarz-Pappel *Populus canadensis* MOENCH, Fam. Weidengewächse *(Salicaceae)*. Baum bis über 20 m Höhe. Sammelart verschiedener Kreuzungen zwischen Schwarz-Pappel und verschiedenen amerikanischen Pappel-Arten. Stellenweise als Forstbaum angepflanzt, häufiger jedoch in städtischen Parkanlagen und an Straßen. Vgl. 176(h) und 176(i). Blüten III-IV.
(h) Silber-Pappel *Populus alba* L., Fam. Weidengewächse *(Salicaceae)*. Baum bis etwa 30 m Höhe. Blätter auf der Unterseite auffallend weißfilzig. Heimisch nur im Rhein-, Donau- und Odergebiet, sonst nur angepflanzt. Vgl. 176(f). Blüten III-IV.
(i) Pyramiden-Pappel *Populus nigra* var. *italica*, Fam. Weidengewächse *(Salicaceae)*. Baum bis 30 m Höhe, an seiner schlanken Säulenform gut zu erkennen. Viel zu häufig angepflanzt. Vgl. 176(e). Blüten III-IV.
(j) Balsam-Pappel, Amerikanische Pappel *Populus balsamifera* L., Weidengewächse *(Salicaceae)*. Baum bis 25 m Höhe. Jüngere Äste glänzend braunrot. Ursprünglich nur in Nordamerika. Blüten III-IV.
(k) Berg-Ulme, Weißrüster *Ulmus glabra* HUDS. (= *Ulmus scabra* MILL.), Fam. Ulmengewächse *(Ulmaceae)*. Großblättrige Ulmen-Art in Schluchtwäldern und schattigen Hangwäldern. Vgl. 26(h) und 174(h). Blüten III-IV.
(l) Feld-Ulme *Ulmus minor* MILL. (= *Ulmus carpinifolia* GLED.), Fam. Ulmengewächse *(Ulmaceae)*. Baum bis nahezu 40 m Höhe, oft auch strauchförmig, ziemlich häufig in Feldgehölz und in Auenwäldern oder Auengebüsch. Blätter rundlich, fast sitzend. Rinde graubraun. Sehr ähnlich der Englischen Ulme *(Ulmus procera* SALISB.), die jedoch auf die Britischen Inseln beschränkt ist. Vgl. 26(i) und 174(g). Blüten III-IV.
(m) Gemeine Hasel *Corylus avellana* L., Fam. Haselgewächse *(Corylaceae)*. Häufiger und überall verbreiteter Strauch bis 6 m Höhe. Einhäusig; männliche Blüten in langen Kätzchen, weibliche Blütenstände wenigblütig und in Knospen eingeschlossen. Vgl. 180(e). Blüten I-III.
(n) Schwarz-Erle *Alnus glutinosa* (L.) GÄRTN., Fam. Birkengewächse *(Betulaceae)*. An Bachläufen, in Bruch- und Niederungswäldern und in Weidengebüschen weit verbreiteter Baum bis etwa 20 m Höhe. Weibliche Kätzchen deutlich gestielt. Blätter vorne stumpf und etwas ausgerandet. Vgl. 180(e). Blüten III–IV.
(o) Sal-Weide *Salix caprea* L., Fam. Weidengewächse *(Salicaceae)*. Strauch oder kleinerer Baum bis etwa 9 m Höhe. Rinde hellgrau, Blätter eiförmig, mit dunkelrotem, stärker behaartem Stiel, weich und dicht behaart. Sehr häufig an Waldrändern, in Kiesgruben, auf Waldschlägen oder an Schuttplätzen. Wertvolle Bienenweide. Blüten III–IV. Die übrigen Weiden-Arten werden nur im belaubten Zustand abgebildet (vgl. 182[e]-[m]).

Aufnahme vom 27. März. ○ entspricht 1 cm

(a) Vogelmiere, Vogel-Sternmiere *Stellaria media* (L.) CYR., Fam. Nelkengewächse *(Caryophyllaceae)*. Einjährige, kriechende Pflanze, etwa 10–40 cm lang, mit gegenständigen Blättern. Stengel nur mit einer deutlichen Haarleiste. Blüten gabel- und endständig. Sehr häufig in Unkrautbeständen auf Äckern und in Gärten. Blätter und Stengel liefern ein wohlschmeckendes Wildgemüse; auch als Wildsalatpflanze geeignet. Vgl. 24(m), 60(a), 90(a) und 104(g). Blüten III-XII. Ähnlich sind:
Quell-Sternmiere *Stellaria alsine* GRIMM, mit glattem Stengel und bläulich-grünen Blättern. In Waldwegmulden und Quellfluren. Blüten V-VII.
Hain-Sternmiere *Stellaria nemorum* L., mit rundum drüsig-weichhaarigem Stengel. Blätter eiförmig bis herzförmig, zumindest an der Stengelbasis gestielt. Verbreitet an Waldsäumen und in Laubwäldern. Blüten V–IX.
(b) Hirtentäschelkraut *Capsella bursa-pastoris* (L.) MED., Fam. Kreuzblütengewächse *(Brassicaceae)*. Häufiges und weitverbreitetes einjähriges Unkraut in Gärten und auf Ödland. Benannt nach den eigenartigen Schötchen. Grundblätter als Rosette, ungeteilt bis fiederspaltig. Schwach giftig. Blüten während des ganzen Jahres. Vgl. 62(i). Verwechslungsart:
Bauernsenf *Teesdalia nudicaulis* (L.) R. BR., Fam. Kreuzblütengewächse *(Brassicaceae)*. Einjährige Pflanze auf Sandtrockenrasen und humusarmen Sandäckern. Alle Blätter rosettig. Schötchen löffelförmig und schmal geflügelt. Blüten IV–VI.
(c) Acker-Schmalwand *Arabidopsis thaliana* (L.) HEYNH., Fam. Kreuzblütengewächse *(Brassicaceae)*. Einjährige Pflanze kalkarmer Standorte, auf Sandböden, an Wegrändern, auch auf Mauern und in Trockenfluren. Blüten III–V.
(d) Wald-Schaumkraut *Cardamine flexuosa* WITH., Fam. Kreuzblütengewächse *(Brassicaceae)*. Einjährige oder einjährig-überwinternde Pflanze von 10–50 cm Höhe. Stengel an der Basis dicht behaart, Grundblätter mit rundlichem Endblättchen. Schoten mit sehr dünnen Fruchtstielen. Zerstreut an Waldsäumen, in Quellfluren, auf feuchten Äckern und entlang von Bachläufen. Blüten IV–X. Sehr ähnlich 28(c).
(e) Gemeines Greiskraut, Gemeines Kreuzkraut *Senecio vulgaris* L., Korbblütengewächse *(Asteraceae)*. Blütenköpfe ohne Zungenblüten, Außenhüllblätter bis zur Hälfte braun, Blätter meist kahl. Überall auf (häufig) stickstoffreichen Brachen, Schlägen, Äckern und in Gärten. Höhe bis 40 cm. Wertvolle, aber nicht unbedenkliche Heilpflanze. Blüten II–XI. Vgl. 114(1), 118(g) und 168(h).
(f) Purpurrote Taubnessel *Lamium purpureum* L., Fam. Lippenblütengewächse *(Lamiaceae)*. Einjährige Pflanze bis 40 cm Höhe mit gekerbten Blättern. Weit verbreitet auf Äckern, in Gärten, Weinbergen und auf Ödland. Blüten III–X. Vgl. 14(g), 20(g) und 56(a). Ähnlich: **Eingeschnittene Taubnessel** *(Lamium incisum* WILLD.) mit geschlitzten-gesägten Blättern. Weniger häufig auf sandigen bis lehmigen Äckern.
(g) Weiße Taubnessel *Lamium album* L., Fam. Lippenblütengewächse *(Lamiaceae)*. Ausdauernde Pflanze; Lippenblüten mit schwach gelblichweißer Krone, die innen einen schrägen Haarring trägt. Sehr häufig in stickstoffliebenden Unkrautgesellschaften, an Säumen, Gebüschen und an Wegrändern. Junge Blätter und Stengel können gegessen werden. Vgl. 14(f), 20(g) und 56(a). Blüten IV–X.
(h) Garten-Wolfsmilch *Euphorbia peplus* L., Fam. Wolfsmilchgewächse *(Euphorbiaceae)*. Einjährige Pflanze von 10–30 cm Höhe. Scheindolde nur 3–5strahlig, Blätter verkehrteiförmig und vorne stumpf. Sehr häufig in Gärten, auf Äckern und in Weinbergen. Giftig. Blüten III–XI.
(i) Ausdauerndes Gänseblümchen, Maßliebchen *Bellis perennis* L., Fam. Korbblütengewächse *(Asteraceae)*. Mehrjährige Pflanze mit spatelförmigen, grundständigen Blättern und einköpfigem Stengel. Blütenköpfe öffnen sich nur bei Sonnenschein. Heil- und Salatpflanze. Überall häufig in Fettwiesen und -weiden, Parkrasen und auf Triften. Blüten I–XI.
(j) Huflattich *Tussilago farfara* L., Fam. Korbblütengewächse *(Asteraceae)*. Mehrjährige Pflanze mit bleichem, schuppenbesetztem Blütenstengel. Die Blüten(köpfe) entwickeln sich zeitig vor den vieleckigen Blättern, die unterseits weißfilzig behaart sind. Wertvolle Heilpflanze. Auf feuchten Äckern, an Ufern oder an stickstoffreichen Standorten weit verbreitet. Vgl. auch 150(j). Blüten III–IV.
(k) Faden-Ehrenpreis *Veronica filiformis* SM., Fam. Braunwurzgewächse *(Scrophulariaceae)*. Mehrjährige, kleine Pflanze von 5–15 cm Länge mit fadendünnen Stengeln, die überall an den Knoten wurzeln. Seit etwa 1930 aus dem Kaukasus und Kleinasien eingebürgert. Verbreitet sich sehr schnell und kommt überall in Parkrasen, an Wegen und in Fettwiesen vor. Blüten III–VII.
(l) Gemeine Pestwurz *Petasites hybridus* (L.) G. M. S., Fam. Korbblütengewächse *(Asteraceae)*. Ausdauernde Pflanze mit großen, rundlichen, oft bis 50 cm breiten Blättern. Die Blütenstände entwickeln sich vor den Blättern. Zweihäusig; die männlichen Blütenstände (Abbildung) sind meist etwas häufiger. Meist gesellig auf nassen, gelegentlich überschwemmten Ufern kühler Bäche, auf nassen Wiesen, in Weiden- und Erlengebüsch. Alte Heilpflanze. Blüten III–V.

Aufnahme vom 24. März. ○ entspricht 1 cm

(e) Scharbockskraut *Ranunculus ficaria* L., Fam. Hahnenfußgewächse *(Ranunculaceae)*. Mehrjährige Pflanze mit rundlichen, stark glänzenden Blättern. Blüten mit 8 oder mehr kronblattähnlichen Honigblättern. Meist steril, Vermehrung durch Brutknöllchen. Ziemlich häufig und bestandsbildend in Laubwäldern, Gebüschen, auf Auwiesen und an Waldsäumen. Blüten III–V. Vgl. auch 48(f).

(f) Kleines Immergrün *Vinca minor* L., Hundsgiftgewächse *(Apocynaceae)*. Kriechende, mehrjährige Pflanze mit immergrünen Blättern. Möglicherweise einheimisch, häufig jedoch Kulturflüchtling. Meist gesellig oder bestandsbildend in Laubwäldern oder Gebüschen. Ameisen- und Ausläuferverbreitung. Blüten III–V.

(g) März-Veilchen *Viola odorata* L., Fam. Veilchengewächse *(Violaceae)*. Wahrscheinlich in Mitteleuropa nicht einheimisch, sondern aus Gartenkultur verwildert. Krone dunkelviolett, seltener auch heller bis weiß. Angenehmes, starkes Veilchenaroma. Ausläufer wurzelnd. Verbreitet in Gebüschen, an schattigen Waldrändern und Wegrainen, in aufgelassenen Obstgärten, meist in Siedlungsnähe. Blüten III-IV. Vgl. auch 20(j), 22(i), 24(b), 28(e), 68(h) und 76(g). Ähnlich:
Rauhhaar-Veilchen *Viola hirta* L., ohne Ausläufer, mit schmalen Blättern, geruchlos. Oft in Trockenwäldern oder in Halbtrockenrasen. Blüten IV–V.

(h) Schaftlose Primel *Primula vulgaris* HUDS., Fam. Primelgewächse *(Primulaceae)*. Blüten in grundständiger, ungestielter (oder sehr kurz gestielter) Dolde. Kelchblätter bis zur Mitte gespalten. Nicht sehr verbreitet, nach Westen zu häufiger. Steht unter Naturschutz. In Laubwäldern und lichten Gebüschen. Blüten II–V. Vgl. 22(h), 26(d) und 36(b).

(i) Schmalblättriges Lungenkraut *Pulmonaria angustifolia* L., Fam. Rauhblattgewächse *(Boraginaceae)*. Mehrjährige Pflanze mit schmallanzettlichen Grundblättern und etwas breiteren Stengelblättern. Krone beim Aufblühen azurblau. Lungenkraut-Art von gemäßigt-kontinentaler Verbreitung. Ziemlich selten in Eichen- und Kiefernwäldern oder in lichtem, wärmeliebendem Gebüsch. Nach Südosten etwas häufiger. Blüten III–V.

(j) Echtes Lungenkraut *Pulmonaria officinalis* L., Fam. Rauhblattgewächse *(Boraginaceae)*. Grundblätter herzförmig bis eiförmig, rauh behaart, oft gefleckt. Blütenkronen zunächst rosa, später blauviolett. Alte Heilpflanze. Verbreitet in krautreichen Laubmischwäldern und Gebüschen, meist auf frischen und nährstoffreichen Lehmböden. Im Nordwesten selten. Blüten III-V. Vgl. 16(i).

(k) Stinkende Nieswurz *Helleborus foetidus* L., Fam. Hahnenfußgewächse *(Ranunculaceae)*. Mehrjährige, kräftige Pflanze von 30–80 cm Höhe mit glockenförmiger Blütenhülle. Blätter tief handförmig geteilt. Giftig. Von unangenehmem Geruch. Ziemlich zerstreut bis selten in lichten Laubwäldern, an Waldrändern und in Gebüsch in wintermilden Klimalagen. Schützenswert. Blüten II-V. Vgl. 42(d).

(a) Schlehe, Schwarzdorn *Prunus spinosa* L., Fam. Rosengewächse *(Rosaceae)*. Strauch oder kleiner Baum von 1–3 cm Höhe mit stark dornigen Ästen und Zweigen. Junge Triebe anfangs samtig behaart. Eine der Stammformen der kultivierten Pflaumen- und Zwetschgen-Sorten. Blüten erscheinen vor dem Laubaustrieb. Weit verbreitet in Feldgehölz, Gebüschen, lichten Laubwäldern. Etwas wärmeliebend. Blüten IV–V. Vgl. auch 180(f), 16(d), 26(k) und 40(i).

(b) Gemeiner Seidelbast *Daphne mezereum* L., Fam. Spatzenzungengewächse *(Thymelaeaceae)*. Kleinerer Strauch von 40–120 cm Höhe mit seitenständigen, dunkelrosa, seltener auch weißen Blüten über den Narben vorjähriger Blätter. Sehr giftig! Ziemlich selten in Laubwäldern, Gebüschen oder Hochstaudenfluren der Gebirge, meist auf kalkhaltigem Untergrund. Blüten III–IV. Steht unter Naturschutz.

(c) Gelber Hartriegel, Kornelkirsche *Cornus mas* L., Fam. Hartriegelgewächse *(Cornaceae)*. Strauch oder kleinerer Baum bis etwa 8 m Höhe. Blüten erscheinen vor dem Laubaustrieb. Meist gepflanzt und verwildert, seltener wild, in sonnigem Gebüsch und in lichten Wäldern. Früchte scharlachrot, hängend, verwertbar. Blüten II–IV. Vgl. auch 66(c).

(d) Kirschpflaume *Prunus cerasifera* EHRH., Fam. Rosengewächse *(Rosaceae)*. Ursprünglich nur in Westasien beheimatet, häufiger jedoch als frühblühender Zierstrauch in Gärten und Parkanlagen gepflanzt. Zusammen mit der Schlehe Stammart der zahlreichen kultivierten Pflaumen und Zwetschgen. Höhe bis etwa 5 m. Blüten vor dem Laubaustrieb, III–IV.

Autnahme vom 25. März. ○ entspricht 1 cm

Frühjahr (März–April) Hecken, Gebüsche, Wiesen

(a) Schwarze Nieswurz, Schneerose, Christrose *Helleborus niger* L., Fam. Hahnenfußgewächse *(Ranunculaceae)*. Mehrjährige Pflanze von etwa 15–30 cm Höhe. Blüten einzeln an einem kräftigen Stengel, weiß oder rosa. Sehr selten in subalpinen Buchen- und Kieferntrockenwäldern. Meist als Zierpflanze in Gärten. Blüten XII–III. Sehr giftig. Vgl. auch 42(d). Aufnahme vom 20. März. Geschützt.

(b) Leberblümchen *Hepatica nobilis* Mill., Fam. Hahnenfußgewächse *(Ranunculaceae)*. Mehrjährige Pflanze von etwa 10–15 cm Höhe. Blätter immergrün, langgestielt. Blüten auf langen Stielen; Blütenhüllblätter blau, seltener rosa oder weiß. Unterhalb der Blüte eine dreiblättrige, kelchartige Hochblatthülle. Zerstreut bis verbreitet in krautreichen Laubwäldern. Blüten III–IV. Aufnahme vom 26. März. Geschützt.

(c) Schnee-Heide *Erica herbacea* L., Fam. Heidekrautgewächse *(Ericaceae)*. Zwergstrauch von 15–30 cm Höhe mit liegenden oder bogig aufsteigenden Ästen, Blätter nadelförmig, spitz, kahl. Blüten in dichten quirligen Trauben. In den Alpen (Kalkgebiete) verbreitet, sonst selten. Oft als Zierpflanze in Vorgärten. Blüten II–V. Aufnahme vom 26. März. Vgl. 163(f) und 170(m).

(d) Dolden-Spurre *Holosteum umbellatum* L., Fam. Nelkengewächse *(Caryophyllaceae)*. Einjährige bzw. überwinternde Pflanze von 5–20 cm Höhe. Blätter gegenständig, blaugrün, sitzend, länglich-oval, stumpf. Blüten in wenigstrahligen Dolden. Zerstreut bis verbreitet in lockeren Unkrautfluren auf Äckern und Magerrasen. Blüten III–V. Aufnahme vom 26. März.

(e) Apennin-Windröschen *Anemone apennina* L., Fam. Hahnenfußgewächse *(Ranunculaceae)*. Mehrjährige Pflanze mit aufrechtem Stengel, etwa 10–30 cm hoch. Stengelblätter dreizählig fiederteilig; Fiederabschnitte breitoval, mit gerundeten Enden. Grundblätter ähnlich. Stengel immer einblütig; Blüten aufrecht. Im Mittelmeergebiet verbreitet, sonst meist nur als Zierpflanze. Auf Bornholm eingebürgert. Blüten III–V. Vgl. auch 20(n) und 78(b).

(f) Gelbes Windröschen *Anemone ranunculoides* L., Fam. Hahnenfußgewächse *(Ranunculaceae)*. Mehrjährige Pflanze mit aufrechtem Stengel, etwa 15–25 cm hoch. Stengelblätter fast sitzend, quirlständig, dreiteilig, eingeschnitten-gezähnt. Blüten einzeln, mit meist 5 gelben Kronblättern. Zerstreut bis verbreitet in krautreichen Laubwäldern. Blüten III–V. Vgl. auch 18(e), 20(n) und 78(b).

(g) Kleine Traubenhyazinthe *Muscari botryoides* (L.) Mill., Fam. Liliengewächse *(Liliaceae)*. Mehrjährige, kleine Pflanze von etwa 10–20 cm Höhe. Blätter grundständig. Blüten in dichter, walziger Traube; Kronen nickend, glockig-kugelig, blau mit weißem Saum. Ziemlich selten, aber meist gesellig auf Bergwiesen und in Magerrasen. Blüten III-V. Geschützt.

(h) Zwergbuchs-Kreuzblümchen *Polygala chamaebuxus* L., Fam. Kreuzblümchengewächse *(Polygalaceae)*. Zwergstrauch von etwa 10–20 cm Höhe mit liegenden oder bogig aufsteigenden Zweigen. Blätter immergrün, lederig, länglich-elliptisch, zugespitzt. Blüten zu 1–3 end- oder achselständig, hellgelb, manchmal rötlich; einer Schmetterlingsblüte ähnlich. In alpinen Magerrasen verbreitet; außerhalb der Alpen selten. Blüten III–VI.

(i) Finger-Lerchensporn *Corydalis solida* (L.) Clairv., Fam. Erdrauchgewächse *(Fumariaceae)*. Mehrjährige Pflanze mit aufrechtem Stengel von etwa 10–20 cm Höhe. Blätter dreizählig fingerförmig geteilt; Blättchen keilförmig verschmälert, vorne mit gerundeten Enden. Tragblätter der purpurnen Blüten ganzrandig, eiförmig. Ziemlich selten in Gebüschen und lichten Wäldern. Blüten III–V.

(j) Zweiblättriger Blaustern *Scilla bifolia* L., Fam. Liliengewächse *(Liliaceae)*. Mehrjährige, kleine Pflanze von etwa 10–20 cm Höhe. Tragblatt des Blütenstandes meist verkümmert. Blüten mit 6 schmalen, ausgebreiteten, blauen bis blauvioletten Blütenhüllblättern, zu mehreren in dichter Traube. Zerstreut bis selten in Laubwäldern und Gebüschen, besonders im Rheintal und seinen größeren Nebentälern. Blüten III–IV.

(k) Frühlings-Platterbse *Lathyrus vernus* (L.) Bernh., Fam. Schmetterlingsblütengewächse *(Fabaceae)*. Mehrjährige, aufrechte Pflanze von etwa 20–40 cm Höhe. Stengel ungeflügelt, wenigästig. Blätter unpaarig gefiedert, mit 2–3 Paar länglich-elliptischen Fiederblättchen, ohne Ranken, nur mit schlanker Spitze. Blüten in langgestielten Trauben; Kronen purpurn, später blaugrün. Verbreitet bis selten in krautreichen Laubwäldern. Blüten III–V. Vgl. auch 36(e), 64(e), 64(h), 86(c) und 116(k).

(l) Frühlings-Adonisröschen *Adonis vernalis* L., Fam. Hahnenfußgewächse *(Ranunculaceae)*. Mehrjährige, kleine Pflanze, etwa 10–40 cm hoch. Stengel aufrecht, einblütig. Blätter mehrfach fiederteilig, mit feinen, schmalen Zipfeln. Blüte 4–8 cm breit; Kronblätter goldgelb. Ziemlich selten in Trockenrasen und wärmeliebenden Wäldern. Blüten III–V. Geschützt.

Aufnahme vom 30. März. ○ entspricht 1 cm

(a) Mäusedorn *Ruscus aculeatus* L., Fam. Liliengewächse *(Liliaceae)*. Kleiner, aber sehr sparriger Strauch von 30–80 cm Höhe. Die nach Blättern aussehenden Gebilde sind verbreiterte Sproßachsenabschnitte (Phyllokladien), auf deren Fläche winzige, zu Schuppen zurückgebildete Blätter sitzen. In Mitteleuropa nur angepflanzt. Heimisch von Südengland, Nordwestfrankreich, entlang der Atlantikküsten bis ins Mittelmeergebiet. Vgl. 190(a). Blüten II–IV.

(b) Buchsbaum *Buxus sempervirens* L., Buchsbaumgewächse *(Buxaceae)*. Immergrüner Strauch zwischen 1 und 4 m Höhe mit kleinen, eiförmigen, lederigen Blättern und gelblichen, geknäuelten Blüten. Wertvolles, langsam wachsendes Hartholz, das früher gerne für Drechselarbeiten verwendet wurde. Sehr selten, aber gesellig in Eichen-Buschwäldern wärmerer Klimalagen. In Deutschland nördlich nur bis zur Mittelmosel. Häufig in Parkanlagen angepflanzt. Blüten III–IV. Vgl. 174(m).

(c) Gemeiner Efeu *Hedera helix* L., Fam. Araliengewächse *(Araliaceae)*. Kletterstrauch (Wurzelkletterer) von 1–20 m Höhe, seltener kleiner Baum bis 5 m, mit immergrünen, lederigen, zweigestaltigen Blättern. Blüten in Dolden. Beerenfrüchte schwarz. Giftig. Vgl. 188(l). Blüten im Spätsommer.

(d) Eibe *Taxus baccata* L., Fam. Eibengewächse *(Taxaceae)*. Zweihäusiger Baum bis 15 m Höhe. Die Abbildung zeigt die männlichen Blütenstände, die etwas auffälliger sind als die weiblichen. Als Wildpflanze sehr selten und kaum noch anzutreffen, dagegen häufig gepflanzt, besonders auf Friedhöfen, was möglicherweise auf vorchristliches Brauchtum zurückgeht. Alle Teile der Pflanze mit Ausnahme des scharlachroten Samenmantels sehr giftig. Vgl. 176(k). Blüten III–IV.

(e) Frühlings-Gedenkemein *Omphalodes verna* MOENCH, Fam. Rauhblattgewächse *(Boraginaceae)*. Blätter herzförmig bis eiförmig, nahezu kahl. Blüten himmelblau mit weißen Schlundschuppen. Meist nur als Zierpflanze in Gärten, seltener verwildert als Kriechpflanze in Auwäldern. Heimat Südosteuropa. Blüten IV–V.

(f) Wiesen-Schaumkraut *Cardamine pratensis* L., Fam. Kreuzblütengewächse *(Brassicaceae)*. Mehrjährige Pflanze bis 60 cm Höhe mit auffallenden Blüten; Krone hellila, Staubblätter goldgelb. Stengel hohl. Grundblätter fiederförmig geteilt. Eßbar und wie Wasserkresse zu verwenden. Sehr häufig in feuchten Wiesen, Auenwäldern, Großseggenbeständen oder Flachmooren. Vgl. auch 46(a), 90(e), 94(h) und 104(l). Blüten IV–VI.

(g) Gefleckte Taubnessel *Lamium maculatum* L., Fam. Lippenblütengewächse *(Lamiaceae)*. Pflanze größer und kräftiger als die ähnliche Purpurrote Taubnessel. Blüten bis 3 cm lang, meist dunkler gefärbt als in der Abbildung, mit dunkel gefleckter Unterlippe. Häufig in frischen Laubwäldern, Gebüschen, an Säumen und Wegrändern. Vgl. 14(f), 14(g) und 56(a). Blüten IV–IX.

(h) Gelbe Narzisse *Narcissus pseudonarcissus* L., Fam. Amaryllisgewächse *(Amaryllicaceae)*. Mehrjährige Zwiebelpflanze mit schmalen, blaugrünen Blättern, hellgelber Krone und meist dunkler gelben Nebenkrone. Etwa 10–30 cm hoch. Meist gesellig auf kalkarmen Bergwiesen, beispielsweise im Hohen Venn, in der Eifel und in den Vogesen. Vielfach durch Ausgraben oder Aufforstung gefährdet. Blüten III–V.

(i) Stinkende Schwertlilie *Iris foetidissima* L., Fam. Schwertliliengewächse *(Iridaceae)*. Etwa 50–70 cm hohe, ausdauernde Pflanze mit trübpurpurnen Blüten. Blätter beim Zerreiben von unangenehmem Geruch. Samen auffallend orangerot (Abbildung). Nur in Westeuropa: Nordwestfrankreich und Südengland. Vgl. 120(e).

(j) Wald-Veilchen *Viola reichenbachiana* JORD. EX. BOR., Fam. Veilchengewächse *(Violaceae)*. Ausdauernde Pflanze mit breit herzförmigen Blättern. Blüten mit dunklem Sporn, Kelch mit sehr kleinem Anhängsel. Weit verbreitet, aber nirgends häufig, in krautreichen Laubwäldern, gern auf kalkhaltigem Boden. Vgl. auch 16(g), 22(l), 24(b), 28(e), 68(h) und 76(g). Blüten III-V.

(k) Frühlings-Krokus *Crocus albiflorus* KIT., Fam. Schwertliliengewächse *(Iridaceae)*. Mehrjährige Zwiebelpflanze mit schmalen Blättern. Blütenblätter weiß, mitunter auch hell- oder dunkelviolett. Heimisch nur in den Alpen, auf nährstoffreichen Bergwiesen und -weiden, jedoch in vielen Rassen als Zierpflanze kultiviert. Vgl. 184(a). Blüten II–IV.

(l) Wald-Goldstern *Gagea lutea* (L.) KER-GAWL., Fam. Liliengewächse *(Liliaceae)*. Mehrjährige Zwiebelpflanze mit schwach gekielten Blättern, etwa 10–15 cm hoch. Blütenblätter 12–15 mm lang, goldgelb. Sehr zerstreut in krautreichen Laubwäldern, Gebüschen und Gebüschsäumen. Vgl. auch 72(c) und 166(g). Blüten III–V.

(m) Wald-Sauerklee *Oxalis acetosella* L., Fam. Sauerkleegewächse *(Oxalidaceae)*. Kleine, mehrjährige Pflanze bis 15 cm Höhe, mit dreiteiligen, kleeblattähnlichen Blättern, die charakteristisch gefaltet werden (Schlafbewegung). Hoher Oxalsäuregehalt. Vgl. auch 68(e) und 68(f). Blüten IV–VI.

(n) Busch-Windröschen *Anemone nemorosa* L., Fam. Hahnenfußgewächse *(Ranunculaceae)*. Ausdauernde Rhizompflanze mit drei fast quirlständigen Stengelblättern und einzelnen, endständigen Blüten mit kahler Hülle. Blüten weiß oder purpurn überlaufen, 1–4 cm breit. Schwach giftig. Vgl. 22(k). Blüten III–V.

Aufnahme vom 3. April. ○ entspricht 1 cm

(a) Hainbuche, Weißbuche *Carpinus betulus* L., Fam. Birkengewächse *(Betulaceae)*. Bis 20 m hoher Baum mit doppelt gesägten Blättern und glatter, spannrückiger Rinde. Blüten in männlichen und weiblichen Kätzchen. Weit verbreitet in anspruchsvollen Laubwäldern, Gebüschen und Schlaggehölzen. Vgl. 122(h). Blüten IV–V.
(b) Immergrünes Felsenblümchen *Draba aizoides* L., Fam. Kreuzblütengewächse *(Brassicaceae)*. Kleine, mehrjährige Pflanze bis 10 cm Höhe mit meist kahlem, unbeblättertem Stengel und starren, steifborstig gewimperten Blättern. Blüten in kopfiger Schirmtraube. Nicht sehr häufig an kalkreichen, sonnigen Felsen und in alpinen Steinrasen. Vor allem in Süddeutschland. Blüten III–V.
(c) Stechginster, Gaspeldorn *Ulex europaeus* L., Fam. Schmetterlingsblütengewächse *(Fabaceae)*. Bis 2 m hoher Strauch mit zahlreichen Blatt- und Kurztriebdornen. Stengel, Kelch und Frucht abstehend behaart. Vor allem in atlantischen Heiden. In Nordwestdeutschland zerstreut, sonst nur angepflanzt. Vgl. auch 168(a) und 170(h). Blüten III–VI.
(d) Weiß-Birke, Hänge-Birke *Betula pendula* Roth, Fam. Birkengewächse *(Betulaceae)*. Häufiger, bis 25 m hoher Baum mit auffallend silberweißer, später schwärzlicher Rinde. Männliche Kätzchen lang, herabhängend; weibliche Kätzchen kurz, aufrecht. Vgl. 122(i). Blüten IV–V.
(e) Haselwurz *Asarum europaeum* L., Fam. Osterluzeigewächse *(Aristolochiaceae)*. Stengel sehr kurz, mit zwei immergrünen, nierenförmigen Blättern. In Laubwäldern und Gebüschen. Nördlich nur bis zur Mittelgebirgsregion. Blüten IV–V.
(f) Grau-Erle *Alnus incana* (L.) Moench, Fam. Birkengewächse *(Betulaceae)*. Strauch oder Baum. Weibliche Kätzchen kugelig, sitzend; männliche Kätzchen lang hängend. Blätter zugespitzt, unterseits graugrün behaart. Vgl. auch 174(p). Blüten II–IV.
(g) Scharfer Hahnenfuß *Ranunculus acris* L., Fam. Hahnenfußgewächse *(Ranunculaceae)*. Mehrjährige Pflanze mit 70 cm Höhe. Blüten mit je 5 Kelch- und Kronblättern. Pflanze anliegend behaart; Blätter in schmale, linealische Zipfel auslaufend. Giftig. In frischen bis feuchten Wiesen, auf Weiden und an Wegrändern sehr häufig. Vgl. 345(j), 66(h) und 100(d). Blüten IV–IX.
(h) Wiesen-Primel, Wiesen-Schlüsselblume *Primula veris* L., Fam. Primelgewächse *(Primulaceae)*. Blüten doldig auf langem Schaft; Kronensaum glockig eingetieft. Schlund mit rotgelben Flecken, Krone dottergelb, Kelch bauchig aufgetrieben. Auf trockenen Wiesen, an Böschungen, in Halbtrockenrasen, besonders auf kalkhaltigem Untergrund. Vgl. auch 16(h), 26(d) und 36(b). Blüten IV–V.
(i) Gemeine Kuhblume, Gemeiner Löwenzahn *Taraxacum officinale* Wiggers, Fam. Korbblütengewächse *(Asteraceae)*. Ausdauernde Staude; mit großen, goldgelben Korbblüten, deren äußere Hüllblätter immer zurückgeschlagen sind. Blätter rosettig, schrotsägeförmig. Alle Teile mit weißem Milchsaft. Überall verbreitet auf Fettwiesen und -weiden, an Wegrändern und in Unkrautfluren. Als Salatpflanze beliebt. Blüten IV–VIII.
(j) Mehl-Primel *Primula farinosa* L., Fam. Primelgewächse *(Primulaceae)*. Kleinblütige Art mit unterseits mehlig bestäubten Blättern. Kronblätter hellpurpurn, vorne ausgerandet, Krone ausgebreitet. Verbreitet nur in Kalkflachmooren, Quellfluren und Grasmatten der Alpen und des Alpenvorlandes. Steht unter Naturschutz. Vgl. 100(b). Blüten IV–VII.
(k) Wiesen-Küchenschelle *Pulsatilla pratensis* (L.) Mill., Fam. Hahnenfußgewächse *(Ranunculaceae)*. Ausdauernde Pflanze von 5–30 cm Höhe mit nickenden Blüten. Blütenhülle purpurn oder schwarzviolett, nur wenig länger als die zahlreichen Staubblätter. Zerstreut in Kalkmagerrasen und Kalkkiefernwäldern, auch in trockenen Sandrasen und auf Heiden. Steht unter Naturschutz. Blüten IV–V. Vgl. 32(a)
(l) Feld-Stiefmütterchen, Acker-Veilchen *Viola arvensis* Murr., Fam. Veilchengewächse *(Violaceae)*. Kleine, einjährige Pflanze von 5–20 cm Höhe, mit cremefarbenen oder gelblichen Blüten, allenfalls die oberen Kronblätter etwas violett. Verbreitet auf mäßig trockenen Standorten, an Wegrändern, Schuttstellen und auf Äckern. Sehr formenreich. Vgl. 16(g), 20(j), 24(b), 28(e), 68(h) und 76(g). Blüten IV–IX.
(m) Schachblume *Fritillaria meleagris* L., Fam. Liliengewächse *(Liliaceae)*. Mehrjährige Zwiebelpflanze bis 50 cm Höhe, mit wenigblättrigem Stengel und 1–2 nickenden, schachbrettartig weiß und purpurn gefleckten Blüten. Sehr selten in nährstoffreichen Au- und Flachmoorwiesen. Gelegentlich auch als Zierpflanze. Steht unter Naturschutz. Blüten IV–V.
(n) Sommer-Knotenblume *Leucojum aestivum* L., Fam. Amaryllisgewächse *(Amaryllidaceae)*. Ausdauernde, bis 60 cm hohe Pflanze mit kantigem Stengel und meist 3–6 weißen Blüten. Blütenblätter an der Spitze mit grünem Fleck. Sehr selten in nassen Wiesen und in Auenwäldern. Stellenweise als Zierpflanze in Gärten. Steht unter Naturschutz. Vgl. 12(c). Blüten IV–V.

Aufnahme vom 27. April. ○ entspricht 1 cm

(a) Gundermann, Gundelrebe *Glechoma hederacea* L., Fam. Lippenblütengewächse *(Lamiaceae)*. Mehrjährige, kriechende Pflanze mit rundlichen, gekerbten Blättern und blauvioletten Lippenblüten. Überall verbreitet und häufig in Gebüschen, krautreichen Laubwäldern auf Wiesen und an Säumen. Stickstoffliebend. Häufig bestandsbildend. Blüten III–V.
(b) Hain-Veilchen *Viola riviniana* Rchb., Fam. Veilchengewächse *(Violaceae)*. Mehrjährige Pflanze mit herzförmigen Blättern. Blüten groß, hell- oder blauviolett; Kelch mit großem Anhängsel. In Magerrasen, lichten Wäldern und Gebüschen. Vgl. auch 16(g), 20(j), 24(b), 28(e), 68(h) und 76(g). Blüten IV–VI. Ähnlich auch:
Hunds-Veilchen *(Viola canina)*. Blätter vorne stumpf, ziemlich derb, Krone blau, von quadratischem Umriß, Sporn gelblich, meist gerade. Verbreitet in Magerrasen, Heiden, Sandfluren, Dünen und Gebüschen. Blüten V–VI.
(c) Erdbeer-Fingerkraut *Potentilla sterilis* (L.) Garcke, Fam. Rosengewächse *(Rosaceae)*. Verwechslungsart zur Wald-Erdbeere, im Unterschied dazu aber mit schmalen, vorne ausgerandeten Kronblättern, zwischen denen die Kelchblätter sichtbar sind. Blätter dreizählig. Zerstreut in Säumen, Schlägen, Gebüschen und lichten Laubwäldern. Vgl. 36(g) und 84(e). Blüten III–V.
(d) Gold-Hahnenfuß *Ranunculus auricomus* L., Fam. Hahnenfußgewächse *(Ranunculaceae)*. Mehrjährige Pflanze von 15–45 cm Höhe. Grundblätter ungeteilt bis breitzipflig, von rundlichem Umriß; Stengelblätter sitzend, fingerig geteilt. Kronblätter oft verschieden groß. Verbreitet in Bachauen, Wiesen und krautreichen Laubwäldern. Vgl. auch 22(g). Blüten IV–VI.
(e) Moschuskraut, Bisamkraut *Adoxa moschatellina* L., Fam. Moschuskrautgewächse *(Adoxaceae)*. Kleine, ausdauernde Pflanze mit doppelt dreizähligen Grundblättern und dreizähligen Stengelblättern. Im würfelförmigen Blütenstand die Gipfelblüten vierzählig, Seitenblüten fünfzählig. Zerstreut bis verbreitet in krautreichen Laubwäldern und Gebüschen. Blüten IV–V.
(f) Starres Kreuzkraut *Senecio squalidus* L., Fam. Korbblütengewächse *(Asteraceae)*. Einjährig-überwinternde Pflanze von 20–40 cm Höhe mit tief fiederspaltigen Blättern. Eingeschleppt. Nur in England. An Bahndämmen und auf Ödland. Vgl. 118(g) und 164(b). Sehr ähnlich:
Jakobs-Kreuzkraut *Senecio jacobaea* L. Zweijährige Pflanze mit fiederteiligen Blättern, die in vielteilige Blattöhrchen auslaufen. Blüten goldgelb, manchmal ohne Zungenblüten, in einer regelmäßigen Schirmrispe angeordnet. Verbreitet an Säumen, in Staudenfluren und auf Wiesen. Blüten VI–IX.
(g) Acker-Senf *Sinapis arvensis* L., Fam. Kreuzblütengewächse *(Brassicaceae)*. Einjährige Pflanze von 30–60 cm Höhe mit ungleich grob gezähnten, unten fast leierförmig geteilten Blättern. Kelchblätter zur Blütezeit waagrecht abstehend. Häufig auf lehmigen Äckern, Brachen und auf frischem Ödland. Vgl. 57(d) und 136(k). Blüten V–X.
(h) Raps, Kohlrübe *Brassica napus* L., Fam. Kreuzblütengewächse *(Brassicaceae)*. Einjährige Pflanze bis 140 cm Höhe mit bläulich bereiften, wenig gebuchteten Blättern. Kelchblätter liegen den Kronblättern zur Blütezeit an. Meist als Ölpflanze angebaut. Vgl. 57(d) und 136(k). Blüten IV–VIII.
(i) Süßdolde *Myrrhis odorata* (L.) Scop., Fam. Doldengewächse *(Apiaceae)*. Mehrjährige Pflanze bis 120 cm Höhe. Blätter zwei- bis dreifach gefiedert. Blüten weiß. Meist nur im Bergland. Gelegentlich auch kultiviert und unbeständig verwildert. Blüten IV–X.
(j) Wiesen-Kerbel *Anthriscus sylvestris* (L.) Hoffm., Fam. Doldengewächse *(Apiaceae)*. Zweijährige oder mehrjährige Pflanze bis 150 cm Höhe mit mehrfach fiederteiligen Blättern. Blüten in 8–15strahligen Dolden. Häufig in Hochstaudenfluren, an Wegrändern und in Gräben oder Fettwiesen. Blüten V–VIII. Ähnlich:
Hunds-Kerbel *(Anthriscus caucalis)*, einjährige Pflanze von 50–80 cm Höhe mit 2–6strahligen Dolden. Stickstoffzeiger. Zerstreut an Säumen und auf Ödland. Blüten V–VI.
(k) Sonnenwend-Wolfsmilch *Euphorbia helioscopia* L., Fam. Wolfsmilchgewächse *(Euphorbiaceae)*. Einjährige Pflanze mit meist 5strahliger Scheindolde und keilförmigen, vorne klein gesägten Stengelblättern. Häufig in Gärten, auf lehmigen Äckern oder in Weinbergen. Giftig. Blüten V–IX.
(l) Lauchhederich, Knoblauchsrauke *Alliaria petiolata* (Bieb.) Cav. et Gr., Fam. Kreuzblütengewächse *(Brassicaceae)*. Einjährige Pflanze mit buchtig gekerbten Blättern, die beim Zerreiben stark nach Knoblauch riechen. Überall häufig an stickstoffreichen Säumen, in Gebüschen und an Wegrändern. Blüten IV–VI.
(m) Echte Sternmiere *Stellaria holostea* L., Fam. Nelkengewächse *(Caryophyllaceae)*. Mehrjährige Pflanze mit steifen, linealischen, gegenständigen Blättern. Locker verzweigt. Blüten groß, Kronblätter bis zur Mitte gespalten. Verbreitet bis häufig in Laubwäldern, Gebüschen, an Schlägen und Säumen. Vgl. auch 14(a) und 90(a). Blüten IV–V.
(n) Futter-Beinwell *Symphytum orientale* L., Fam. Rauhblattgewächse *(Boraginaceae)*. Pflanze mehrjährig, selten über 50 cm hoch. Blätter eiförmig; Blattstiele nicht herablaufend. Ursprünglich nur in Kleinasien. Eingeschleppt und stellenweise verwildert. Blüten IV–IX.

Aufnahme vom 27. April. ○ entspricht 1 cm

(a) Mandel-Wolfsmilch *Euphorbia amygdaloides* L., Fam. Wolfsmilchgewächse *(Euphorbiaceae)*. Mehrjährige Pflanze von 30–60 cm Höhe mit weichhaarigen Blättern. Hüllchenblätter paarweise verwachsen. Sehr zerstreut in krautreichen Laubwäldern, besonders in Rotbuchenwäldern auf kalkigem Untergrund. Blüten IV–V.
(b) Immergrüne Ochsenzunge *Pentaglottis sempervirens* (L.) Tausch, Rauhblattgewächse *(Boraginaceae)*. Kräftige, mehrjährige Pflanze bis 1 m Höhe mit sehr rauhen, borstenbestandenen Blättern. Blüten in dichten, beblätterten Blütenständen. Nur in Westeuropa und im Mittelmeergebiet. Vgl. 96(k), 114(g) und 138(g). Blüten IV–VI.
(c) Bären-Lauch *Allium ursinum* L., Fam. Liliengewächse *(Liliaceae)*. Pflanze von 20–40 cm Höhe, mit grundständigen, gestielten Blättern. Blüten reinweiß, in lockerer Scheindolde. Pflanze riecht stark nach Knoblauch. Zerstreut in krautreichen Wäldern, meist in ausgedehnten Beständen. Blüten V–VI.
(d) Hohe Primel, Hohe Schlüsselblume *Primula elatior* (L.) Hill, Fam. Primelgewächse *(Primulaceae)*. Pflanze etwa 10–30 cm hoch. Blattspreite allmählich in den Stiel verschmälert. Krone hellgelb, Kronsaum flach, Kelch schlank. Auf Wiesen und in krautreichen Laubwäldern. Selten, stellenweise auch verbreitet. Steht unter Naturschutz. Vgl. 16(h), 22(h) und 36(b). Blüten IV–V.
(e) Großes Immergrün *Vinca major* L., Fam. Hundsgiftgewächse *(Apocynaceae)*. Ziemlich kräftige, immergrüne, kriechende Pflanze mit lederigen, dunkelgrünen Blättern. Blüten einzeln, 4–5 cm breit, mit stumpfen Kronblattzipfeln. Heimisch nur in Südeuropa, aber stellenweise als Zierpflanze anzutreffen. Vgl. 16(f). Blüten IV–VI.
(f) Gemeine Buche, Rot-Buche *Fagus sylvatica* L., Fam. Buchengewächse *(Fagaceae)*. Baum bis 40 m Höhe mit glatter, grauer Rinde. Blätter (fast) ganzrandig, lang gewimpert. Überall in Laubmischwäldern, in Schlag- und Saumgebüschen. Leitform der Rotbuchenwälder. Vgl. auch 174(e). Blüten IV–V.
(g) Blut-Buche *Fagus sylvatica* var. *atropunicea*, Fam. Buchengewächse *(Fagaceae)*. Von der Normalform gibt es einige Varietäten, deren bekannteste die Blutbuche mit dunkelroten bis schwarzpurpurnen Blättern ist. Meist ist sie nur in großen Parkanlagen und Gärten anzutreffen. Vgl. 174(f).
(h) Berg-Ulme, Weißrüster *Ulmus glabra* Huds., Fam. Ulmengewächse *(Ulmaceae)*. Die Abbildung zeigt die jungen Früchte, die deutlich größer und etwas ovaler sind als die Früchte verwandter Arten. Vgl. auch 12(k) und 174(h).
(i) Feld-Ulme, Rotrüster *Ulmus minor* Mill., Fam. Ulmengewächse *(Ulmaceae)*. Die Abbildung zeigt die jungen Früchte, die meist rundlich, ohne deutliche Spitze ausfallen und kleiner bleiben als bei verwandten Arten. Sehr ähnlich auch bei der Englischen Ulme *(Ulmus procera)*. Vgl. auch 12(l) und 174(g).
(j) Echte Walnuß *Juglans regia* L., Fam. Walnußgewächse *(Juglandaceae)*. Baum bis etwa 30 m Höhe. Einhäusig. Männliche Blüten in langen, kräftigen Kätzchen, weibliche Blüten zu 2–3 am Ende junger Triebe. Wahrscheinlich erst seit der Römerzeit in Mitteleuropa. Vgl. auch 190(k). Blüten IV–V.
(k) Vogel-Kirsche, Süß-Kirsche *Cerasus avium* (L.) Moench (= *Prunus avium* L.), Fam. Rosengewächse *(Rosaceae)*. Blüten in wenigblütigen sitzenden Dolden. Verbreitet in Laubwäldern, an Waldschlägen und in Gebüschen. Stammform der kultivierten Süßkirschen. Blüten IV–V.
(l) Lorbeer-Seidelbast *Daphne laureola* L., Fam. Spatzenzungengewächse *(Thymelaeaceae)*. Kleiner Strauch bis etwa 1 m Höhe mit glänzenden Blättern und unscheinbaren, grünlichen Blüten. Giftig. Als Wildpflanze extrem selten (steht unter Naturschutz), mitunter jedoch als Zierpflanze in Gärten und Parkanlagen. Vgl. auch 16(b). Blüten III–IV.
(m) Wild-Apfel, Holz-Apfel *Malus sylvestris* (L.) Mill., Fam. Rosengewächse *(Rosaceae)*. Strauch oder Baum bis 10 m Höhe mit meist sehr dornigen Zweigen. Blätter unterseits nur auf den Nerven behaart. Kann leicht mit verwilderten Exemplaren des Kultur-Apfels verwechselt werden. Zerstreut in Auenwäldern, Gebüschen und Eichenwäldern. Vgl. 188(a) und 188(b). Blüten IV–V.
(n) Japanische Lärche *Larix kaempferi* (Lamb.) Carr., Fam. Kieferngewächse *(Pinaceae)*. Baum bis etwa 30 m Höhe. Rinde rotbraun, Nadelblätter blaugrün bereift. Die Abbildung zeigt links weibliche Blüten (Zapfen), rechts männliche Zapfen, die jedoch auf der gleichen Pflanze vorkommen. Eingeführt. Stellenweise wichtiger Forstbaum, sonst nur in Parks. Blüten IV–V.
(o) Laubholz-Mistel *Viscum album* L., Fam. Mistelgewächse *(Loranthaceae)*. Halbschmarotzer auf Holzpflanzen, vorzugsweise auf Weichholz und auf Obstbäumen (Apfelbäumen). Alte Zauber- und Heilpflanze. Vgl. auch 190(d). Blüten II–IV.
(p) Bastard-Platane *Platanus hybrida* Brot., Fam. Platanengewächse *(Platanaceae)*. Große Bäume bis etwa 40 m Höhe, um 1630 aus der asiatischen Art *Platanus orientalis* und der amerikanischen *Platanus occidentalis* entstanden. Meist nur zwei kugelige Blütenköpfe am langen, hängenden Stiel. Sehr häufig als Straßen- und Parkbaum gepflanzt. Vgl. auch 176(j). Blüten V.

Aufnahme vom 30. April. ○ entspricht 1 cm

(a) Duftende Pestwurz *Petasites fragrans* (VILL.) C. PRESL., Fam. Korbblütengewächse *(Asteraceae)*. Etwa 10–25 cm hohe Pflanze mit langgestielten, wintergrünen Blättern. Blütenköpfe blaßlila, riechen stark nach Vanille. Stengelschuppen grün. Ursprünglich nur im westlichen Mittelmeergebiet beheimatet, in England und Irland jedoch vielerorts eingebürgert. Vgl. 14(l). Blüten I–III.

(b) Dänisches Löffelkraut *Cochlearia danica* L., Fam. Kreuzblütengewächse *(Brassicaceae)*. Ein- oder zweijährige Pflanze bis 20 cm Höhe. Alle Blätter gestielt, von efeublattähnlichem Umriß. Blüten weiß, ziemlich klein, nur 3–5 mm breit. Verbreitet, stellenweise auch häufig, an salzigen Stellen der Sandstrände und der Salzwiesen im Küstenbereich. Blüten V–VI.

(c) Viermänniges Schaumkraut *Cardamine hirsuta* L., Fam. Kreuzblütengewächse *(Brassicaceae)*. Einjährige, etwa 10–30 cm hohe Pflanze mit kahlem oder zerstreut behaartem Stengel. Blätter rosettig, mit 1–3 Paar Fiederblättchen. Blüten mit 4 Staubblättern (bei anderen Arten überwiegend 6). Verbreitet auf Äckern, in Weinbergen, an Waldsäumen und Wegrändern. Vgl. 14(d) und 94(h). Blüten IV–VIII.

(d) Gemeine Esche *Fraxinus excelsior* L., Fam. Ölbaumgewächse *(Oleaceae)*. Baum bis 40 m Höhe mit unpaarig gefiederten Blättern. Blüten hellgrün oder hellgelb, erscheinen vor dem Laubaustrieb, entweder zwittrig oder eingeschlechtig, ohne Blütenhülle. Wichtiger germanischer Kultbaum. Häufig in krautreichen Laub- und Auenwäldern, in Gebüschen. Vgl. 190(f). Blüten IV–V.

(e) Sumpf-Veilchen *Viola palustris* L., Fam. Veilchengewächse *(Violaceae)*. Mehrjährige Pflanze mit kahlen, runden bis nierenförmigen, grundständigen Blättern. Nebenblätter gefranst. Blütenstiele einzeln direkt aus dem Wurzelstock. Blüten blaßviolett. Zerstreut in nährstoffarmen Flachmooren, in Gräben und an feuchten Waldwegen. Vgl. 16(g), 20(j), 22(l) und 76(g). Blüten IV–VII.

(f) Frühlings-Blaustern *Scilla verna* HUDS., Fam. Liliengewächse *(Liliaceae)*. Mehrjährige Pflanze bis etwa 20 cm Höhe mit linealischen, stumpfen Blättern. Blüten zu 6–12 in doldenähnlichem Blütenstand auf einem blattlosen Schaft. Zerstreut in küstennahen Heiden und Wäldern in Westeuropa und Südnorwegen. Vgl. auch 30(b) und 184(b). Blüten IV–V.

(a) Frauenschuh *Cypripedium calceolus* L., Fam. Knabenkrautgewächse *(Orchidaceae)*. Mehrjährige, 20–50 cm hohe Pflanze mit eiförmigen bis länglichen Blättern, meist 1–2blütig. Lippe (Schuh) etwa 3–4 cm lang. Steht unter Naturschutz. Durch Ausgraben an vielen Stellen bereits ausgerottet. Sehr selten in wärmeliebenden Wäldern und Gebüschen, besonders in Kalkgebieten. Blüten V–VI.

(b) Kleines Knabenkraut, Salep-Knabenkraut *Orchis morio* L., Fam. Knabenkrautgewächse *(Orchidaceae)*. Etwa 10–40 cm hohe mehrjährige Pflanze mit ungefleckten Blättern. Lippe der Blüten gleich breit wie lang oder breiter. Perigonblätter grün längsstreifig, rot oder (selten) weiß. Steht unter Naturschutz. Zerstreut bis selten auf Trocken- und Halbtrokkenrasen in Silikatgebieten. Vgl. 38(c). Blüten V–VI.

(c) Weiße Waldhyazinthe *Platanthera bifolia* (L.) Rich., Fam. Knabenkrautgewächse *(Orchidaceae)*. Meist kräftige, 25–50 cm hohe Pflanze mit zahlreichen weißen Blüten in zylindrischer Ähre. Staubbeutelfächer (Pollinien) parallel, nur wenig voneinander entfernt. Zerstreut bis selten in Magerrasen, Feuchtwiesen, Nadelwäldern, besonders über kalkhaltigem Untergrund. Vgl. 110(b). Blüten V–VII.

(d) Fliegen-Ragwurz *Ophrys insectifera* L., Fam. Knabenkrautgewächse *(Orchidaceae)*. Meist schlanke, etwa 20–40 cm hohe Pflanze mit schmalen, länglichen Blättern nur an der Stengelbasis. Blüten in wenigblütiger Ähre. Lippe dreispaltig, in der Mitte mit fast kahlem, bläulichem, viereckigem Fleck. Kalkstet. Selten in Halbtrockenrasen. Steht unter Naturschutz. Vgl. 108(d). Blüten V–VII.

(e) Langblättriges Waldvöglein *Cephalanthera longifolia* (L.) Fritsch, Fam. Knabenkrautgewächse *(Orchidaceae)*. Etwa 20–40 cm hohe Pflanze mit reich beblättertem Stengel und (bis etwa 20) reinweißen Blüten. Steht unter Naturschutz. Selten in wärmeliebenden Laub- und Laubmischwäldern der Kalkgebiete. Blüten V–VII.

(f) Steifblättriges Knabenkraut *Dactylorhiza incarnata* (L.) Soó, Fam. Knabenkrautgewächse *(Orchidaceae)*. Etwa 20–80 cm hohe Pflanze. Blätter gelegentlich gefleckt, mit Kapuzenspitze. Stengel kantig. Blüten in reichblütiger, dichter Ähre. Deckblätter länger als die Blüten. Formenreich. Steht unter Naturschutz. Zerstreut bis selten in Sumpfwiesen und Moorgebüschen. Blüten V–VII.

(a) Berg-Ehrenpreis *Veronica montana* L., Fam. Braunwurzgewächse *(Scrophulariaceae)*. Ausdauernde, 15–40 cm hohe Pflanze. Blätter lang gestielt, runzlig, gekerbt. Stengel ringsum behaart. Blütenstiele lang, fadendünn. Blüten in achselständigen Trauben. Krone dunkel geadert. Zerstreut bis verbreitet in lichten Auenwäldern, an Waldwegen und an Gebüschsäumen. Blüten V–VII.
(b) Hasenglöckchen *Hyacinthoides non-scripta* (L.) Chouard (= *Scilla non-scripta)*, Fam. Liliengewächse *(Liliaceae)*. Mehrjährige Pflanze von ca. 10–30 cm Höhe. Blütenhülle am Grunde zu einem Becher verwachsen, glockig, blau, seltener weiß, zu 3–7 auf kurzem Schaft. Zerstreut bis selten in anspruchsvollen Laubwäldern und Gebüschen. Geschützt. Vgl. 28(f) und 184(b). Blüten IV–V.
(c) Stattliches Knabenkraut, Manns-Knabenkraut *Orchis mascula* L., Fam. Knabenkrautgewächse *(Orchidaceae)*. Etwa 15–50 cm hohe Pflanze mit breit-lanzettlichen, häufig gefleckten Blättern. Blüten in langer, lockerer, vielblütiger Ähre, purpurrosa, dunkler gefleckt. Namen von der Hodenform der ungeteilten Knolle abgeleitet. Geschützt. Zerstreut bis selten in Eichen-Hainbuchenwäldern und in Halbtrockenrasen. Vgl. 29(b). Blüten V–VI.
(d) Kriechender Günsel *Ajuga reptans* L., Fam. Lippenblütengewächse *(Lamiaceae)*. Mehrjährige, etwa 5–15 cm hohe Pflanze mit ungeteilten, kreuzgegenständigen Blättern und langen oberirdischen Ausläufern. Grundblätter gestielt. Blüten in blattachselständigen Scheinquirlen; Kronen blau, seltener rötlich oder ganz weiß. Häufig und weitverbreitet auf Wiesen, Parkrasen, in Laubwäldern und Schlägen. Vgl. 60(b) und 154(d). Blüten V–VII.

(e) Efeu-Ehrenpreis *Veronica hederifolia* L., Fam. Braunwurzgewächse *(Scrophulariaceae)*. Einjährige Pflanze mit lappigen, efeuähnlichen Blättern und kriechenden, bis 40 cm langen Stengeln. Blüten unscheinbar, lila oder weißlich. Häufig auf Äckern, in Gärten und Gebüschen. Blüten IV–VII.
(f) Feld-Ehrenpreis *Veronica arvensis* L., Fam. Braunwurzgewächse *(Scrophulariaceae)*. Einjährige Pflanze mit sitzenden, gekerbten Blättern; zerstreut abstehend behaart. Blüten sehr klein, bläulich oder nahezu weiß, einzeln blattachselständig. Verbreitet auf Äckern, Brachland und in Wiesen. Blüten IV–X.
(g) Acker-Ehrenpreis *Veronica agrestis* L., Fam. Braunwurzgewächse *(Scrophulariaceae)*. Einjährige Pflanze. Blätter an der ganzen Pflanze gleichgestaltet, zur Spitze hin nur wenig kleiner. Blüten einzeln, blattachselständig, mit milchweißer Krone. Verbreitet auf kalkarmen Standorten, vor allem auf leichten Kies- und Sandböden. Blüten V–X.
(h) Quendel-Ehrenpreis *Veronica serpyllifolia* L., Fam. Braunwurzgewächse *(Scrophulariaceae)*. Mehrjährige Pflanze mit ungeteilten, oft ganzrandigen oder nur wenig gekerbten Blättern, die zur Sproßspitze hin allmählich kleiner werden. Blütenkrone weißlich mit bläulicher Aderstreifung. Kalkmeidend. Verbreitet auf Äckern. Ödland und Triften. Blüten V–IX.
(i) Gemeiner Reiherschnabel *Erodium cicutarium* (L.) L'Hér., Fam. Storchschnabelgewächse *(Geraniaceae)*. Ein- oder zweijährige Pflanze bis 50 cm Höhe mit gefiederten Blättern und ausgebreitetem oder aufrechtem, rauhhaarigem Stengel. Fruchtknoten zur Fruchtreife schnabelartig verlängert; zerfällt in mehrere Teilfrüchte. Verbreitet, stellenweise auch häufig auf lehmig-sandigen Äckern und in Sandtrockenrasen, vor allem im Küstenbereich. Blüten IV–X. Ähnlich: **Meer-Reiherschnabel** *(Erodium maritimum)*. Einjährige Pflanze mit einfachen, allenfalls fiederteiligen Blättern auf langen Stielen. Ziemlich rauhhaarig. Verbreitet in festgelegten Dünen und anderen (offenen) Graslandgesellschaften an den Atlantik- und Mittelmeerküsten. Blüten V–IX.
(j) Gamander-Ehrenpreis *Veronica chamaedrys* L., Fam. Braunwurzgewächse *(Scrophulariaceae)*. Mehrjährige Pflanze mit eiförmigen, sitzenden oder sehr kurz gestielten Blättern und zwei Haarleisten auf den Stengeln. Blüten groß, in langgestielten blattachselständigen Trauben. Verbreitet auf Wiesen, in Gebüschen, an Schlägen und Säumen und in lichten Laubwäldern. Blüten V–VI.
(k) Kalk-Kreuzblümchen *Polygala calcarea* F. W. Schultz, Fam. Kreuzblumengewächse *(Polygalaceae)*. Ausdauernde, kleine Pflanze bis etwa 20 cm Höhe mit niederliegendem oder bogig aufsteigendem Stengel, der in einer Rosette größerer und kleinerer Blätter endet. Daraus wachsen die aufrechten, blütentragenden Zweige. Blüten in vielblütigen Trauben; Schiffchen vorne mit geschlitztem Anhängsel. Vgl. auch 64(f) und 64(l). Kalkliebend. Nur in Süddeutschland auf Kalkhalbtrockenrasen. Blüten V–VII.
(l) Persischer Ehrenpreis *Veronica persica* Poiret, Fam. Braunwurzgewächse *(Scrophulariaceae)*. Einjährige oder einjährig-überwinternde Pflanze mit kräftigen, niederliegenden oder bogig aufsteigenden Stengeln bis 40 cm Länge. Blüten sehr groß, himmelblau, einzeln auf langen Stielen blattachselständig. Aus Vorderasien eingeschleppt, in gemäßigten Zonen heute weltweit verbreitet. Auf Äckern, in Gärten und an verschiedenen Ruderalstellen. Blüten während des ganzen Jahres.

Aufnahme vom 3. Mai. ○ entspricht 1 cm

(a) Finger-Küchenschelle, Stern-Küchenschelle *Pulsatilla patens* (L.) MILL., Fam. Hahnenfußgewächse *(Ranunculaceae)*. Mehrjährige Pflanze mit aufrechtem Stengel, etwa 7–35 cm hoch. Grundblätter dreizählig; Blättchen ihrerseits dreiteilig, spitz zulaufend. Blüten einzeln, langgestielt; Kronzipfel sternförmig ausgebreitet, blauviolett oder violett. Selten. Blüten IV–V. Geschützt. Vgl. 22(k). Aufnahme vom 4. Mai.

(b) Wilde Tulpe *Tulipa sylvestris* L., Fam. Liliengewächse *(Liliaceae)*. Mehrjährige Pflanze mit aufrechtem Stengel, etwa 20–45 cm hoch. Blätter bläulich-grün, schmal-linealisch. Blütenhüllblätter gelb, spitz zulaufend, innen am Grunde behaart. Stengel immer einblütig. Ursprünglich nur im östlichen Mittelmeerraum. Stellenweise als Zierpflanze verwildert. Geschützt. Blüten IV–V. Aufnahme vom 4. Mai.

(c) Gemeines Katzenpfötchen *Antennaria dioica* (L.) GAERTN., Fam. Korbblütengewächse *(Asteraceae)*. Kleine, mehrjährige Pflanze, von 5–20 cm Höhe. Grundblätter spatelig, verkehrt-eiförmig, rosettig. Körbchen nur mit Röhrenblüten, zu 3–12 in doldiger Traube. Zweihäusig. Die Abbildung zeigt eine weibliche Pflanze. In Heiden, Magerrasen und Gebüschen. Blüten V–VI. Aufnahme vom 10. Mai. Vgl. auch 80(d).

(d) Roter Holunder, Berg-Holunder *Sambucus racemosa* L., Fam. Geißblattgewächse *(Caprifoliaceae)*. Strauch bis etwa 3 m Höhe. Blätter unpaarig gefiedert. Mark der Zweige rostbraun. Blütenstand kugelig. Blüten mit grünlich-gelben Kronen. Steinfrüchte rot. Verbreitet bis zerstreut an Waldrändern, Schlägen. Blüten IV–V. Aufnahme vom 10. Mai. Vgl. auch 44(c), 132(k), 178(e) und 178(m).

(e) Strauchige Kronwicke *Coronilla emerus* L., Fam. Schmetterlingsblütengewächse *(Fabaceae)*. Strauch bis etwa 2 m Höhe. Blätter unpaarig gefiedert; Fiederblättchen verkehrteiförmig, vorne ausgerandet. Blüten in 2–7blütigen, langgestielten Dolden, goldgelb, mit roter Spitze. Selten in Gebüschen und wärmeliebenden Wäldern. Blüten V–VII. Vgl. 33(e). Aufnahme vom 10. Mai.

(f) Fieder-Zahnwurz *Dentaria heptaphyllos* VILL., Fam. Kreuzblütengewächse *(Fabaceae)*. Mehrjährige Pflanze mit aufrechtem, rundem Stengel von 30–60 cm Höhe. Blätter 2–4paarig (unpaarig) gefiedert, von halbkreisförmigem Umriß, langgestielt. Blüten in wenigblütigen Trauben; Kronen weiß oder blaßlila. Blüten IV–V. Aufnahme vom 10. Mai. Vgl. 46(a) und 90(e).

(a) Zwerg-Alpenglöckchen *Soldanella pusilla* BAUMG., Fam. Primelgewächse *(Primulaceae)*. Kleine, mehrjährige Pflanze von 3–10 cm Höhe. Blätter in grundständiger Rosette, Spreite etwa 1 cm breit, ziemlich dünn. Blüten einzeln; Kronen stumpfzipflig, etwa bis zur Hälfte eingeschnitten. Verbreitet in alpinen Schneetälchen und Magerrasen. Blüten V–VI. Aufnahme vom 26. Mai. Vgl. auch 38(e).

(b) Alpen-Gänsekresse *Arabis alpina* L., Fam. Kreuzblütengewächse *(Brassicaceae)*. Mehrjährige, kleine Pflanze von 10–20 cm Höhe. Blätter rauhhaarig und gezähnt; Stengelblätter herzförmig stengelumfassend. Grundständige Blätter kurzgestielt. Blüten in gedrängten Trauben; Kronblätter weiß, bis 10 mm lang. Auf Moränenböden, Felsschutt und Bachgeröll in den Alpen, verbreitet. Blüten III–X. Aufnahme vom 6. Mai.

(c) Acker-Meier *Asperula arvensis* L., Fam. Rötegewächse *(Rubiaceae)*. Einjährige Pflanze von etwa 15–30 cm Höhe mit kantigem, aufrechtem Stengel. Blätter borstig gewimpert, untere zu 4, obere zu 6–8 in Wirteln. Blüten in endständigen Büscheln. Kronen hellblau. Selten auf lehmigen-tonigen Äckern, besonders in Kalkgebieten. Blüten V–VI. Aufnahme vom 5. Mai. Vgl. auch 106(l).

(d) Rote Heckenkirsche *Lonicera xylosteum* L., Fam. Geißblattgewächse *(Caprifoliaceae)*. Strauch zwischen 1 und 2 m Höhe. Blätter gegenständig, gestielt, breit-elliptisch, weichhaarig. Blüten jeweils zu 2 auf einem gemeinsamen Blütenstiel. Kronen gelblichweiß. Früchte (Beeren) scharlachrot. Selten bis zerstreut in krautreichen Laubwäldern und Gebüschen. Blüten V–VI. Vgl. 98(b).

(e) Gemeiner Blasenstrauch *Colutea arborescens* L., Fam. Schmetterlingsblütengewächse *(Fabaceae)*. Strauch zwischen 2 und 5 m Höhe. Blüten zu 3–6 in aufrechter Traube; Hülse häutig, stark aufgetrieben. Blüten V–VII. In Mitteleuropa wild nur sehr selten, in letzter Zeit jedoch häufiger angepflanzt. Aufnahme vom 10. Mai. Vgl. auch 32(e).

(f) Diptam *Dictamnus albus* L., Fam. Rautengewächse *(Rutaceae)*. Kräftige Pflanze von 60–120 cm Höhe mit aufrechtem, ästigem Stengel, mehrjährig. Blätter einfach gefiedert, bei Zerreiben oder Berühren aromatisch nach Zitrone duftend. Blüten in endständigen Trauben. In wärmeliebendem Gebüsch und in Trockenwäldern. Ziemlich selten. Blüten V–VI. Aufnahme vom 10. Mai. Geschützt!

(a) Mauseschwänzchen *Myosurus minimus* L., Fam. Hahnenfußgewächse *(Ranunculaceae)*. Kleine, einjährige oder ausdauernde Pflanze mit grundständiger Rosette ganzrandiger, linealischer Blätter von 2–10 cm Höhe. Blüten unscheinbar. Früchtchen zahlreich an einer mauseschwanzähnlichen Achse (Fruchtboden). Verbreitet bis zerstreut, häufig wohl auch übersehen, auf feuchten Äckern, an Wegrändern und Ufern. Blüten IV–VI.
(b) Wald-Vergißmeinnicht *Myosotis sylvatica* Ehrh. ex Hoffm., Fam. Rauhblattgewächse *(Boraginaceae)*. Zweijährige Pflanze von 15–45 cm Höhe mit kurz gestielten Grundblättern und breit lanzettlichen, sitzenden Stengelblättern. Kelch mindestens genauso lang wie die Kronröhre; Kelchzipfel ziemlich lang ausgezogen. Kronsaum flach. Krone meist hellblau. An Waldrändern und in krautreichen Laubwäldern. Nicht allzu häufig. Vgl. auch 34(e) und 104(h). Mehrere, zum Teil nur sehr schwer unterscheidbare, ähnlich aussehende Arten. Blüten V–VII.
(c) Gegenblättriges Milzkraut *Chrysosplenium oppositifolium* L., Fam. Steinbrechgewächse *(Saxifragaceae)*. Kleine, nur 5–15 cm hohe mehrjährige Pflanze mit vierkantigem Stengel. Rasenbildend. Alle Blätter gegenständig. Blüten unscheinbar gelblich-grün. Zerstreut an überrieselten Felsen und in nährstoffreichen Quellfluren. Blüten IV–VI. Ähnlich: **Wechselblättriges Milzkraut** *Chrysosplenium alternifolium*, Blätter alle wechselständig und deutlich gekerbt. Stengel dreikantig. Pflanze mit blattlosen Ausläufern. Ähnlich verbreitet wie die vorige Art, jedoch etwas häufiger. Blüten IV–VI.
(d) Bitterklee, Fieberklee *Menyanthes trifoliata* L., Fam. Bitterkleegewächse *(Menyanthaceae)*. Mehrjährige Pflanze mit kräftigem kriechendem Rhizom und dreizähligen Blättern. Höhe bis etwa 30 cm. Steht unter Naturschutz. Verbreitet in Verlandungsgesellschaften, Flachmooren, Torfstichen und anmoorigen Wiesen. Blüten V–VI. Alte Heilpflanze.
(e) Acker-Vergißmeinnicht *Myosotis arvensis* (L.) Hill, Fam. Rauhblattgewächse *(Boraginaceae)*. Ein- oder zweijährige Pflanze von 10–40 cm Höhe. Haare am Blütenkelch alle abstehend und teilweise mit Hakenspitze (Lupe!). Kronsaum trichterig eingetieft, blaßblau. Fruchtstand meist ebenso lang wie der beblätterte Stengelteil. Formenreich. Häufig bis verbreitet auf sandigen oder lehmigen Äckern, an Waldschlägen oder an verschiedenen Ruderalstellen. Weitere, zum Teil nur schwer unterscheidbare Arten. Blüten IV–IX.
(f) Wiesen-Margerite *Leucanthemum vulgare* Lamk. (= *Chrysanthemum leucanthemum)*, Fam. Korbblütengewächse *(Asteraceae)*. Mehrjährige, meist 50–100 cm hohe Pflanze. Obere Stengelblätter kleiner und einfacher als untere. Blütenköpfe einzeln, endständig, mit weißen Zungenblüten und gelben Scheiben(= Röhren-)blüten. Weit verbreitet und häufig auf Fettwiesen und -weiden oder an Wegrändern. Blüten V–X.
(g) Sanikel *Sanicula europaea* L., Fam. Doldengewächse *(Apiaceae)*. Pflanze etwa 30–45 cm hoch, mit immergrünen, handförmig geteilten Grundblättern. Blüten unscheinbar, in kopfig gedrängten Dolden. Früher häufiger als Heilpflanze verwendet (Name). Selten bis verbreitet in krautreichen Laubwäldern, besonders auf kalkhaltigem Untergrund. Blüten V–VII.
(h) Rote Lichtnelke *Silene dioica* (L.) Clairv., Fam. Nelkengewächse *(Caryophyllaceae)*. Zwei- oder mehrjährige Pflanze bis 90 cm Höhe, mit gegenständigen, breitlanzettlichen, sitzenden Blättern. Zweihäusig; weibliche Blüten mit dickem Fruchtknoten, männliche Blüten mit 5 Staubblättern. Kronblätter deutlich zweispaltig. Verbreitet in Hochstaudenfluren, feuchten Wiesen, Ufern, Gräben, auf Waldschlägen und in Gebüschen. Blüten IV–IX. Vgl. auch 54(f), 54(d), 104(f) und 153(b).
(i) Kriechende Gemswurz *Doronicum pardalianches* L., Fam. Korbblütengewächse *(Asteraceae)*. Pflanze von 50–100 cm Höhe mit Ausläufern und eiförmig-herzförmigen Grundblättern. Meist aus Gartenkultur verwildert und in Gebüschen oder krautreichen Laubwäldern. Alte Arzneipflanze. Blüten V–VI (nicht jedes Jahr!).
(j) Sumpf-Dotterblume *Caltha palustris* L., Fam. Hahnenfußgewächse *(Ranunculaceae)*. Kräftige Pflanze bis 30 cm Höhe mit großen, glänzenden, dicklichen Blättern von herz- oder nierenförmigem Umriß. Stengel ziemlich dick und hohl. Blüten mit einfacher Hülle, ohne Honigblätter. Überall verbreitet und häufig. In nährstoffreichen Sumpfwiesen, an Bächen, Gräben und in Auwäldern. Blüten IV–VI.
(k) Maiglöckchen *Convallaria majalis* L., Fam. Liliengewächse *(Liliaceae)*. Pflanze mit kriechendem Wurzelstock und meist zwei, länglich-breitlanzettlichen, grundständigen Blättern. Blüten in einseitswendiger Traube. Giftig. Wichtige Arzneipflanze. Verbreitet in Laubwäldern, an Säumen und in Gebüschen. Wärmeliebend. Nördlich der Mittelgebirge selten. Vgl. auch 184(c). Blüten V–VI. Geschützt!
(l) Körnchen-Steinbrech *Saxifraga granulata* L., Fam. Steinbrechgewächse *(Saxifragaceae)*. Etwa 15–40 cm hohe Pflanze mit rundlichen, gekerbten Grundblättern. Rhizom mit kleinen Brutzwiebeln (Name). Kronblätter mit roten Punkten versehen. Verbreitet bis zerstreut auf Wiesen, an Böschungen und an Säumen. Vgl. auch 50(b) und 164(e). Blüten V–VI.

Aufnahme vom 10. Mai. ○ entspricht 1 cm

(a) Sternmieren-Quellkraut *Montia sibirica* (L.) HOWELL, Fam. Portulakgewächse *(Portulacaceae)*. Einjährige, hellgrüne, etwas fleischige Pflanze von 15–30 cm Höhe. Blüten 1–2 cm breit, rosafarben, mit tief ausgerandeten Kronblättern, in lockeren Scheindolden. Oberste Stengelblätter nicht becherförmig verwachsen. Eingeschleppt aus Nordamerika und stellenweise auch in Mitteleuropa eingebürgert. Blüten IV–VII. Vgl. auch 46(l) und 172(c).
(b) Schlüsselblume *Primula × brevistyla* DC., Fam. Primelgewächse *(Primulaceae)*. Bastard zwischen der Wiesen-Primel *(Primula veris)* und der Wald-Primel *(Primula vulgaris)*. Sehr zerstreut, nur im gemeinsamen Verbreitungsgebiet beider Elternarten. Vgl. dazu 16(h), 22(h) und 26(d). Blüten IV–VI.
(c) Einbeere *Paris quadrifolia* L., Fam. Liliengewächse *(Liliaceae)*. Pflanze etwa 10–30 cm hoch, mit kriechendem Rhizom. Blätter netzadrig, zu 4–5 am Ende des Stengels. Blüten vierzählig. Giftig. Zerstreut in anspruchsvollen, krautreichen Laubwäldern und Gebüschen. In Süddeutschland etwas häufiger. Blüten V–VI.
(d) Waldmeister *Galium odoratum* (L.) SCOP., Fam. Rötegewächse *(Rubiaceae)*. Mehrjährige, 15–20 cm hohe Pflanze mit quirlständigen, einnervigen Blättern; untere Blätter zu 6, obere zu 8, stachelspitzig. Blütenkrone trichterförmig, reinweiß. Stengel glatt. Charakteristischer Geruch der Pflanze geht auf den hohen Cumaringehalt zurück. In größeren Mengen nicht unbedenklich. Zerstreut bis verbreitet in Laubwäldern, besonders in Rotbuchenwäldern und in Gebüschen. Blüten V–VI. Vgl. auch 64(g), 90(d) und 134(j).
(e) Zaun-Wicke *Vicia sepium* L., Fam. Schmetterlingsblütengewächse *(Fabaceae)*. Pflanze mehrjährig, etwa 30–60 cm hoch, kletternd. Blätter gefiedert, Endfiedern in Blattranken umgewandelt. Blütenstände 1- bis 6blütig, kurzgestielt. Blüten blau, rot, schmutzigpurpurn oder Übergänge dazwischen. Verbreitet bis häufig an Säumen und Gebüschen, auf Wiesen und in Unkrautfluren. Vgl. auch 62(e), 30(j) und 128(e). Blüten V–VIII.
(f) Kleiner Wiesenknopf, Kleine Bibernelle *Sanguisorba minor* SCOP., Fam. Rosengewächse *(Rosaceae)*. Ausdauernde, etwa 15–30 cm hohe Pflanze mit grundständiger Rosette unpaarig gefiederter Blätter. Blüten anfangs grünlich, später rot, in kugeligen Blütenköpfen, die unten männliche, in der Mitte zwittrige und oben nur weibliche Blüten tragen. Oft als Heil- und Gewürzpflanze verwendet. Verbreitet auf Trockenrasen und Felsfluren. Vgl. 96(h). Blüten V–VIII.
(g) Wald-Erdbeere *Fragaria vesca* L., Fam. Rosengewächse *(Rosaceae)*. Mehrjährige Pflanze bis 20 cm Höhe mit langgestielten, dreizähligen Blättern. Kronblätter weiß, sehr breit und am Rande überlappend, vorne nicht ausgerandet. Die Erdbeere ist eine Sammelnußfrucht mit wesentlich besserem Aroma als die kultivierten Sorten. Verbreitet an Säumen, Gebüschen und Waldwegen. Blüten V–VI. Vgl. auch 24(c) und 106(h).
(h) Stinkender Storchschnabel, Ruprechtskraut *Geranium robertianum* L., Fam. Storchschnabelgewächse *(Geraniaceae)*. Einjährige Pflanze bis etwa 40 cm Höhe. Blätter aus völlig getrennten Blättchen zusammengesetzt, jedoch nicht gefiedert. Stengel und Blattstiele, mitunter auch die Blätter, blutrot überlaufen. Beim Zerreiben unangenehm riechend. Stickstoffanzeiger. Häufig an Mauern, in Wäldern, Gebüschen und an Säumen. Vgl. 42(i), 44(c), 50(k), 54(g) und 60(h). Blüten V–X.
(i) Schuppenwurz *Lathraea squamaria* L., Fam. Braunwurzgewächse *(Scrophulariaceae)*. Pflanze etwa 5–20 cm hoch, blaßrosarot, mit dicklichen Schuppenblättern. Blüten in einseitswendiger Traube. Schmarotzt auf den Wurzeln von (meist) Hasel oder Erle. Ziemlich zerstreut in krautreichen Wäldern, Bachauen und in Gebüschen. Blüten IV–V. Vgl. auch 110(c).
(j) Gemeiner Frauenmantel *Alchemilla vulgaris* L., Fam. Rosengewächse *(Rosaceae)*. Pflanze etwa 5–30 cm hoch, mit gelappten Grundblättern, deren Buchten bis zum Grunde gesägt sind. Meist behaart. Blüten unscheinbar klein, grünlich-gelb. Formenreiche Sammelart. Die Abbildung zeigt die Kleinart Fadenstengeliger Frauenmantel *(Alchemilla filicaulis)* aus dem Formenkreis *A. vulgaris*. In Fettwiesen und -weiden, an Wegrändern und Waldsäumen. Vgl. auch 56(b), 68(i), 68(j) und 106(k). Blüten V–IX.
(k) Bach-Nelkenwurz *Geum rivale* L., Fam. Rosengewächse *(Rosaceae)*. Pflanze etwa 30–100 cm hoch mit unterbrochen gefiederten Blättern. Endfieder sehr groß. Blüten nickend; Kronblätter außen rötlich, innen gelb. Kelchblätter rostbraun. Stengel meist mehrblütig. Vgl. 36(l) und 42(j). Verbreitet in nassen Wiesen, Quellfluren und an feuchten Waldrändern, Blüten V–VI.
(l) Bastard zwischen der **Bach-Nelkenwurz** und der **Echten Nelkenwurz** *(Geum urbanum)*, der die Bezeichnung *Geum × intermedium* EHRH. erhielt. Aus dieser Kreuzung gehen fruchtbare Nachkommen hervor, die durch Rückkreuzung mit den Elternarten formenreiche Hybridschwärme bilden. Zerstreut im gemeinsamen Verbreitungsgebiet von *G. rivale* und *G. urbanum*. Blüten V–VII.

Aufnahme vom 10. Mai. ○ entspricht 1 cm

(a) Spinnen-Ragwurz *Ophrys sphegodes* Mill., Fam. Knabenkrautgewächse *(Orchidaceae)*. Mehrjährige Pflanze von 15–40 cm Höhe. Blätter hellgrün, schmal-lanzettlich. Äußere Blütenhüllblätter grünlich. Lippe der Blüte ungeteilt, mit kahler, H-förmiger Zeichnung. Ziemlich selten an Trockengebüschsäumen und auf Halbtrockenrasen in Kalkgebieten. Blüten V–VI. Vgl. auch 29(d), 74(h) und 108(d).

(b) Wanzen-Knabenkraut *Orchis coriophora* L., Fam. Knabenkrautgewächse *(Orchidaceae)*. Mehrjährige Pflanze bis etwa 15–30 cm Höhe. Blätter lanzettlich-linealisch. Blüten in dichter Traube, schmutzig braunrot oder weißlich, oft auch grünlich überlaufen. Lippe rot gefleckt und nach unten eingekrümmt. Riecht nach Wanzen. Ziemlich selten in feuchten, anmoorigen Wiesen. Blüten VI–VII. Vgl. 29(b).

(c) Affen-Knabenkraut *Orchis simia* Lamk., Fam. Knabenkrautgewächse *(Orchidaceae)*. Mehrjährige Pflanze von 30–40 cm Höhe. Blätter lanzettlich, ungefleckt. Blütenstand ziemlich kurz, blüht von oben nach unten auf. Blüten weiß bis rotviolett, mitunter gestreift. Zipfel der Lippe lang, fadenförmig, gekrümmt. Ziemlich selten in Halbtrockenrasen. Im Mittelmeergebiet häufiger. Blüten IV–VI. Vgl. auch 38(d).

(d) Helm-Knabenkraut *Orchis militaris* L., Fam. Knabenkrautgewächse *(Orchidaceae)*. Mehrjährige Pflanze von etwa 25–50 cm Höhe. Blätter länglich-oval bis lanzettlich. Äußere Blütenhüllblätter bilden einen zugespitzten, weißlich-rötlich gefärbten Helm. Selten. In Kalkhalbtrockenrasen, an Böschungen und in Flachmoorwiesen. Blüten V–VI. Vgl. 38(c).

(e) Gemeines Alpenglöckchen, Alpen-Troddelblume *Soldanella alpina* L., Fam. Primelgewächse *(Primulaceae)*. Mehrjährige Pflanze von etwa 5–20 cm Höhe. Blätter meist breiter als 15 mm, ganzrandig. Stengel aufrecht, mehrblütig. Blüten zu 1–3 in Dolden; Kronen blaßlila bis weißlich. Verbreitet auf Schneeböden und in Rieselfluren der Alpen. Blüten IV–VIII. Vgl. auch 33(a).

(f) Echte Kugelblume *Globularia elongata* Hegetschw., Fam. Kugelblumengewächse *(Globulariaceae)*. Mehrjährige Pflanze, etwa 5–30 cm hoch. Grundblätter langgestielt, spatelförmig oder breit-oval. Stengelblätter sitzend. Blüten in 10–15 mm breiten Köpfen; Kronen blau. Ziemlich selten bis zerstreut in Kalkfluren. Blüten V–VI. Vgl. auch 59(d).

(a) Lauchblättriger Bocksbart *Tragopogon porrifolius* L., Fam. Korbblütengewächse *(Asteraceae)*. Ein- oder mehrjährige Pflanze, etwa 20–80 cm hoch. Stengel aufrecht, schwach verzweigt, kahl. Blätter schmal, grasartig, ganzrandig. Blüten in einzelnen, endständigen Köpfen. Kronen purpurviolett. In Mitteleuropa selten; in Südeuropa stellenweise angebaut. Blüten IV–VI. Vgl. auch 93(e).

(b) Holunder-Knabenkraut *Dactylorhiza sambucina* (L.) Soó, Fam. Knabenkrautgewächse *(Orchidaceae)*. Mehrjährige Pflanze bis etwa 20–25 cm Höhe. Stengel aufrecht, hohl. Blätter ungefleckt. Blüten entweder trübrot mit gelblicher Lippe oder ganz hellgelb; Lippe immer ungeteilt, mit dunkleren Punkten. Selten. Kalkmeidende Art an Trokkengebüschsäumen und auf Magerrasen. Blüten IV–VI. Geschützt.

(c) Brand-Knabenkraut *Orchis ustulata* L., Fam. Knabenkrautgewächse *(Orchidaceae)*. Mehrjährige Pflanze von etwa 10–25 cm Höhe. Blätter ungefleckt, lanzettlich. Blüten in dichtem Blütenstand; äußere Blütenhüllblätter bilden einen braunroten, im Knospenzustand fast schwarzen Helm. Lippe weiß, nur wenig punktiert. Zerstreut bis selten in Halbtrockenrasen, auf Bergwiesen und Matten. Blüten V–VI. Geschützt.

(d) Buntes Vergißmeinnicht *Myosotis discolor* PERS., Fam. Rauhblattgewächse *(Boraginaceae)*. Einjährige bzw. überwinternde Pflanze von 5–30 cm Höhe. Pflanze abstehend behaart. Blätter breit-lanzettlich, sitzend. Kronensaum erst gelb, dann rötlich, zuletzt blauviolett. Formenreich. Selten bis zerstreut auf sandigen Äckern und Trockenrasen. Blüten IV–VI. Vgl. auch 34(b) und 104(h).

(e) Weißzunge *Pseudorchis albida* (L.) A. ET D. LÖVE, Fam. Knabenkrautgewächse *(Orchidaceae)*. Mehrjährige Pflanze, etwa 10–30 cm hoch. Blätter länglich-elliptisch bis verkehrt-eiförmig. Blüten in dichtem, zylindrischem Blütenstand, weiß bis gelblich, ziemlich klein, nur schwach duftend. Selten bis sehr zerstreut in Magerrasen. Blüten VI–VIII.

(f) Alpenhelm, Bartschie *Bartsia alpina* L., Fam. Braunwurzgewächse *(Scrophulariaceae)*. Mehrjährige Pflanze von etwa 5–15 cm Höhe. Blätter gegenständig, oval, gekerbt. Kronen violett, 15–25 mm lang. Pflanze in der Blütenregion violett überlaufen. Verbreitet in subalpinen Quellmooren und sickerfeuchten Matten. Blüten VI–VIII. Vgl. auch 125(f) und 160(b).

(a) Gemeiner Goldregen *Laburnum anagyroides* MED., Fam. Schmetterlingsblütengewächse *(Fabaceae).* Strauch oder kleiner Baum bis 7 m Höhe mit dreizähligen Blättern. Blüten in langen, hängenden Trauben; Kronblätter goldgelb. Hülsen seidenhaarig. Wild nur in wärmeren Klimagebieten (Weinbaugebiete), aber häufig in Gärten und Parkanlagen angepflanzt. Alle Teile sehr giftig! Blüten V–VI.
(b) Wolliger Schneeball *Viburnum lantana* L., Fam. Geißblattgewächse *(Caprifoliaceae).* Strauch von 1–2,5 m Höhe mit eiförmigen Blättern, diese am Rande gezähnt bis gesägt und unterseits mit Sternhaaren dicht graufilzig. Blüten in halbkugeliger Schirmdolde; Randblüten nicht vergrößert. Früchte anfangs rot, später schwarz. Zerstreut in wärmeliebenden Gebüschen und Wäldern, mitunter jedoch in Parkanlagen angepflanzt. Giftig. Vgl. 66(b) und 178(j). Blüten IV–VI.
(c) Besenginster *Sarothamnus scoparius* (L.) SCOP., Fam. Schmetterlingsblütengewächse *(Fabaceae).* Strauch von 50–200 cm Höhe mit kantigen, rutenförmigen, grünen Ästen und kleinen, dreizähligen Blättchen. Schmetterlingsblüten goldgelb, recht groß. Hülsen lang behaart. Samen giftig. Säurezeiger. Verbreitet in Gebüschen, an Böschungen, auf Heiden und an Waldrändern. Etwas wärmeliebend, wenig frosthart. Vgl. auch 22(c). Blüten V–VI.
(d) Eberesche, Vogelbeere *Sorbus aucuparia* L., Fam. Rosengewächse *(Rosaceae).* Strauch oder Baum bis etwa 15 m Höhe mit unpaarig gefiederten Blättern. Blüten in vielblütigen Schirmrispen. Früchte etwa erbsengroß, scharlachrot. Junge Blätter riechen beim Zerreiben nach Marzipan. Verbreitet in lichten Wäldern und Gebüschen, häufig auch als Straßen- und Parkbaum gepflanzt. Blüten V–VI.

Frühjahr / Frühsommer (Mai–Juni) Wälder, Hecken, Gebüsche

(e) Trauben-Eiche, Winter-Eiche *Quercus petraea* (MATT.) LIEBL., Fam. Buchengewächse *(Fagaceae).* Baum bis etwa 35 m Höhe. Blätter deutlich gestielt; Blattspreite am Grund keilförmig in den Stiel verschmälert. Aufrechter Wuchs mit durchgehendem Hauptstamm. Männliche Blüten in gebündelten Kätzchen; weibliche Blüten endständig und in den Blattachseln der jungen Triebe. Verbreitet in Laubmischwäldern, vor allem in der Ebene. Vgl. auch 88(d) und 190(i). Blüten V.
(f) Stiel-Eiche, Sommer-Eiche *Quercus robur* L., Fam. Buchengewächse *(Fagaceae).* Baum bis etwa 40 m Höhe. Blätter sehr kurz gestielt, fast sitzend. Blattspreite am Grunde herzförmig geöhrt. Stamm bereits am Kronenbeginn zerteilt. Männliche Blüten in langen, lockeren Kätzchen; weibliche Blüten am Ende der jungen Triebe und in den Blattachseln. Verbreitet in Laubmischwäldern und Gebüschen, vor allem im Bergland. Vgl. 88(d) und 190(j). Blüten V.
(g) Sanddorn *Hippophae rhamnoides* L., Fam. Ölweidengewächse *(Elaeagnaceae).* Strauch von 1–5 m Höhe mit schmal-lanzettlichen, oberseits kahlen, unterseits silbrigweiß behaarten Blättern. Zweihäusig; Blüten klein, rötlich-bräunlich; männliche Blüten mit geteilter Hülle, weibliche röhrig. Verbreitet in den Schotterauen der Gebirge (Alpen) und auf den Küstendünen. Sonst nur angepflanzt. Vgl. 180(j). Blüten IV–V.
(h) Gemeine Zwergmispel *Cotoneaster integerrimus* MED., Fam. Rosengewächse *(Rosaceae).* Kleiner Strauch bis 2 m Höhe mit breit-eiförmigen, unterseits filzig behaarten Blättern. Blattstiele weichhaarig. Blüten einzeln. Zerstreut bis selten in wärmeliebendem Felsgebüsch und im Saum von Trockenwäldern. Blüten IV–VI.
(i) Gewöhnliche Traubenkirsche *Padus avium* MILL. (= *Prunus padus* L.), Fam. Rosengewächse *(Rosaceae).* Baum bis 10 m Höhe mit mattgrünen, weichen, etwas runzligen Blättern. Rinde der Äste fast schwarz. Blüten weiß, in hängenden, vielblütigen Trauben. Zerstreut bis verbreitet in Auenwäldern, Erlenauen, Hainbuchenwäldern und Ufergebüschen. Vgl. auch 16(a), 16(d), 26(k) und 163(e). Blüten V.
(j) Berg-Ahorn *Acer pseudoplatanus* L., Fam. Ahorngewächse *(Aceraceae).* Baum bis 25 m Höhe. Blätter handförmig in 5 Lappen geteilt, am Rande ungleich grob gesägt, aber in stumpfe Spitzen auslaufend. Blüten zwittrig, gelblich-grün, in hängenden Trauben, erscheinen erst nach dem Laubaustrieb. Verbreitet in krautreichen Laubwäldern. Nördlich der Mittelgebirge zerstreuter. Häufig auch als Straßen- und Forstbaum gepflanzt. Vgl. auch 122(l). Blüten V.
(k) Spitz-Ahorn *Acer platanoides* L., Fam. Ahorngewächse *(Aceraceae).* Baum bis etwa 25 m Höhe. Blätter wie bei allen Arten gegenständig, in meist 5 größere Lappen geteilt, die ihrerseits 3–7 lange Spitzen tragen. Blattbuchten stumpf. Blüten zwittrig, erscheinen vor dem Laubaustrieb, unscheinbar gelblichgrün, in aufrechten Trauben. Verbreitet in krautreichen Laubwäldern und in Gebüschen, oft auch als Straßen- und Parkbaum angepflanzt. Vgl. auch 122(f). Blüten IV–V.
(l) Feld-Ahorn *Acer campestre* L., Fam. Ahorngewächse *(Aceraceae).* Strauch oder kleinerer Baum von etwa 1–5 m Höhe. Blätter manchmal ganzrandig, meist jedoch stumpf 3- bis 5lappig, mit spitzwinklig zwischen den Lappen eingetieften Buchten. Blüten grünlich, in Trauben. Verbreitet in krautreichen Laubwäldern, Gebüsch und Feldgehölz. Im Bergland seltener. Vgl. auch 122(g). Blüten V–VI.

Aufnahme vom 10. Mai. ○ entspricht 1 cm

Frühjahr / Frühsommer (Mai–Juni) Wiesen, Weiden, Triften, Ödland

(a) Herbst-Zeitlose *Colchicum autumnale* L., Fam. Liliengewächse *(Liliaceae)*. Pflanze mit unterirdischer Knolle. Blätter breit-lanzettlich, meist dunkelgrün glänzend, ganzrandig, erscheinen im Frühsommer zusammen mit der reifenden Fruchtkapsel der Blüte vom vorausgegangenen Herbst. Meist 10–40 cm hoch. Sehr giftig. Verbreitet in feuchten Wiesen und nährstoffreichen Weiden, auch auf Waldlichtungen. Nördlich der Mittelgebirge sehr zerstreut. Vgl. auch 184(a).

(b) Wegerauke *Sisymbrium officinale* (L.) Scop., Fam. Kreuzblütengewächse *(Brassicaceae)*. Einjährige Pflanze von 30–60 cm Höhe. Blätter mit pfeilförmigem Grund, meist tiefgelappt oder fiederteilig, weiter oben am Stengel einfacher und kleiner. Kreuzblüten klein. Reifende Schoten dem Stengel dicht anliegend. Verbreitet an ruderalen Standorten. Vgl. auch 62(j) und 108(j). Blüten V–X.

(c) Echte Winterkresse, Barbarakraut *Barbarea vulgaris* R. Br., Fam. Kreuzblütengewächse *(Brassicaceae)*. Zwei- oder mehrjährige Pflanze, etwa 30–90 cm hoch. Obere Stengelblätter einfach, aber buchtig gezähnt; Grundblätter mit 2–5 Paar Seitenlappen und großem, rundlichem Endlappen. Kreuzblüten gelb, bis 9 mm breit. Schoten auf dünnen Stielen aufrecht bis abstehend. Verbreitet an Wegen, auf Äckern, an Ufern und in feuchten Wiesen. Vgl. auch 104(l). Blüten V–VII.

(d) Grüne Nieswurz *Helleborus viridis* L., Fam. Hahnenfußgewächse *(Ranunculaceae)*. Kräftige, mehrjährige Pflanze mit tief handförmig geteilten Blättern. Teilblätter entfernt gesägt. Blütenhülle aus Kelchblättern (grün), Kronblätter zu Honigblättern umgewandelt. Ziemlich giftig. Schützenswert. Zerstreut auf Kalkböden in lichten Wäldern und Gebüschen. Vgl. auch 16(k). Blüten III–V.

(e) Großer Knollenkümmel *Conopodium majus* (Gouan) Loret, Fam. Doldengewächse *(Apiaceae)*. Schwach verzweigte, an der Basis blattlose Pflanze von 20–60 cm Höhe mit feingerieftem Stengel. Blüten weiß, in 6- bis 12strahligen, zusammengesetzten Dolden. Stengelblätter 2- bis 3fach fiederteilig mit linealischen Endabschnitten. Wurzelknollen sind eßbar. Verbreitet auf schattigen Wiesen und an Waldsäumen. Blüten V–VII.

(f) Rauhhaar-Wicke *Vicia hirsuta* (L.) S. F. Gray, Fam. Schmetterlingsblütengewächse *(Fabaceae)*. Kletterpflanze von 15–60 cm Höhe. Blätter am Ende mit Ranken. Blüten klein, in langgestielten, 3- bis 6blütigen Trauben. Kronen weißlich oder hellrosa. Hülse zweisamig, behaart. Verbreitet auf trockeneren Wiesen, Äckern und an verschiedenen Ruderalstellen. Vgl. 64(e) und 93(c). Blüten V–VII.

(g) Echte Kamille *Matricaria chamomilla* L., Fam. Korbblütengewächse *(Asteraceae)*. Meist einjährige Pflanze von etwa 15–40 cm Höhe. Stengelblätter fiederteilig mit langen, schmalen Blattzipfeln. Blütenköpfe langgestielt, mit weißen, meist zurückgeschlagenen Zungenblüten; Röhrenblüten immer fünfzähnig. Blütenkopfboden hohl. Verbreitet auf lehmigen Äckern und frischen Schuttstellen. Wertvolle Heil- und Arzneipflanze. Vgl. auch 90(c), 114(e), 134(b) und 138(b). Blüten V–VIII.

(h) Kleiner Sauerampfer *Rumex acetosella* L., Fam. Knöterichgewächse *(Polygonaceae)*. Mehrjährige, etwa 10–30 cm hohe Pflanze mit reingrünen, lanzettlichen oder linealischen Blättern, die am Grunde meist deutliche Spießecken tragen. Blüten sehr klein, kugelig, rötlich überlaufen. Verbreitet in Trocken- und Magerrasen, an Wegrändern, auf Äckern und an Sandstandorten. Vgl. 42(l) und 130(j). Blüten V–VII.

(i) Pyrenäen-Storchschnabel, Anger-Storchschnabel *Geranium pyrenaicum* Burm. fil., Fam. Storchschnabelgewächse *(Geraniaceae)*. Mehrjährige, aber nur einmal blühende Pflanze von 20–50 cm Höhe. Blätter gestielt, von rundlichem Umriß, lappig geteilt mit stumpfen Enden. Blüten in zweiblütigen Teilblütenständen, Kronblätter zweispaltig, violettrot. Stengel zottig behaart. Verbreitet in Unkrautfluren, an Wegen, Schuttplätzen und an Böschungen. Vgl. 36(h), 44(c), 50(k), 54(g) und 60(h). Blüten V–X.

(j) Echte Nelkenwurz *Geum urbanum* L., Fam. Rosengewächse *(Rosaceae)*. Ausdauernde Pflanze von etwa 30–60 cm Höhe. Stengelblätter dreiteilig oder dreilappig, mit sehr großen Nebenblättern. Blüten aufrecht, flach ausgebreitet, werden von den Kelchblättern überragt. Wurzelstock enthält ätherisches Öl mit Gewürznelkenduft (Name). Häufig in krautreichen Laubmischwäldern, Gebüschen, Säumen, Waldwegen oder auf feuchten Wiesen anzutreffen. Vgl. 36(k) und 36(l). Blüten V–VIII.

(k) Gelbe Resede, Gelber Wau *Reseda lutea* L., Fam. Resedengewächse *(Resedaceae)*. Zwei- oder mehrjährige, aber nur einmal blühende Pflanze bis etwa 50 cm Höhe. Alle Blätter dreispaltig oder doppelt dreispaltig mit schmalen, linealischen Abschnitten, die vorne gerundet sind. Blüten in langer Traube, hellgelb, geruchlos. Verbreitet an trockenen Standorten. In Norddeutschland selten. Vgl. 86(i) und 110(e). Blüten V–IX.

(l) Wiesen-Sauerampfer *Rumex acetosa* L., Fam. Knöterichgewächse *(Polygonaceae)*. Pflanze etwa 30–80 cm hoch. Blätter dicklich, dunkelgrün, etwas runzlig, an der Stengelbasis gestielt, weiter oben sitzend. Blattscheiden fransig-zerschlitzt oder gezähnt. Blütenstand ziemlich locker; Blütenstandäste nicht sehr stark verzweigt. Blüten klein, rötlich überlaufen. Auf Wiesen, Weiden oder an Wegrändern häufig und weit verbreitet. Vgl. 42(h) und 130(j). Blüten V–VI.

Aufnahme vom 12. Mai. ○ entspricht 1 cm

(a) Gemeiner Hornklee *Lotus corniculatus* L., Fam. Schmetterlingsblütengewächse *(Fabaceae)*. Etwa 5–40 cm hohe Pflanze mit niederliegenden oder bogig aufsteigenden Stengeln. Blätter dreizählig, mit großen, auffallenden Nebenblättern. Blättchen verkehrt-eiförmig bis breit-lanzettlich, stumpf oder sehr kurz zugespitzt. Schiffchenspitze der dottergelben Schmetterlingsblüte oft rötlich oder rot. Verbreitet auf Wiesen und Weiden oder an trockenen Standorten. Vgl. 114(f). Blüten V–VIII. Ähnlich:
Salz-Hornklee *Lotus tenuis* W. ET K., mit schmal-linealischen bis lanzettlichen Stengelblättchen und dünnen Stielen. Schmetterlingsblüten in wenigblütigen Dolden. Vor allem in Salzwiesen der Küsten.
(b) Hopfen-Luzerne, Hopfenklee *Medicago lupulina* L., Fam. Schmetterlingsblütengewächse *(Fabaceae)*. Pflanze von 15–50 cm Höhe mit dreizähligen Blättern. Nebenblätter klein; Blättchen meist breiter als lang. Blüten klein, in kopfigen Dolden auf langen Stielen. Hülsen glatt, nierenförmig. Vgl. 54(e), 60(f), 68(g) und 96(d). Blüten V–X.
(c) Glänzender Storchschnabel *Geranium lucidum* L., Fam. Storchschnabelgewächse *(Geraniaceae)*. Einjährige Pflanze, bis etwa 30 cm hoch. Blätter fingerförmig gespalten oder geschnitten, etwas glänzend. Pflanze kahl. Stengel, mitunter auch die älteren Blätter, rot überlaufen. Kelchblätter aufrecht, kegelig zusammengezogen. Ziemlich selten an Waldwegen, auf Waldlichtungen, an Mauern oder in Hecken. Vgl. 36(h), 42(i), 50(k), 54(g) und 60(h). Blüten V–VIII.
(d) Hufeisenklee *Hippocrepis comosa* L., Fam. Schmetterlingsblütengewächse *(Fabaceae)*. Mehrjährige Pflanze von 5–25 cm Höhe mit unpaarig gefiederten Blättern. Stengel meist liegend. Blüten in hufeisenförmiger, kopfiger Dolde. Zerstreut in Felsfluren und Trockenrasen. Blüten V–VII.
(e) Schwarzer Holunder *Sambucus nigra* L., Fam. Geißblattgewächse *(Caprifoliaceae)*. Strauch oder kleiner Baum von 3–7 m Höhe mit unpaarig gefiederten Blättern. Zweige mit weißem Mark. Blüten weiß, in schirmförmig flacher Rispe (Scheindolde). Früchte sind schwarze Steinfrüchte. Vielseitig verwendbar; Blüten und Früchte können gesammelt und nach Zubereitung verzehrt werden. Ziemlich häufig in Gebüschen, an Straßenrändern, in krautreichen Wäldern und Schlägen. Stickstoffzeiger. Vgl. 178(e) und 132(k). Blüten V–VII.
(f) Hülse, Stechpalme *Ilex aquifolium* L., Fam. Stechpalmengewächse *(Aquifoliaceae)*. Immergrüner Strauch oder kleiner Baum bis 6 m Höhe mit glänzenden, lederigen, ganzrandigen oder dornig gezähnten Blättern. Zweihäusig. Blüten weiß, klein, unauffällig. Steht unter Naturschutz. In Gebüschen oder lichten Laubwäldern. Im Gebiet an der Ostgrenze seiner Verbreitung. Häufig auch angepflanzt. Blüten V–VIII. Vgl. auch 190(c).
(g) Eingriffliger Weißdorn *Crataegus monogyna* JAQU., Fam. Rosengewächse *(Rosaceae)*. Strauch oder kleiner Baum von 1–10 m Höhe. Blätter gelappt, fast fiederteilig, Blattbuchten breit und stumpf. Blüten weiß, mit nur einem Griffel. Etwas unangenehm riechend. Wichtige und wertvolle Arzneipflanze. Früchte verwertbar. Verbreitet in Gebüschen und lichten, wärmeliebenden Wäldern. Häufig auch an Straßen oder zu Hecken gepflanzt. Vgl. auch 178(h). Blüten V–VI. Ähnlich:
Zweigriffliger Weißdorn *Crataegus laevigata* (POIRET) DC., Blattlappen bis fast zum Grunde fein gesägt, Buchten höchstens bis zur Spreitenmitte reichend. Meist 2–3 Griffel. Verbreitet in Hecken und Gebüschen. Blüten V.
(h) Gemeine Roßkastanie *Aesculus hippocastanum* L., Fam. Roßkastaniengewächse *(Hippocastanaceae)*. Baum bis etwa 25 m Höhe mit großen, fingerförmig geteilten Blättern, deren breiteste Stelle im vorderen Blattdrittel liegt. Blüten mit gefransten oder gewimperten Kronblättern und gelbem, nach Rot umschlagendem Saftmal; in vielblütigen, aufrechten Rispen. Einzelstehende Bäume besonders reichblütig. Ursprünglich nur auf dem Balkan heimisch. Häufig angepflanzt und stellenweise schon verwildert. Vgl. auch 190(l). Blüten V–VI.
(i) Rote Roßkastanie *Aesculus carnea* HAYNE, Fam. Roßkastaniengewächse *(Hippocastanaceae)*. Baum bis etwa 10 m Höhe, aus der Kreuzung zwischen der Gemeinen Roßkastanie und der Amerikanischen Roßkastanie *(Ae. pavia)* hervorgegangen. Blätter ebenfalls fingerförmig geteilt mit sitzenden Blättchen. In Parkanlagen und an Straßen häufig gepflanzter Zierbaum. Blüten V–VI. Vgl. auch 44(h) und 190(m).
(j) Gemeiner Flieder *Syringa vulgaris* L., Fam. Ölbaumgewächse *(Oleaceae)*. Strauch oder kleinerer Baum von 2–10 m Höhe mit ungeteilten, ganzrandigen, deutlich gestielten Blättern. Blüten weiß oder rot, lila bzw. violett, mit langer Kronröhre, nach dem Laubaustrieb erscheinend. Im 16. Jahrhundert aus Asien eingeführt und vielfach in Gärten und Parks als Ziergehölz gepflanzt. Stellenweise auch verwildert. Blüten V.
(k) Gelbe Alpenrose, Pontische Azalee *Rhododendron luteum* SWEET (= *Rhododendron flavum* HOFFMGG.), Fam. Heidekrautgewächse *(Ericaceae)*. Strauch von 1–2 m Höhe mit langen, wechselständigen, eiförmig-lanzettlichen Blättern und kurzgestielten Blüten in dichten, endständigen Dolden. Blüten sehr groß, etwa 5 cm lang, von den langen Staubblättern überragt. Häufig in Gärten und Parkanlagen als Ziergehölz gepflanzt und Stammform zahlreicher Hybriden. Als Bienenweide wegen giftiger Pollen ungeeignet. Blüten V. Vgl. 70(c).

Aufnahme vom 16. Mai. ○ entspricht 1 cm

(a) Bitteres Schaumkraut *Cardamine amara* L., Fam. Kreuzblütengewächse *(Brassicaceae)*. Mehrjährige Pflanze von 10–60 cm Höhe mit unpaarig gefiederten Blättern. Fiederblättchen breit-keilförmig. Blüten mit breiten, flachen, etwa 10 mm langen weißen Kronblättern; Staubbeutel violett. In Auenwäldern, Erlenbrüchen, an feuchten Waldwegen und in Quellfluren. Verbreitet. Vgl. auch 90(e), 94(h) und 104(l). Blüten V–VI.

(b) Gefleckter Aronstab *Arum maculatum* L., Fam. Aronstabgewächse *(Araceae)*. Pflanze mit knolligem Rhizom. Blätter mit Netznervatur, lang gestielt, pfeilförmig, oberseits dunkelgrün glänzend, unterseits heller. Blütenstand kolbenförmig, unten mit weiblichen, darüber mit männlichen Blüten. Blattscheide tütig gefaltet, zur Insektenfalle umgebildet, die von geschlechtslosen Blüten des Kolbens reusenartig verschlossen wird. Vgl. auch 88(g) und 150(d). Verbreitet in anspruchsvollen Laubwäldern und Gebüschen, im Norden seltener. Blüten IV–VI.

(c) Gemeiner Beinwell *Symphytum officinale* L., Fam. Rauhblattgewächse *(Boraginaceae)*. Kräftige Pflanze bis 1 m Höhe mit breitlanzettlichen, rauhhaarigen Blättern, deren Blattstiele jeweils bis zum nächsten Knoten am Stengel herablaufen. Blüten groß, weißlich, rötlich oder blauviolett, in Doppelwickeln. Alte Heilpflanze. Verbreitet bis häufig in Uferstaudenfluren, an Wegrändern, auf nassen Wiesen und an Böschungen. Vgl. 24(n), 48(l) und 66(i). Blüten V–IX.

(d) Pfeilkresse, Türkenkresse *Cardaria draba* (L.) Desv., Fam. Kreuzblütengewächse *(Brassicaceae)*. Aufrechte, ausdauernde Pflanze bis 50 cm Höhe. Blätter pfeilförmig stengelumfassend, etwas bläulich überlaufen. Ursprünglich nur im Mittelmeergebiet, heute in gemäßigten Klimagebieten weltweit verbreitet. Blüten V–VII.

(e) Echte Bärentraube *Arctostaphylos uva-ursi* (L.) Spreng., Fam. Heidekrautgewächse *(Ericaceae)*. Zwergstrauch bis etwa 60 cm Höhe. Blätter unterseits netzadrig, bei der ähnlichen Preiselbeere vgl. 46(g) dagegen drüsig punktiert, immergrün, etwas lederig, beidseits (fast) gleichfarben. Blüten krugförmig, weiß bis hellrosa, mit meist etwas dunkleren Zipfeln, zu 4–7 in endständigen Trauben. Zerstreut bis verbreitet in Gebüschen und Heiden. Nur in den Alpen und in den nordischen Ländern. Sonst sehr selten. Heilpflanze. Blüten V–VIII.

(f) Polei-Gränke, Rosmarinheide *Andromeda polifolia* L., Fam. Heidekrautgewächse *(Ericaceae)*. Zwergstrauch bis etwa 30 cm Höhe mit linealisch-schmalen, nach unten etwas eingerollten Blättern. Blüten in nickenden Trauben; Krone krugförmig, hellrosa oder weißlich. Giftig. Hochmoorbulte und Heiden. Im Norden verbreitet, im Süden ziemlich selten. Blüten V–VIII.

(g) Preiselbeere, Kronsbeere *Vaccinium vitis-idaea* L., Fam. Heidekrautgewächse *(Ericaceae)*. Zwergstrauch bis etwa 15 cm Höhe. Blätter immergrün, lederig, glänzend, unterseits drüsig punktiert (Unterschied zur ähnlichen Bärentraube!), am Rande etwas eingerollt. Blütenkrone glockig, weiß oder rosa. Kalkmeidend. Verbreitet in bodenständigen Nadelwäldern, Heiden, Gebüschen. Vgl. 76(i), 92(f) und 170(k). Blüten V–VIII.

(h) Frühlings-Hungerblümchen *Erophila verna* (L.) Cheval., Fam. Kreuzblütengewächse *(Brassicaceae)*. Kleine, einjährige Pflanze bis 15 cm Höhe mit rosettigen Blättern. Stengel blattlos. Blüten weiß, in lockerer Traube; Kronblätter vorne eingeschnitten. Überall verbreitet und häufig auf Hackfruchtäckern, an Wegen, auf Mauern, meist auf grobkörnigem, stickstoffreichem Sandboden. Formenreich. Blüten III–VI.

(i) Arktische Brombeere *Rubus arcticus* L., Fam. Rosengewächse *(Rosaceae)*. Mehrjährige Rhizompflanze bis etwa 15 cm Höhe mit krautigem Stengel und zusammengesetzten, dreizähligen Blättern. Blüten immer einzeln auf langem Stiel, mit hellroten oder roten Kronblättern von ca. 7–10 mm Länge. Sammelfrucht dunkelrot. Nur in Skandinavien, gedeiht aber auch in Gärten. Blüten V–VIII.

(j) Europäischer Siebenstern *Trientalis europaea* L., Fam. Primelgewächse *(Primulaceae)*. Mehrjährige, zierliche Pflanze bis etwa 20 cm Höhe mit dünnem, aufrechtem Stengel, der in einer lockeren Rosette lanzettlicher, manchmal etwas bräunlich überlaufener Blätter endet. Blüten auf langen Stielen, mit gewöhnlich 7 ausgebreiteten, weißen Kronblättern. In bodensauren Laubmisch- und Nadelwäldern, Gebüschen, Heiden und Magerrasen. Im Norden verbreitet, im Süden ziemlich selten. Blüten V–VII.

(k) Hain-Gilbweiderich *Lysimachia nemorum* L., Fam. Primelgewächse *(Primulaceae)*. Etwa 10–30 cm hohe Pflanze mit niederliegendem, nur wenig aufsteigendem Stengel. Blätter gegenständig, eiförmig-spitz. Blüten einzeln, langgestielt, blattachselständig. Kronblätter 5, gelb, Kelchzipfel ziemlich schmal. Zerstreut bis verbreitet in feuchten Laubmischwäldern, an Säumen, auf Schlägen und in Quellfluren. Vgl. auch 106(m). Blüten V–IX.

(l) Durchwachsenes Quellkraut *Montia perfoliata* (Willd.) Howell, Fam. Portulakgewächse *(Portulacaceae)*. Aufrechte, einjährige, etwas fleischige Pflanze bis 30 cm Höhe. Blüten weiß, in Scheindolden, die von den becherförmig verwachsenen oberen Stengelblättern umgeben werden. Grundblätter langstielig, in Rosetten. Ursprünglich nur in Nordamerika. In Westeuropa (Frankreich, England, Irland) stellenweise eingebürgert. Meist auf Sandboden. Blüten V–VII. Vgl. auch 36(a).

Aufnahme vom 16. Mai. ○ entspricht 1 cm

(a) Leberbalsam *Erinus alpinus* L., Fam. Braunwurzgewächse *(Scrophulariaceae)*. Kleine, rasenbildende Pflanze von 5–15 cm Höhe mit kriechendem Wurzelstock. Blätter länglich-keilförmig, rosettig, am Stengel wechselständig. Blüten einzeln blattachselständig; Kronblätter am Grunde verwachsen; Kronblattzipfel frei und ausgebreitet, rosa- oder tiefviolett. Ursprünglich nur in Südwesteuropa. Stellenweise jedoch eingeführt und in Gärten als Zierpflanze kultiviert. Blüten V–X.

(b) Mauer-Zimbelkraut *Cymbalaria muralis* G. M.Sch., Fam. Braunwurzgewächse *(Scrophulariaceae)*. Kleine rankende Pflanze von 15–30 cm Länge mit efeuähnlichen, 3–7lappigen Blättern, die oft eine rötliche oder purpurne Blattunterseite aufweisen. Blüten mit hellvioletten Kronen und gelbem Gaumen. Alte Zierpflanze. Verbreitet in den Mörtelfugen alter Mauern und in Felsspalten. Vgl. auch 132(c) und 142(f). Blüten V–XI.

(c) Frühlings-Fingerkraut *Potentilla tabernaemontani* Aschers., Fam. Rosengewächse *(Rosaceae)*. Mehrjährige, kriechende Pflanze von 5–20 cm Höhe. Blätter alle fünfzählig gefingert, unterseits und auf den Stielen nur mit unverzweigten Haaren (Lupe). Rosettentriebe lang, ausläuferartig, meist auch wurzelnd. Blüten gelb, Kronblätter ausgebreitet. Verbreitet an trockenen, sandigen Standorten. Im Norden ziemlich selten. Vgl. 64(i), 118(d), 158(f) und 158(g). Blüten IV–VI.

(d) Apenninen-Sonnenröschen *Helianthemum apenninum* (L.) Mill., Fam. Zistrosengewächse *(Cistaceae)*. Kleine, mehrjährige Pflanze bis 30 cm Höhe. Blätter einfach, beidseits mit Sternhaaren grauwollig, mit schlanken Nebenblättern. Kronblätter weiß. Ziemlich selten in wärmeliebenden Kalkgesellschaften. Vgl. 53(c). Blüten V–VII.

(e) Vielblütige Weißwurz *Polygonatum multiflorum* (L.) All., Fam. Liliengewächse *(Liliaceae)*. Ausdauernde Rhizompflanze, etwa 30–70 cm hoch. Stengel stielrund; Blätter breitoval, zweizeilig angebracht. Blüten geruchlos, zu 2–5 in den Achseln der Blätter, mit zylindrischer Blütenhülle, etwa 1–2 cm lang. Blütenstand insgesamt einseitswendig. Verbreitet in krautreichen Laubwäldern und Gebüschen. Blüten V–VI. Ähnlich: **Duftende Weißwurz** *Polygonatum odoratum* (Mill.) Druce, mit kantigem Stengel, etwas bläulich bereiften Blättern und duftenden weißen Blüten, die zu 1–2 an dünnen Stielchen in den Blattachseln stehen. Zerstreut bis selten in wärmeliebenden Saumgesellschaften. Blüten VI–VII.

(f) Schöllkraut *Chelidonium majus* L., Fam. Mohngewächse *(Papaveraceae)*. Ausdauernde, etwa 30–70 cm hohe Pflanze. Blätter unterseits blaugrün. In allen Teilen gelber Milchsaft. Stickstoffzeiger. Häufig und überall verbreitet an Mauern, Wegen, Säumen und in Gebüschen, meist in Siedlungsnähe. Alte Heilpflanze. Giftig. Blüten V–VII.

(g) Gespenst-Gelbdolde *Smyrnium olusatrum* L., Fam. Doldengewächse *(Apiaceae)*. Zweijährige, kräftige Pflanze mit großen, glänzenden, dunkelgrünen Blättern. Blätter 1- bis 3fach, dreizählig, mit breit-eiförmigen, stumpf-gekerbten Abschnitten. Blüten in wenigstrahligen, halbkugeligen Dolden. Von würzigem Geruch und Geschmack; erinnert sehr an Sellerie. An vielen Stellen entlang der Atlantikküsten auf Felsen in Küstennähe eingebürgert. Blüten IV–VIII.

(h) Wiesen-Kümmel *Carum carvi* L., Fam. Doldengewächse *(Apiaceae)*. Zweijährige Pflanze, etwa 30–80 cm hoch, mit mehrfach fiederteiligen Blättern und schmalen, linealischen Blattzipfeln. Blüten weiß, in zusammengesetzten Dolden. Pflanze mit angenehmem Aroma. Alte Gewürz- und Heilpflanze. Verbreitet in Fettwiesen und -weiden oder an Wegrändern. Blüten V–VII.

(i) Rote Spornblume *Centranthus ruber* (L.) DC., Fam. Baldriangewächse *(Valerianaceae)*. Mehrjährige, aufrechte, etwas blaugrün bereifte Pflanze bis 80 cm Höhe. Blätter oval bis lanzettlich, meist ganzrandig, seltener schwach gelappt. Blüten in dichten Blütenständen. Oft als Zierpflanze angepflanzt und gelegentlich verwildert. Vgl. 62(c) und 120(g). Blüten V–IX.

(j) Spring-Wolfsmilch *Euphorbia lathyris* L., Fam. Wolfsmilchgewächse *(Euphorbiaceae)*. Kräftige, zweijährige Pflanze von 20–100 cm Höhe. Blätter kurzgestielt oder sitzend, kreuzgegenständig, länglich-linealisch. Drüsen zweihörnig. Alte Kultur- und Zierpflanze. Nur gelegentlich verwildert, meist in Gärten. Blüten V–VIII.

(k) Färber-Waid *Isatis tinctoria* L., Fam. Kreuzblütengewächse *(Brassicaceae)*. Zweijährige, aufrechte Pflanze, etwa 40–120 cm hoch. Stengelblätter am Grunde herzförmig bis pfeilförmig, sonst ungeteilt und ganzrandig, bläulich bereift. Blütenstand sehr reichblütig. Alte Kulturpflanze, wurde zur Indigogewinnung angebaut. Zerstreut an trockenen, ruderal beeinflußten Standorten, in Schotterfluren, an Dämmen und Kalkfelsgesellschaften. Blüten V–VII.

(l) Knoten-Beinwell *Symphytum tuberosum* L., Fam. Rauhblattgewächse *(Boraginaceae)*. Ausdauernde Pflanze von 15–30 cm Höhe mit knollig verdicktem, waagerecht kriechendem Rhizom. Stengel und breitlanzettliche Blätter weichborstig. Blütenkrone weiß oder gelblich; Kronzipfel länger als die Schlundschuppen. Ziemlich selten in Hochstaudenfluren. Blüten V–VI. Vgl. 24(n) und 46(c).

Aufnahme vom 18. Mai. ○ entspricht 1 cm

(a) Gemeiner Wundklee *Anthyllis vulneraria* L., Fam. Schmetterlingsblütengewächse *(Fabaceae)*. Mehrjährige Pflanze, 15–30 cm hoch, mit niederliegendem oder aufsteigendem Stengel. Grundblätter mitunter ungeteilt. Stengelblätter unpaarig gefiedert mit vergrößerter Endfieder. Blüten kopfig gedrängt; Kronen dottergelb, weißlich oder rötlich. Verbreitet bis zerstreut an trockenen Standorten. Im Küstenbereich bevorzugt in den Dünen. Formenreich. Blüten V–VIII.
(b) Astmoos-Steinbrech *Saxifraga hypnoides* L., Fam. Steinbrechgewächse *(Saxifragaceae)*. Grundblätter der mehrjährigen, kleinen Pflanze ziemlich starr, ganzrandig. Nichtblühende Triebe mit häufig eingehüllten Achselknospen. Blüte mit weißen Kronblättern; Knospen nickend. Meist nur als Zierpflanze in Gärten; in Nordwesteuropa stellenweise verwildert und eingebürgert. Vgl. 53(b). Blüten V–VII.
(c) Frühblühender Thymian *Thymus praecox* Opiz, Fam. Lippenblütengewächse *(Lamiaceae)*. Zwergstrauch von 2–15 cm Höhe mit lang kriechenden Stengeln, die nur selten mit einem Blütenstand abschließen. Stengel und Zweige ringsum behaart oder seitlich schwächer bis kahl. Blätter rundlich-spatelig bis elliptisch-eiförmig. Blüten in kopfigen Blütenständen. Pflanze von mildem, angenehm würzigem Aroma. Ziemlich zerstreut bis selten, vorzugsweise in Fels- und Schotterfluren des Berglandes. Vgl. 134(e) und 138(k). Blüten V–VIII.
(d) Gemeines Leimkraut, Taubenkropf *Silene vulgaris* (Moench) Garcke, Fam. Nelkengewächse *(Caryophyllaceae)*. Mehrjährige Pflanze von 15–50 cm Höhe mit lanzettlichen, ganzrandigen Blättern. Blüten zwittrig, Krone weiß; Kelch netzadrig und aufgeblasen. Sehr formenreich. Die Abbildung zeigt eine Varietät, die häufig an Küstenfelsen anzutreffen ist. Vgl. 34(h), 54(f) und 76(b). Blüten V–VII.
(e) Wald-Storchschnabel *Geranium sylvaticum* L., Fam. Storchschnabelgewächse *(Geraniaceae)*. Mehrjährige, stattliche Pflanze bis 60 cm Höhe. Blätter gespalten; Blattzipfel eingeschnitten gesägt. Blüten sehr groß, bis 25 mm breit; Kronblätter rötlich-violett. Auf feuchteren Bergwiesen und in Hochstaudenfluren. Im Bergland verbreitet und bestandsbildend, sonst eher zerstreut bis selten. Vgl. 76(a). Blüten V–VII.
(f) Purpurblauer Steinsame *Lithospermum purpurocaeruleum* L., Fam. Rauhblattgewächse *(Boraginaceae)*. Aufrechte, mehrjährige Pflanze, etwa 30–60 cm hoch, mit schmalen, lanzettlichen, kurzgestielten Blättern. Kronblätter ausgebreitet, anfangs purpurn, später tiefdunkelblau. Selten bis sehr zerstreut in wärmeliebenden Saum- und Gebüschgesellschaften. Fehlt nördlich der Mittelgebirge. Vgl. 142(d). Blüten V–VI.
(g) Brauner Storchschnabel *Geranium phaeum* L., Fam. Storchschnabelgewächse *(Geraniaceae)*. Aufrechte, mehrjährige Pflanze von 30–60 cm Höhe mit handförmig geteilten Blättern. Blüten in zweiblütigen Teilblütenständen; Kronblätter 10–15 mm lang, rotbraun bis schwarzviolett, flach ausgebreitet und teilweise auch zurückgeschlagen. Ziemlich selten in Staudenfluren auf Fettwiesen oder an feuchten Standorten. Blüten V–VI.
(h) Blut-Storchschnabel *Geranium sanguineum* L., Fam. Storchschnabelgewächse *(Geraniaceae)*. Mehrjährige Pflanze mit dicker Pfahlwurzel, etwa 15–50 cm hoch. Blattspreiten fast bis zum Grunde in schmale, linealische Abschnitte geteilt und geschlitzt. Blüten einzeln auf langen Stielen; Kronblätter etwa 20 mm lang, vorne gerundet, purpurrot bis scharlachrot. Kalkliebend. An trockenen Säumen und in wärmeliebendem Gebüsch. Blüten VI–VIII.
(i) Stinkender Storchschnabel, Ruprechtskraut *Geranium robertianum* L., Storchschnabelgewächse *(Geraniaceae)*. Einjährige, 20–40 cm hohe Pflanze mit zusammengesetzten, jedoch nicht gefiederten Blättern. Stengel, Blattstiele und Blätter mitunter rötlich überlaufen oder ganz rot gefärbt. Drüsig behaart. Beim Zerreiben von unangenehmem Geruch. Stickstoffzeiger. Häufig an Mauern, in Gebüschen oder an Säumen. Blüten V–X.
(j) Zwerg-Storchschnabel *Geranium pusillum* Burm. fil., Fam. Storchschnabelgewächse *(Geraniaceae)*. Ein- oder zweijährige, kleine Pflanze von 15–30 cm Höhe mit ausgebreiteten, kurzhaarigen Stengeln. Blätter im Umriß rundlich, lappig geteilt, mit abgerundeten Enden. Blüten klein; Kronblätter vorne ausgerandet. Verbreitet an mäßig trockenen Standorten wie Lehmäcker, Weinberge, Ruderalstellen u. ä. Blüten V–X.
(k) Rundblättriger Storchschnabel *Geranium rotundifolium* L., Fam. Storchschnabelgewächse *(Geraniaceae)*. Pflanze von 10–30 cm Höhe mit rundlichen, fingerförmig gespaltenen Blättern. Stengel ziemlich ästig, zottigdrüsig behaart. Blüten in zweiblütigen Teilblütenständen. Kronblätter rosenrot; Kronblattzipfel ausgebreitet, vorne abgerundet. Ziemlich selten an mäßig trockenen Ruderalstellen, Mauern oder Weinbergen. Blüten V–X.
(l) Felsen-Storchschnabel *Geranium macrorrhizum* L., Fam. Storchschnabelgewächse *(Geraniaceae)*. Mehrjährige Pflanze mit dikkem Rhizom, etwa 10–30 cm hoch. Blätter handförmig geteilt; Blattspreiten und -stiele behaart. Blüten in dichten Blütenständen; Kronblätter blut- oder karminrot, seltener hellrot oder rosa, weit ausgebreitet, manchmal sogar zurückgebogen. Kelchblätter stark gewölbt. Ursprünglich nur in Südosteuropa. Stellenweise eingebürgert. Meist als Zierpflanze. Blüten V–VIII.

Aufnahme vom 18. Mai. ○ entspricht 1 cm

(a) Quirlige Knorpelmiere *Illecebrum verticillatum* L., Fam. Nelkengewächse *(Caryophyllaceae)*. Einjährige, kleine Pflanze, 5–20 cm hoch, mit niederliegenden, fadenförmigen Stengeln. Blätter gegenständig. Blüten weiß, gedrängt in den Blattachseln. Sandäcker und Wegränder. Selten. Blüten V–IX. Aufnahme vom 15. Mai.

(b) Großblütiges Fettkraut *Pinguicola grandiflora* LAM., Fam. Wasserschlauchgewächse *(Lentibulariaceae)*. Blätter ganzrandig, in grundständiger Rosette, mit Fang- und Verdauungsdrüsen zur Verarbeitung gefangener Insekten. Blüten einzeln auf blattlosem Schaft. Quellfluren, Rieselfelsen und andere feuchte Standorte. Zerstreut in Süd- und Nordwesteuropa. Blüten V–VI. Aufnahme vom 15. Mai.

(c) Acker-Steinquendel *Acinos arvensis* (LAM.) DANDY, Fam. Lippenblütengewächse *(Lamiaceae)*. Kleine, einjährige Pflanze, 10–30 cm hoch, mit gestielten, breit-eiförmigen, zugespitzten Blättern. Blüten in endständiger Traube. Krone blaßlila, etwa 10 mm lang. Zerstreut bis verbreitet in lückigen Trockenrasengesellschaften. Beim Zerreiben von würzigem, thymianähnlichem Duft. Blüten V–VIII. Aufnahme vom 25. Mai.

(d) Acker-Gauchheil *Anagallis arvensis* L., Fam. Primelgewächse *(Primulaceae)*. Einjährige, kriechende oder aufsteigende Pflanze bis 25 cm Länge mit gegenständigen, breitovalen Blättern. Krone radförmig ausgebreitet. Kelchblätter ganzrandig. Weit verbreitet und häufig in Unkrautfluren auf Äckern, in Gärten und Weinbergen. Blüten V–VIII. Aufnahme vom 20. Mai.

(e) Gemeiner Wasserhahnenfuß *Ranunculus aquatilis* L., Fam. Hahnenfußgewächse *(Ranunculaceae)*. Mehrjährige Pflanze von 10–50 cm Länge, selten auch länger. Schwimmblätter dreilappig mit stumpfen Enden. Blüten einzeln, langgestielt. Häufig im Schwimmpflanzenbestand stehender oder langsam fließender Gewässer. Blüten V–IX. Aufnahme vom 15. Mai.

(f) Gemeine Natternzunge *Ophioglossum vulgatum* L., Fam. Natternzungengewächse *(Ophioglossaceae)*. Gelbgrüne, etwa 5–30 cm hohe Farnpflanze. Fruchtbarer Blattabschnitt ährenähnlich, auf langer Achse; unfruchtbarer Blattabschnitt ganzrandig, eiförmig, vorne stumpf. In Magerrasen und Küstenmooren. Schützenswert. Vgl. 46(b), 88(g). Aufnahme vom 15. Mai.

(a) Frühlings-Enzian *Gentiana verna* L., Fam. Enziangewächse *(Gentianaceae)*. Mehrjährige Pflanze von 5–30 cm Höhe mit elliptisch-lanzettlichen, undeutlich zugespitzten Blättern in grundständiger Rosette. Kronzipfel ausgebreitet; zwischen den Zipfeln je ein zweispitziges Anhängsel. Nur auf kalkreichem Untergrund. In den Alpen verbreitet, sonst selten. Steht unter Naturschutz. Blüten IV–VI. Vgl. 74(f), 173(a,b,c). Aufnahme vom 5. Mai.

(b) Frühlings-Miere *Minuartia verna* (L.) Hiern., Fam. Nelkengewächse *(Caryophyllaceae)*. Kleine, mehrjährige Pflanze von 5–15 cm Höhe mit linealischen, pfriemlichen Blättern. Staubblätter rot. Alte Galmeipflanze, die bereits vor dem Mittelalter zur Schwermetallprospektion verwendet wurde. Zerstreut bis selten auf schwermetallhaltigen Bergbauhalden. Blüten V–VIII. Aufnahme vom 20. Mai.

(c) Gemeines Sonnenröschen *Helianthemum nummularium* (L.) Mill., Fam. Zistrosengewächse *(Cistaceae)*. Ausdauernde Pflanze von 10–20 cm Höhe. Blätter schmal-elliptisch, Blüten in einseitigen Trauben. Kronblätter meist gelb, seltener rosa oder weiß. Formenreich. Verbreitet bis zerstreut in wärmeliebendem Trockengebüsch und Trockenrasen. Im Nordwesten selten. Blüten VI-X. Aufnahme vom 28. Mai. Vgl. 48(d).

(d) Gemeiner Wasserstern *Callitriche palustris* L., Fam. Wassersterngewächse *(Callitrichaceae)*. Ein- oder mehrjährige Pflanze von 5–50 cm Länge. Untere Blätter elliptisch oder spatelig, obere (= Schwimmblätter) breit-elliptisch, rosettig. Blüten unscheinbar, mit sichelförmigen Vorblättern. Häufig in stehenden oder fließenden Gewässern. Blüten V–VIII. Aufnahme vom 20. Mai.

(e) Strandkresse *Lobularia maritima* (L.) Desv., Fam. Kreuzblütengewächse *(Brassicaceae)*. Kleine, ästige, an der Basis auch verholzte Pflanze von 10–30 cm Höhe. Blätter wechselständig, schmal, dicht silberhaarig. Häufig auch als Zierpflanze kultiviert und stellenweise (besonders in Küstennähe) verwildert. Blüten V–VIII. Aufnahme vom 28. Mai.

(f) Liegendes Mastkraut *Sagina procumbens* L., Fam. Nelkengewächse *(Caryophyllaceae)*. Mehrjährige, rasenbildende Pflanze von 2–15 cm Höhe mit niederliegenden, an den Knoten wurzelnden Stengeln. Blätter pfriemenförmig. Auf Brachen, Trittstellen, in Pflasterfugen und auf Sandäckern. Überall verbreitet und häufig. Blüten V–VIII. Aufnahme vom 15. Mai.

(a) Gelber Lerchensporn *Corydalis lutea* (L.) DC., Fam. Erdrauchgewächse *(Fumariaceae)*. Mehrjährige Pflanze, etwa 15–30 cm hoch, mit doppelt gefiederten Blättern. Fiederblättchen gestielt, eiförmig, 3- bis 5spaltig. Blüten in langgestielter, einseitswendiger Traube, mit langem, geradem Sporn. Ursprünglich nur in Südeuropa, jedoch vielfach eingebürgert. Meist in Mauerspalten. Blüten V–IX.
(b) Ranken-Platterbse *Lathyrus aphaca* L., Fam. Schmetterlingsblütengewächse *(Fabaceae)*. Einjährige, 15–30 cm hohe, rankende Pflanze. Blätter nur aus einer langen Ranke und zwei laubblattartigen, stark vergrößerten, spießförmigen Nebenblättern bestehend. Blüten blaßgelb, einzeln auf langen Stielen. Zerstreut bis selten auf Äckern und an verschiedenen Ruderalstellen. Blüten V–VIII.
(c) Gänse-Fingerkraut *Potentilla anserina* L., Fam. Rosengewächse *(Rosaceae)*. Mehrjährige Pflanze mit meist niederliegenden Ausläufern. Blätter langgestielt, unterbrochen gefiedert, beidseits oder unterseits silbrig seidenhaarig, selten kahl. Blüten 15–20 mm breit, einzeln, langgestielt. Überall verbreitet und häufig, auf feuchten bis frischen Ruderalstellen, Wiesen, Ufern, an Wegrändern. Im Küstenbereich auch in Salzwiesen. Blüten V–VIII.
(d) Pechnelke *Lychnis viscaria* L., Fam. Nelkengewächse *(Caryophyllaceae)*. Mehrjährige, aufrechte Pflanze von 30–60 cm Höhe. Blätter schmal-linealisch, grasgrün, etwas glänzend. Stengel unterhalb der Knoten mit klebrigem Leimring. Kronblätter schwach ausgerandet, hellrot bis rotviolett. Säurezeiger. Felsfluren, Trockenrasen, Trockengebüsche und andere wärmeliebende Standorte. Verbreitet, im Norden sehr zerstreut. Blüten V–VII.
(e) Feld-Klee *Trifolium campestre* SCHREBER, Fam. Schmetterlingsblütengewächse *(Fabaceae)*. Kleine, einjährige Pflanze von 10–25 cm Höhe. Blätter dreizählig, Endfieder deutlich länger gestielt als die beiden Seitenfiedern. Nebenblätter am Grunde verbreitert. Blüten hellgelb, in 20- bis 40blütigen Köpfchen, etwa 4–5 mm mit seitlich spreizenden Flügeln. Verbreitet bis häufig auf trockenen Wiesen, an Wegrändern und auf trockenen Böschungen. Blüten V–IX. Vgl. 60(e), 60(f), 68(g) und 188(c).
(f) Weiße Lichtnelke, Weiße Nachtnelke *Silene alba* (MILL.) E.H.I. KRAUSE, Fam. Nelkengewächse *(Caryophyllaceae)*. Mehrjährige, aufrechte Pflanze bis 100 cm Höhe. Blätter breit-lanzettlich, gegenständig. Blüten zweihäusig; Krone weiß, etwa 25–30 mm breit; Kronröhre ziemlich lang. Blüten öffnen sich meist erst am späten Nachmittag. Bestäubung durch Nachtfalter. Häufig an Acker- und Feldrändern, an Wegrainen, an Böschungen und Gebüschsäumen. Blüten V–IX. Vgl. auch 34(h), 50(d) und 76(b).
(g) Schlitzblättriger Storchschnabel *Geranium dissectum* L., Fam. Storchschnabelgewächse *(Geraniaceae)*. Einjährige Pflanze bis 50 cm Höhe mit stark zerschlitzten, fingerförmig geteilten Blättern von rundlichem Umriß. Stengel abstehend behaart. Kronblätter nicht länger als die drüsenhaarigen Kelchblätter. Blätter, Stengel und Stiele häufig rötlich überlaufen. Verbreitet auf lehmigen Äckern, in Gärten und an verschiedenen, mäßig trokkenen Ruderalstellen. Blüten V–VIII. Vgl. 36(h), 44(c), 50(k), 60(h) und 80(i).
(h) Goldlack *Cheiranthus cheiri* L., Fam. Kreuzblütengewächse *(Brassicaceae)*. Blätter eiförmig-lanzettlich, kurz zugespitzt. Blüten mit gelben bis gelbbraunen Kronblättern, wohlriechend. Ganze Pflanze kurzhaarig. Alte Zierpflanze. Gelegentlich in der Umgebung von Burgruinen als Kulturflüchtlinge anzutreffen. Sonst nur in Gärten. Blüten V–VI.
(i) Berg-Flockenblume *Centaurea montana* L., Fam. Korbblütengewächse *(Asteraceae)*. Aufrechte, mehrjährige Pflanze von 30–60 cm Höhe. Blätter ganzrandig, länglich-lanzettlich, unterseits flockig-spinnwebig, zumindest die oberen Blätter am Stengel herablaufend. Scheibenblüten violett, Randblüten blau bis blauviolett. Hüllblätter der Blütenköpfe an der Spitze mit trockenhäutigem Anhängsel. Zerstreut bis verbreitet in Hochstaudenfluren und Bergwäldern. Meist aber aus Gartenkultur verwildert. Blüten V–X. Vgl. auch 96(h), 114(h) und 124(d).
(j) Bittersüßer Nachtschatten *Solanum dulcamara* L., Familie Nachtschattengewächse *(Solanaceae)*. Kletternder Halbstrauch mit verholzter Basis. Blätter glatt, ganzrandig oder am Grunde mit 1–2 Lappen, wechselständig. Krone dunkelviolett; Kronblattzipfel radförmig ausgebreitet oder zurückgeschlagen. Staubblätter gelb, kegelig zusammenstehend. Verbreitet in Schleiergesellschaften, an Ufern und in feuchtem Gebüsch. Giftig. Blüten V–VIII. Vgl. auch 84(h), 130(g) und 188(h).
(k) Rosen-Lauch *Allium roseum* L., Fam. Liliengewächse *(Liliaceae)*. Pflanze mit linealischen, nicht röhrigen oder hohlen, flachen Blättern in grundständiger Rosette. Blüten rosa oder lila in reichblütigen Scheindolden auf langem, drehrundem Schaft, glockig. Ursprünglich nur in Südeuropa. Gelegentlich als Zierpflanze kultiviert und aus Gärten verwildert. Blüten V–VII. Vgl. 136(a) und 144(b).

Aufnahme vom 18. Mai. ○ entspricht 1 cm

(a) Stengelumfassende Taubnessel *Lamium amplexicaule* L., Fam. Lippenblütengewächse *(Lamiaceae)*. Einjährige Pflanze von 10–30 cm Höhe mit halbstengelumfassenden Tragblättern, die meist breiter als lang sind. Blüten in Scheinquirlen, purpurn oder rosa; Kronen bleiben oft auch knospenartig geschlossen. Verbreitet auf Äckern, in Gärten oder Weinbergen. Blüten IV–VIII. Vgl. 14(f) und 20(g).

(b) Gemeiner Ackerfrauenmantel *Aphanes arvensis* L., Fam. Rosengewächse *(Rosaceae)*. Kleine, einjährige Pflanze von 5–20 cm Höhe. Blätter tief fingerförmig geschlitzt, graugrün, Spreiten breiter als lang. Blüten klein, unscheinbar. Zerstreut auf sandigen oder lehmigen, nährstoffreichen Äckern. Kalkmeidend. Blüten V–IX. Vgl. auch 36(j), 68(i) und 68(j).

(c) Acker-Ziest *Stachys arvensis* (L.) L., Fam. Lippenblütengewächse *(Lamiaceae)*. Aufrechte, 10–30 cm hohe Pflanze mit rundlichen, herz- bis eiförmigen Blättern. Blütenkronen kaum länger als der Kelch, blaßrosa bis weißlich. Blüten in meist sechsblütigen Scheinquirlen. Zerstreut auf lehmigen Äckern und in Gärten. Nach Nordwesten etwas häufiger. Blüten VI–IX. Vgl. 66(l), 110(j), 116(f), 142(c) und 142(j).

(d) Pimpinell-Rose, Dünen-Rose *Rosa pimpinellifolia* L., Fam. Rosengewächse *(Rosaceae)*. Kleiner Strauch bis 50 cm Höhe mit meist neunzähligen Blättern. Fiederblättchen ziemlich klein. Zerstreut in wärmeliebendem Gebüsch und in Grasfluren. Außerdem auf den Braundünen der Nordseeinseln. Schützenswert. Blüten V–VI. Vgl. 82(d), 88(b), 98(a) und 180(k).

(e) Pyrenäen-Lilie *Lilium pyrenaicum* Gouan, Fam. Liliengewächse *(Liliaceae)*. Große, mehrjährige Pflanze von 40–80 cm Höhe. Blüten leuchtend gelb, nickend, in lockerem, 2- bis 8blütigem Blütenstand. Blütenblätter stark zurückgekrümmt, innen schwarzfleckig. Ursprünglich nur in Südwesteuropa. Gelegentlich in Gärten. In England eingebürgert. Blüten V–VII. Vgl. auch 173(e).

(f) Streifen-Klee *Trifolium striatum* L., Fam. Schmetterlingsblütengewächse *(Fabaceae)*. Einjährige, kleine Pflanze von 5–20 cm Höhe. Blüten rosa, dunkler geadert, in reichblütigen, deutlich gestielten Köpfen, die am Grunde von mehreren Hüllblättern umgeben sind. Ziemlich selten in Sandtrockenrasen, auf Äckern und an Wegrändern. Blüten VI–VII.

(a) Echtes Fettkraut *Pinguicola vulgaris* L., Fam. Wasserschlauchgewächse *(Lentibulariaceae)*. Mehrjährige Pflanze mit verkehrteiförmigen bis elliptischen Blättern, die klebrige Drüsenfelder zur Verdauung eingefangener Insekten besitzen. Blüten einzeln auf langem Stiel. Selten in Sickerrasen, Quellmooren und Rieselfluren. Geschützt. Kann als wurzellose Knospe überwintern. Blüten V–VI. Vgl. 52(b).

(b) Späte Faltenlilie *Lloydia serotina* (L.) RCHB., Fam. Liliengewächse *(Liliaceae)*. Kleine, mehrjährige Pflanze von nur wenigen cm Höhe mit fadenförmigen Grundblättern und linealisch-lanzettlichen Stengelblättern. Blüten reinweiß. Ziemlich selten in alpinen Steinrasen. Schützenswert. Blüten VI–VIII.

(c) Korallenwurz *Corallorhiza trifida* CHÂTELAIN, Fam. Knabenkrautgewächse *(Orchidaceae)*. Kleine, mehrjährige Pflanze von 10–20 cm Höhe. Eine der wenigen einheimischen, blattgrünlosen Arten. Stengel mit 3 meist etwas bauchigen Scheiden. Blüten gelblichgrün, Lippe weißlich, rot punktiert. Steht unter Naturschutz. Ziemlich selten. In krautarmen Buchen- und Nadelwäldern. Blüten VI–VII.

(d) Rübsen, Stoppelrübe, Wasserrübe *Brassica rapa* L., Fam. Kreuzblütengewächse *(Brassicaceae)*. Ein- oder zweijährige Pflanze mit grasgrünen Rosettenblättern und schwach bläulich bereiften Stengelblättern. Alle Blätter stengelumfassend und meist stärker behaart. Kelchblätter und kürzere Staubblätter abstehend. Alte Kulturpflanze. Blüten V–IX. Vgl. auch 24(h) und 136(k).

(e) Rosenwurz *Sedum rosea* (L.) SCOP., Fam. Dickblattgewächse *(Crassulaceae)*. Mehrjährige Pflanze, etwa 10–25 cm hoch. Blätter flach, am Rand undeutlich gezähnt. Zweihäusig. Blüten entweder mit 4 Fruchtknoten oder mit 8 Staubblättern. Ziemlich selten. Meist nur als Zierpflanze in Gärten. Blüten VI–VIII.

(f) Vogelfuß *Ornithopus perpusillus* L., Fam. Schmetterlingsblütengewächse *(Fabaceae)*. Kleine Pflanze von 5–30 cm Höhe mit niederliegenden oder bogig aufsteigenden Stengeln. Blüten etwa 3–4 mm lang, weißlich, mit gelbem Schiffchen und rotgestreifter Fahne. Zerstreut an sandigen, trockenen Standorten, auf Äckern und Brachen. Blüten V–VI.

(a) Gras-Schwertlilie *Iris graminea* L., Fam. Schwertliliengewächse *(Iridaceae)*. Ausdauernde Pflanze mit aufrechtem, zweischneidig zusammengedrücktem Stengel, etwa 15–30 cm hoch. Blätter viel länger als der Stengel. Blüten einzeln, endständig; Blütenhüllblätter ziemlich schmal, dunkelviolett. Selten in Trockenrasen und Trockengebüschsäumen. Gelegentlich als Zierpflanze. Blüten V–VI. Aufnahme vom 16. Mai. Vgl. 20(i).

(b) Sibirische Schwertlilie *Iris sibirica* L., Fam. Schwertliliengewächse *(Iridaceae)*. Mehrjährige Pflanze mit aufrechtem, stielrundem, hohlem Stengel. Blütenhüllblätter ziemlich breit, dunkelviolett; äußere ohne bärtige Haarleiste. Hochblätter bräunlich, trockenhäutig. Selten in feuchten bis nassen Moorwiesen. Blüten V–VI. Aufnahme vom 16. Mai. Geschützt. Vgl. auch 58(a) und 88(i).

(c) Illyrische Siegwurz *Gladiolus illyricus* Koch, Fam. Schwertliliengewächse *(Iridaceae)*. Mehrjährige, aufrechte Pflanze von 40–100 cm Höhe. Blätter etwa 5–9 mm breit, schwertförmig. Blüten 3–4 cm lang und ebenso breit. Blüten in einseitswendiger Ähre zu 3–10; Blütenhüllblätter rotviolett oder purpurrot; Staubbeutel kürzer als die Staubfäden. Nur in Südeuropa. Manchmal als Zierpflanze. Blüten V–VI. Aufnahme vom 16. Mai.

(d) Astlose Graslilie *Anthericum liliago* L., Fam. Liliengewächse *(Liliaceae)*. Mehrjährige, aufrechte Pflanze mit schwach kantigem Stengel, etwa 30–60 cm hoch. Blätter grasartig, schmal, blaugrün. Blütenstand meist traubig. Blütenhüllblätter weiß; Griffel gebogen. Blüten V–VI. Zerstreut an wärmeliebenden Säumen und in Felsfluren. Aufnahme vom 18. Mai. Vgl. auch 72(c), 148(e).

(e) Alpen-Waldrebe, Alpenrebe *Clematis alpina* (L.) Mill., Fam. Hahnenfußgewächse *(Ranunculaceae)*. Kletternder oder windender Strauch, bis etwa 1–2 m Höhe. Blätter gegenständig, unpaarig gefiedert; Fiederblättchen gesägt. Blütenhüllblätter blau. Verbreitet bis selten in alpinen Gebüschen und Nadelwäldern. Blüten V–VII. Aufnahme vom 18. Mai. Vgl. 144(a).

(f) Quirl-Weißwurz *Polygonatum verticillatum* (L.) All., Fam. Liliengewächse *(Liliaceae)*. Mehrjährige Pflanze mit aufrechtem, unverzweigtem Stengel, etwa 30–70 cm hoch. Blätter linealisch-lanzettlich, zu 3–6 quirlständig, kahl. Zerstreut bis selten in Bergmischwäldern und subalpinen Hochstaudenfluren. Blüten V–VI. Aufnahme vom 18. Mai. Vgl. auch 48(e).

(a) Alpen-Aurikel *Primula auricula* L., Fam. Primelgewächse *(Primulaceae)*. Ausdauernde Pflanze von etwa 5–20 cm Höhe. Blätter meist mehlig bestäubt, ganzrandig oder nur vorne wenig gesägt. Blüten in vielblütiger Dolde; Blüten etwa 12–20 mm breit, leuchtend gelb. Verbreitet bis selten in Steinrasen, Felsspalten und Schutthalden der Alpen. Blüten IV–VI. Geschützt. Aufnahme vom 20. Mai. Vgl. 22(h), 26(d), 36(d).

(b) Zweiblättrige Schattenblume *Maianthemum bifolium* (L.) F. W. Schm., Fam. Liliengewächse *(Liliaceae)*. Mehrjährige, kleine Pflanze von 5–15 cm Höhe. Nur 2 Stengelblätter, tief herzförmig eingeschnitten, spitz zulaufend, etwas lederig-derb. Blüten weiß, in lockerer, wenigblütiger Traube. Verbreitet bis zerstreut in Laub- und Nadelwäldern. Blüten V–VI. Giftig. Aufnahme vom 20. Mai. Vgl. 103(e).

(c) Berg-Steinkraut *Alyssum montanum* L., Fam. Kreuzblütengewächse *(Brassicaceae)*. Mehrjährige Pflanze von etwa 10–20 cm Höhe mit liegenden oder aufsteigenden Stengeln, am Grunde wenig verholzt. Blätter sitzend, elliptisch-lanzettlich. Kronen goldgelb. Schötchen behaart. Zerstreut bis selten in Felsfluren und Sand- oder Trockenrasen. Blüten III–V. Aufnahme vom 20. Mai. Vgl. auch 53(e).

(d) Herzblättrige Kugelblume *Globularia cordifolia* L., Fam. Kugelblumengewächse *(Globulariaceae)*. Halbstrauch mit ästigem, kriechendem, nur schwach aufsteigendem Stengel, etwa 2–10 cm hoch. Blüten in kugeligen, etwa 15 mm breiten Köpfen. Kronen hellblau oder hellviolett. In alpinen Fels- und Schotterfluren verbreitet. Meist in Kalkgebieten. Aufnahme vom 20. Mai. Vgl. 38(f).

(e) Strauß-Gilbweiderich *Lysimachia thyrsiflora* L., Fam. Primelgewächse *(Primulaceae)*. Mehrjährige Pflanze von 30–70 cm Höhe. Stengel aufrecht, unverzweigt. Blätter gegenständig, schmal-lanzettlich. Im Norden verbreitet, im Süden zerstreuter, in nassen Riedern, an Ufern, in Moorschlenken. Blüten V–VII. Aufnahme vom 20. Mai. Vgl. auch 156(e).

(f) Blauer Lattich *Lactuca perennis* L., Fam. Korbblütengewächse *(Asteraceae)*. Mehrjährige Pflanze mit aufrechtem, kahlem Stengel, etwa 30–60 cm hoch. Korbblüten mit 14–18 Zungenblüten. Verbreitet bis selten in Kalkfelsfluren, auch in den Alpen. Verbreitungsgebiet hauptsächlich in Südosteuropa. Blüten V–VI. Aufnahme vom 21. Mai. Vgl. auch 128(a).

(a) Acker-Hornkraut *Cerastium arvense* L., Fam. Nelkengewächse *(Caryophyllaceae)*. Mehrjährige, zarte Pflanze von 5–30 cm Höhe. Blätter gegenständig, schmal-lanzettlich, ziemlich kurz, nicht weißfilzig, aber dicht behaart. Kronblätter weiß, etwa doppelt so lang wie die Kelchblätter. Verbreitet in Sandtrockenrasen und anderen trockenen Standorten wie Wegränder, Raine oder Böschungen. Blüten V–VIII. Vgl. auch 24(m), 78(a) und 104(g).
(b) Pyramiden-Günsel *Ajuga pyramidalis* L., Fam. Lippenblütengewächse *(Lamiaceae)*. Mehrjährige, aufrechte Pflanze von 5–30 cm Höhe, ohne Ausläufer. Blätter kreuzgegenständig, vorne schwach gelappt, sitzend, kurzhaarig. Blüten in endständigen Scheinquirlen; oberste Deckblätter doppelt so lang wie die Blüten; Kronen hell-, seltener dunkler blau. Zerstreut in Magerrasen des Berglandes. Blüten V–VIII. Vgl. auch 30(d) und 154(d).
(c) Silberwurz *Dryas octopetala* L., Fam. Rosengewächse *(Rosaceae)*. Niederliegender Zwergstrauch von 3–15 cm Höhe mit immergrünen, lederigen, am Rande etwas zurückgerollten Blättern, unterseits weißfilzig, oberseits dunkelgrün glänzend. Blüten einzeln, bis 3,5 cm breit, mit meist 8 Kronblättern, die rasch abfallen. Verbreitet in den Alpen und in Skandinavien bzw. Nordschottland. Blüten VI–VIII. Vgl. 164(f).
(d) Herbst-Adonisröschen *Adonis annua* L., Fam. Hahnenfußgewächse *(Ranunculaceae)*. Einjährige, etwa 20–40 cm hohe Pflanze mit federig zerteilten Blättern. Blüten klein, scharlachrot, mit schwarzpurpurnen Griffeln und Staubblättern. Kelchblätter grün, kahl. Giftig. Ursprünglich nur im Mittelmeergebiet, in verschiedenen Gegenden auch (unbeständig) eingebürgert. Meist in Getreidefeldern. Blüten V–VIII.
(e) Hopfen-Luzerne, Hopfenklee *Medicago lupulina* L., Fam. Schmetterlingsblütengewächse *(Fabaceae)*. Einjährige Pflanze von 15–50 cm Höhe mit dreizähligen Blättern. Nebenblätter klein; Blättchen meist breiter als lang. Blüten in kopfigen, reichblütigen Dolden auf langen Stielen. Hülsen glatt, nierenförmig gebogen. Vgl. auch 38(b), 54(e), 60(f) und 68(g). Blüten V–X.
(f) Arabischer Schneckenklee *Medicago arabica* (L.) Huds., Fam. Schmetterlingsblütengewächse *(Fabaceae)*. Einjährige, niederliegende Pflanze, etwa 5–15 cm hoch, mit dreizähligen Blättern, deren Blättchen blutrot gefleckt sind. Pflanze etwas rauhhaarig. Blüten in 1- bis 8blütigen Trauben. Hülsen stark dornig, mit mehreren Windungen schneckenartig eingerollt. Ursprünglich nur in Südeuropa, an manchen Stellen eingeschleppt. Vgl. auch 54(e), 60(e) und 68(g). Blüten V–VI.
(g) Salzmiere *Honkenya peploides* (L.) Ehrh., Fam. Nelkengewächse *(Caryophyllaceae)*. Mehrjährige, aufrechte Pflanze von 10–30 cm Höhe mit gelbgrünen, kreuzgegenständigen, kahlen, eiförmigen Blättern; etwas dicklich bis fleischig. Blüten kurzgestielt, blattachselständig; Kronblätter weiß. Verbreitet an den Küsten von Nord- und Ostsee im Bereich der unverfestigten Vordünen und in Spülsäumen. Salzverträglich. Blüten V–VIII.
(h) Weicher Storchschnabel *Geranium molle* L., Fam. Storchschnabelgewächse *(Geraniaceae)*. Ein- oder zweijährige Pflanze bis etwa 30 cm Höhe. Blätter und Stengel weichhaarig. Grundblätter von rundem Umriß, nur wenig geschlitzt oder geteilt. Kronblätter der rotvioletten bis blaßlilafarbenen Krone tief eingeschnitten, deutlich länger als der Kelch. Verbreitet. Vgl. auch 36(h), 44(c), 50(k), 54(g). Blüten V–X.
(i) Rot-Klee, Wiesen-Klee *Trifolium pratense* L., Fam. Schmetterlingsblütengewächse *(Fabaceae)*. Ein- oder zweijährige Pflanze von 10–40 cm Höhe. Blättchen eiförmig oder elliptisch; Nebenblätter in eine lange, pinselartig behaarte Spitze auslaufend. Meist mit hellerem Mittelfleck. Köpfe vielblütig; Kronröhre purpurrot oder hellrot; Kelchröhre außen behaart (Lupe). Überall verbreitet und häufig auf Wiesen, an Wegrändern, Ufern, Böschungen. Oft auch als Futterpflanze angebaut. Vgl. 56(f), 62(f), 92(d) und 118(c). Blüten VI–IX.
(j) Englisches Löffelkraut *Cochlearia anglica* L., Fam. Kreuzblütengewächse *(Brassicaceae)*. Ausdauernde Pflanze von 20–30 cm Höhe. Stengelblätter sitzend, herzförmig stengelumfassend. Grundblätter langgestielt, mit abgerundeter oder keilförmig in den Blattstiel verschmälerter Spreite. Schötchen beidendig verschmälert. Scheidewand löffelartig gewölbt (Name). Verbreitet in Salzröhrichten und Salzwiesen der Nordseeküsten. Vgl. 28(b) und 164(i). Blüten V–VII.
(k) Strand-Dreizack *Triglochin maritimum* L., Fam. Dreizackgewächse *(Juncaginaceae)*. Mehrjährige Pflanze von 15–75 cm Höhe mit langen, schmal linealischen, grundständigen Blättern. Blüten sechszählig, ohne Tragblätter und Blütenhülle, in dichten Trauben. Früchte zerfallen in 6 Teilfrüchte. Verbreitet in den Salzwiesen der Nord- und Ostseeküste. Selten auch an Salzstandorten des Binnenlandes. Vgl. 104(a) und 140(d). Blüten VI–VIII.
(l) Gemeiner Erdrauch *Fumaria officinalis* L., Fam. Erdrauchgewächse *(Fumariaceae)*. Einjährige Pflanze von 15–30 cm Höhe mit aufsteigendem oder aufrechtem Stengel und bleichgrünen bis graugrünen, doppelt fiederteiligen Blättern mit schmalen Endzipfeln. Kelchblätter fallen früh ab. Kronen etwa 8–12 mm lang, hellpurpurn. Ziemlich häufig in Unkrautbeständen von Hackfruchtäckern, Gärten und Weinbergen. Vgl. 90(f) und 118(b). Blüten V–X.

Aufnahme vom 20. Mai. ○ entspricht 1 cm

(a) Saat-Esparsette *Onobrychis viciifolia* Scop., Fam. Schmetterlingsblütengewächse *(Fabaceae)*. Pflanze von 30–60 cm Höhe, mehrjährig. Blätter unpaarig gefiedert, mit 5–14 Fiederpaaren; Fiederblättchen 10–35 mm lang. Blüten in reichblütigen Trauben, hellrot oder rot mit helleren, manchmal gelblichen Streifen. Gelegentlich als Futterpflanze angebaut, sonst zerstreut in Kalktrockenrasen und Halbtrockenrasen. Blüten V–VIII.
(b) Krähenfuß-Wegerich *Plantago coronopus* L., Fam. Wegerichgewächse *(Plantaginaceae)*. Zweijährige Pflanze von 3–30 cm Höhe. Blätter fiederspaltig oder grob gezähnt, behaart, alle in grundständiger Rosette. Blüten in ährenförmigem Blütenstand auf langem, unverzweigtem, blattlosem Stengel. Kronen weißlich. Auf salzhaltigen Sand- und Tonböden. Im Bereich der Küsten verbreitet, im Binnenland an Salzstellen sehr selten. Vgl. 104(a). Blüten V–VII.
(c) Rote Spornblume *Centranthus ruber* (L.) DC., Fam. Baldriangewächse *(Valerianaceae)*. Mehrjährige, aufrechte Pflanze bis 80 cm Höhe, mit ovalen bis lanzettlichen, gegenständigen Blättern, die häufig etwas bläulich bereift sind. Die Abbildung zeigt die weißblühende Form. Häufig als Zierpflanze in Gärten, sonst nur verwildert. Vgl. 48(i) und 62(c). Blüten V–IX.
(d) Meerkohl *Crambe maritima* L., Fam. Kreuzblütengewächse *(Brassicaceae)*. Stattliche, aufrechte Pflanze von 40–80 cm Höhe, mehrjährig. Blätter blaugrün, kahl, etwas fleischig. Blüten weiß, in großen, reichblütigen Blütenständen. Schoten zweigliedrig. Ziemlich selten in Spülsäumen an der Ostseeküste. Blüten V–VIII.
(e) Strand-Platterbse *Lathyrus maritimus* (L.) Bigelow, Fam. Schmetterlingsblütengewächse *(Fabaceae)*. Mehrjährige Pflanze mit niederliegenden oder aufsteigenden Stengeln, bis etwa 50 cm Höhe. Stengel kantig, nicht geflügelt. Blätter mit 2–6 Paar Fiederblättchen. Krone lilapurpurn bis bläulich, ziemlich groß. Zerstreut in Weißdünen und Vordünen an den Nord- und Ostseeküsten. Blüten VI–VIII. Vgl. auch 116(k).
(f) Weiß-Klee *Trifolium repens* L., Fam. Schmetterlingsblütengewächse *(Fabaceae)*. Ausdauernde Pflanze mit niederliegenden, kriechenden und an den Knoten wurzelnden Stengeln. Trittfeste, sehr häufige Art in Parkrasen, auf Sportplätzen, an Wegen und auf Äckern. Vgl. 60(i). Blüten V–IX. Ähnlich: **Schweden-Klee** *Trifolium hybridum* L., mit aufsteigenden, nicht wurzelnden Stengeln. Kronen zunächst weiß, später rötlich. Verbreitet in nährstoffreichen Fettwiesen. Auch angebaut. Blüten V–IX.
(g) Weißer Steinklee *Melilotus alba* Med., Fam. Schmetterlingsblütengewächse *(Fabaceae)*. Aufrechte, ästige, ausdauernde Pflanze bis 130 cm Höhe mit dreizähligen Blättern. Blüten in langen, aufrechten, schmalen Trauben. Duftet beim Trocknen nach Waldmeister. Verbreitet bis häufig auf trockenen, ruderal beeinflußten Standorten (Bahndämme, Schotter, Steinbrüche). Blüten VI–IX. Vgl. 84(f).
(h) Kleines Habichtskraut *Hieracium pilosella* L., Fam. Korbblütengewächse *(Asteraceae)*. Mehrjährige, kleine Pflanze bis 20 cm Höhe mit langen Ausläufern. Blätter unterseits grauhaarig, oberseits sehr langhaarig. Blütenköpfe einzeln auf langem Stengel, nur mit Zungenblüten. Häufig in Trockenrasen, Heiden, Felsfluren, Rainen und an Wegrändern. Formenreich. Blüten V–X.
(i) Hirtentäschelkraut *Capsella bursa-pastoris* (L.) Med., Fam. Kreuzblütengewächse *(Brassicaceae)*. Einjährige Pflanze mit ungeteilten bis fiederspaltigen Grundblättern. Höhe 10–40 cm. Weitverbreitetes Unkraut in Gärten, an Wegrändern, frischen Schuttstellen und auf Brachland. Blüten während des ganzen Jahres. Vgl. 14(i).
(j) Orientalische Rauke *Sisymbrium orientale* L., Fam. Kreuzblütengewächse *(Brassicaceae)*. Überwinternde, einjährige Pflanze bis 60 cm Höhe mit fiederteiligen Blättern. Endfieder groß, spießförmig. Blüten in verlängerten, reichblütigen Trauben. Stengel weichhaarig, übrige Teile graugrün. Eingeschleppt. Zerstreut an trockenen, ruderal beeinflußten Standorten. Blüten VI–VII. Vgl. auch 42(b) und 108(j).
(k) Spitz-Wegerich *Plantago lanceolata* L., Fam. Wegerichgewächse *(Plantaginaceae)*. Mehrjährige Pflanze. Blätter mit 3–7 deutlichen Längsnerven, ganzrandig, lanzettlich, in grundständiger Rosette. Blütenstiele bis 50 cm hoch, stark rinnig. Sehr häufig in Fettwiesen und -weiden, an Wegrändern, in Magerrasen und auf Ödland. Blüten V–IX.
(l) Löwenzahn-Pippau *Crepis vesicaria* L., Fam. Korbblütengewächse *(Asteraceae)*. Kräftige, aufrechte Pflanze, etwa 20–80 cm hoch, mit meist grundständigen, fein behaarten, in breite, gezähnte Lappen geteilten Blättern. Blütenköpfe orangegelb, zahlreich. Ursprünglich in Süd- und Westeuropa. An Wegrändern und in Wiesen gelegentlich eingeschleppt. Blüten V–VIII. Vgl. 80(c) und 94(g). Ähnlich: **Wiesen-Pippau** *Crepis biennis* L., mit kahlen oder zerstreut behaarten Blättern; Stengelblätter mit gestutztem Grund, sitzend. In Fettwiesen und an Wegrainen. Blüten V–VIII.
(m) Dreinervige Nabelmiere *Moehringia trinervia* (L.) Clairv., Fam. Nelkengewächse *(Caryophyllaceae)*. Mehrjährige Pflanze mit aufsteigenden oder liegenden Stengeln und eiförmigen, zugespitzten Blättern; deutlich drei-, seltener fünfnervig. Kronblätter weiß, kürzer als die Kelchblätter. Verbreitet in Gebüschen, an schattigen Säumen, auf Waldschlägen und an Wegrändern. Blüten V–VII.

Aufnahme vom 22. Mai. ○ entspricht 1 cm

(a) Zypressen-Wolfsmilch *Euphorbia cyparissias* L., Fam. Wolfsmilchgewächse *(Euphorbiaceae)*. Mehrjährige Pflanze, 20–30 cm hoch, mit aufrechtem oder aufsteigendem, ästigem Stengel. Blätter schmal-linealisch, wechselständig, ganzrandig. Blüten in vielstrahligen Trugdolden. Alle Teile blaugrün, mit weißem Milchsaft. Giftig. Häufig an Wegrändern, auf Wiesen, an Rainen und Schuttstellen. Blüten V–VI.
(b) Irische Wolfsmilch *Euphorbia hyberna* L., Fam. Wolfsmilchgewächse *(Euphorbiaceae)*. Kräftige, aufrechte Pflanze, etwa 50 cm hoch, mit wechselständigen, 5–10 cm langen, lanzettlichen Blättern, unterseits wenig behaart. Honigdrüsen rundlich, anfangs gelb, später bräunlich. An Hecken und auf Wiesen. Nur in Südwestengland und in Irland. Blüten V–VII.
(c) Blaue Himmelsleiter *Polemonium caeruleum* L., Fam. Himmelsleitergewächse *(Polemoniaceae)*. Aufrechte Pflanze, 30–80 cm hoch, mit kantigem, hohlem, unverzweigtem (oder erst oben ästigem) Stengel und wechselständigen, unpaarig gefiederten Blättern. Blüten in endständigen Rispen. Kronen mit breiten, stumpf zulaufenden Kronblattzipfeln. Ziemlich zerstreut in sickerfeuchten Schuttfluren. Blüten VI–VII.
(d) Wiesen-Knöterich, Schlangen-Knöterich *Polygonum bistorta* L., Fam. Knöterichgewächse *(Polygonaceae)*. Aufrechte, ansehnliche Pflanze um 30–120 cm Höhe. Wurzel dick, schlangenartig gewunden (Name). Blätter länglich-eiförmig, wechselständig, unterseits hell- bis graugrün, mit deutlicher Blattscheide (Ochrea). Blüten rosa, in einer dichten, walzlichen Ähre. Heil- und Gemüsepflanze. Verbreitet in feuchten, nährstoffreichen Wiesen und in Hochstaudenfluren. Im Norden ziemlich zerstreut. Blüten V–VIII. Nässezeiger. Vgl. auch 150(h), 178(c), 186(b) und 186(e).
(e) Saat-Wicke, Sommer-Wicke *Vicia sativa* L., Fam. Schmetterlingsblütengewächse *(Fabaceae)*. Einjährige Pflanze mit kantigem, kletterndem Stengel bis 80 cm Länge. Blätter paarig gefiedert, Endfiedern in Blattranken umgewandelt. Kelchzähne alle gleich lang, Fahne der Krone bläulich, Flügel purpurn. Reife Hülsen aufrecht, braun, kurzhaarig. Ursprünglich nur im Mittelmeergebiet. Stellenweise als Futterpflanze angebaut und gelegentlich verwildert. Meist auf frischen, nährstoffreichen Lehmböden. Blüten V–VII.
(f) Gemeines Kreuzblümchen *Polygala vulgaris* L., Fam. Kreuzblümchengewächse *(Polygalaceae)*. Zarte, mehrjährige Pflanze von 5–20 cm Höhe, mit aufrechtem oder aufsteigendem Stengel. Blätter wechselständig, untere elliptisch, obere schmal-lanzettlich. Tragblätter kürzer als die Blüten; Blüten meist blau, seltener rötlich, in vielblütiger, lockerer Traube. Verbreitet in Magerrasen und an anderen wechselfeuchten Standorten, vor allem im Bergland. Kalkmeidend. Blüten V–IX. Vgl. 30(k) und 64(l).
(g) Harz-Labkraut *Galium harcynicum* Weigel, Fam. Rötegewächse *(Rubiaceae)*. Kleine, ausdauernde Pflanze, etwa 5–20 cm hoch, mit niederliegenden oder aufsteigenden Stengeln und schmalen, quirlständigen Blättern. Zerstreut bis verbreitet auf Heiden, in bodensauren Magerrasen und im Saum von Nadelwäldern. Blüten V–VIII. Vgl. auch 36(d), 90(d), 98(g), 126(a) und 134(i).
(h) Berg-Platterbse *Lathyrus montanus* Bernh., Fam. Schmetterlingsblütengewächse *(Fabaceae)*. Mehrjährige Pflanze bis 30 cm Höhe mit schmal geflügeltem Stengel. Blätter mit 2–3 Paar Fiederblättchen, diese kahl, länglich-lanzettlich, unterseits blaugrün. Auf mageren Bergwiesen, Heiden, in Mischwäldern, meist auf sandigem Boden. Kalkmeidend. Blüten V–VI. Vgl. 36(e), 116(e).
(i) Tormentill, Blutwurz *Potentilla erecta* (L.) Räuschel, Fam. Rosengewächse *(Rosaceae)*. Mehrjährige Pflanze mit liegenden oder aufsteigenden, aber niemals wurzelnden Stengeln, bis etwa 30 cm Höhe. Alle Blätter dreizählig gefingert. Blüten fast immer vierzählig. Verbreitet auf armen Böden in Zwergstrauchheiden, Pfeifengraswiesen und Magerrasen. Blüten V–VIII. Vgl. 48(c), 118(d), 158(f) und 158(g). Ähnlich:
Englisches Fingerkraut *Potentilla anglica* Laich., mit wurzelnden Stengeln und zur Hälfte fünfzähligen, zur Hälfte drei- bis vierzähligen Blättern. Nebenblätter ganzrandig. Blüten überwiegend vierzählig. An Waldwegen und Gräben. Blüten V–IX.
(j) Wald-Läusekraut *Pedicularis sylvatica* L., Fam. Braunwurzgewächse *(Scrophulariaceae)*. Zweijährige, kleine Pflanze bis 15 cm Höhe mit mehreren, niederliegenden Nebenstengeln und aufrechtem, blütentragendem Hauptstengel. Blätter fiederteilig. Zerstreut in Riedgrasbeständen, feuchten Heiden und an Flachmooren. Blüten V–VII.
(k) Englischer Ginster *Genista anglica* L., Fam. Schmetterlingsblütengewächse *(Fabaceae)*. Kleiner Strauch von 30–80 cm Höhe. Pflanze kahl, meist dornig. Blätter graugrün, ohne Nebenblätter. Schmetterlingsblüten kräftig gelb, etwa 10–15 mm lang. Im Nordwesten verbreitet auf Heiden, Magerrasen, Kieferngebüschen. Sonst ziemlich selten. Blüten V–VI.
(l) Quendel-Kreuzblümchen *Polygala serpyllifolia* Hose, Fam. Kreuzblümchengewächse *(Polygalaceae)*. Kleine Pflanze bis etwa 20 cm Höhe. Stengel am Grunde liegend. Blätter im unteren Teil gegenständig, weiter oben wechselständig. Blüten in lockerer Traube, meist hellblau oder weißlich. Im Nordwesten zerstreut auf Heiden und in Magerrasen, sonst ziemlich selten. Blüten V–IX. Vgl. 30(k) und 64(f).

Aufnahme vom 23. Mai. ○ entspricht 1 cm

(a) Europäisches Pfaffenhütchen *Euonymus europaea* L., Fam. Baumwürgergewächse *(Celastraceae)*. Strauch bis etwa 3 m Höhe. Junge Äste auffallend graugrün, vierkantig, mit Korkleisten. Blätter kahl, breit-eiförmig, zugespitzt. Holz sehr hart. Blüten unauffällig, grünlich. Sehr giftig. In Gebüschen und krautreichen Wäldern. Blüten V–VI. Vgl. 188(c).
(b) Gemeiner Schneeball *Viburnum opulus* L., Fam. Geißblattgewächse *(Caprifoliaceae)*. Strauch bis etwa 3 m Höhe. Blätter 3- bis 5lappig, beiderseits grün, unbehaart. Blüten in flacher Scheindolde; Randblüten unfruchtbar, mit großer, radförmiger Krone. Früchte giftig. Verbreitet in krautreichen Wäldern und Gebüschen. Blüten V–VI. Vgl. 40(b) und 178(g).
(c) Roter Hartriegel *Cornus sanguinea* L., Fam. Hartriegelgewächse *(Cornaceae)*. Strauch von 2–4 m Höhe. Zweige oft rötlich überlaufen, besonders im Herbst und Winter oft blutrot. Blätter breit-eiförmig, beidseits grün, bogig-fiedernervig. Blüten in flachen Scheindolden, vierzählig. Verbreitet in Gebüschen und krautreichen Wäldern, ziemlich anspruchsvoll. Blüten V–VI. Vgl. 16(c) und 180(i).
(d) Echte Mehlbeere *Sorbus aria* (L.) CRANTZ, Fam. Rosengewächse *(Rosaceae)*. Strauch oder Baum bis 10 m Höhe. Blätter einfach und ungelappt, breit-eiförmig, am Rande ungleichmäßig gesägt, unterseits dicht weißfilzig, oberseits graugrün. Blüten in flachen Scheindolden (Rispen). Kelch auffallend weißfilzig. Zerstreut bis selten in wärmeliebenden Gebüschen. Blüten V–VI. Vgl. 40(d) und 190(e).
(e) Einjähriges Silberblatt *Lunaria annua* L., Fam. Kreuzblütengewächse *(Brassicaceae)*. Aufrechte, einjährige Pflanze, etwa 30–100 cm hoch, mit eiförmigen, grob gezähnten Blättern, die unteren gestielt, weiter oben sitzend. Kreuzblüten groß, bis 2,5 cm breit, rötlich-purpurn, selten heller, nachts duftend. Schötchen sehr groß, breit elliptisch bis fast kreisrund. Zierpflanze, die in krautreichen Gebüschen oder an Hecken verwildert auftritt. Blüten IV–VI.
(f) Acker-Hellerkraut *Thlaspi arvense* L., Fam. Kreuzblütengewächse *(Brassicaceae)*. Einjährige oder überwinternde, aufrechte Pflanze, etwa 10–50 cm hoch, mit kantigem Stengel. Pflanze kahl. Blätter mit pfeilförmigem Grund, sitzend. Blüten klein, weiß. Schötchen mit breitem Flügelsaum. Ziemlich häufig auf Äckern, an Ruderalstellen und Wegrainen. Blüten V–IX.
(g) Gemeines Rapünzchen, Feldsalat *Valerianella locusta* LATERR., Fam. Baldriangewächse *(Valerianaceae)*. Einjährig-überwinternde Pflanze mit aufrechtem, gabelästigem Stengel. Blätter spatelig, gegenständig. Blüten unauffällig, weißlich oder hellblau. Verbreitet an frischen Ruderalstellen, an Wegen, in Gärten und Weinbergen. Mehrere schwer unterscheidbare weitere Arten. Blüten IV–V.
(h) Knolliger Hahnenfuß *Ranunculus bulbosus* L., Fam. Hahnenfußgewächse *(Ranunculaceae)*. Mehrjährige, aufrechte Pflanze bis 30 cm Höhe mit einer Knolle am Grunde des Stengels. Blätter dreizählig oder doppelt dreizählig. Blüten einzeln, endständig auf langen, gefurchten Stielen. Kronblätter weit zurückgeschlagen. Pflanze behaart. Verbreitet bis häufig an Rainen, Böschungen, Wegrändern. Blüten V–VII. Vgl. auch 22(g).
(i) Gemeiner Beinwell *Symphytum officinale* L., Fam. Rauhblattgewächse *(Boraginaceae)*. Kräftige, bis 1 m hohe Pflanze mit breitlanzettlichen Blättern, deren Blattstiele jeweils bis zum nächsten Knoten herablaufen. Pflanze sehr rauhhaarig. Blüten zu mehreren in Wikkeln, weißlich, cremefarben, blau oder rötlich. Heilpflanze. Verbreitet bis häufig in Staudenfluren an Ufern und Wegrändern. Blüten V–IX. Vgl. auch 46(c).
(j) Gewimpertes Kreuzlabkraut *Cruciata laevipes* (L.) EHREND., Fam. Rötegewächse *(Rubiaceae)*. Mehrjährige Pflanze von 15–70 cm Höhe mit kantigem Stengel, ziemlich steif behaart. Blätter zu je 4 quirlständig. Blüten mit undeutlichem Kelch, Kronen radförmig, vierteilig, gelb, in achselständigen Scheinquirlen. Verbreitet in Gebüsch- und Waldsäumen, an Ufern und in Auenwäldern. Blüten V–VI. Vgl. auch 64(g), 72(a), 90(d) und 98(g).
(k) Goldnessel *Galeobdolon luteum* HUDS., Fam. Lippenblütengewächse *(Lamiaceae)*. Etwa 15–50 cm hohe, aufrechte Pflanze mit kreuzgegenständigen, brennesselähnlichen Blättern. Blüten goldgelb, in blattachselständigen Scheinquirlen; Unterlippe mit rötlicher Zeichnung. Verbreitet in Säumen, Hochstaudenfluren, Gebüschen. Blüten IV–VII. Vgl. auch 14(g) und 14(f).
(l) Wald-Ziest *Stachys sylvatica* L., Fam. Lippenblütengewächse *(Lamiaceae)*. Pflanze etwa 30–100 cm hoch, aufrecht, mit gestielten, kreuzgegenständigen, graugrünen Blättern; dicht abstehend behaart. Kronen rot, in 6- bis 10blütigen Scheinquirlen. Verbreitet in Säumen, Gebüschen, krautreichen Laubwäldern. Blüten VI–IX. Vgl. 56(c), 110(j), 116(f), 142(c) und 142(j).
(m) Große Brennessel *Urtica dioica* L., Fam. Brennesselgewächse *(Urticaceae)*. Etwa 60–150 cm hoch, mit stark kantigem Stengel. Zweihäusig. Stickstoffzeiger. Sehr häufig in Staudengesellschaften und Gebüschen. Blüten V–X. Ähnlich:
Kleine Brennessel *Urtica urens* L., etwa 15–45 cm hoch, mit eiförmigen oder elliptischen Blättern, Blattzähne stumpf. Einhäusig. Blüten VI–IX. Meist an stickstoffreichen Ruderalstellen.

Aufnahme vom 25. Mai. ○ entspricht 1 cm

(a) Gagel, Gagelstrauch *Myrica gale* L., Fam. Gagelstrauchgewächse *(Myricaceae)*. Winterkahler, buschiger Strauch bis 150 cm Höhe mit wechselständigen, eiförmig-lanzettlichen Blättern. Zweihäusig. Männliche Kätzchen zylindrisch, aufrecht abstehend; weibliche Kätzchen klein, kugelig. Blüht vor dem Laubaustrieb. Sehr zerstreut in Weidenbrüchen, Heidemooren, an Moorrändern und in nassem Gebüsch. Steht unter Naturschutz. Giftig. Blüten IV–V.

(b) Purgier-Kreuzdorn *Rhamnus cathartica* L., Fam. Kreuzdorngewächse *(Rhamnaceae)*. Strauch oder kleiner Baum, meist um 3 m Höhe. Zweige mit langen endständigen Sproßdornen. Blätter gegenständig, rundlich bis lanzettlich-eiförmig, fein gesägt, mit bogig verlaufenden Blattnerven. Blüten unscheinbar, klein, gelbgrün. Zerstreut in Feldgehölzen, an trockenwarmen Rainen, felsigen Hängen oder an Waldsäumen. Blüten V–VI.

(c) Sauerdorn, Berberitze *Berberis vulgaris* L., Fam. Berberitzengewächse *(Berberidaceae)*. Winterkahler Strauch bis etwa 3 m Höhe. Langtriebe enden in dreiteiligen, langen Dornen. Blätter verkehrt-eiförmig, stehend gewimpert, fein gesägt. Blüten gelb, in hängenden Trauben. Blüten IV–VI. Zerstreut an Waldrändern und in Feldgehölz; als Zwischenwirt des Getreiderostes fast ausgerottet.

(d) Schwarz-Kiefer *Pinus nigra* ARNOLD, Fam. Kieferngewächse *(Pinaceae)*. Baum bis 20 m Höhe, mit 8–15 cm langen, schwarzgrünen Nadelblättern mit gelblicher Spitze. Meist nur angepflanzt. Blüten V. Vgl. 70(d), 184(g), 186(g), 186(f). Aufnahme vom 25. Mai.

Frühjahr / Frühsommer (Mai–Juni) Gebüsche, Wiesen, Raine

(e) Gehörnter Sauerklee *Oxalis corniculata* L., Fam. Sauerkleegewächse *(Oxalidaceae)*. Einjährige Pflanze, etwa 5–50 cm hoch, mit kriechenden Stengeln, an den Knoten wurzelnd. Blättchen zweilappig. Kronblätter goldgelb, gelegentlich auch rötlich. Ursprünglich nur im Mittelmeergebiet. Eingebürgert und stellenweise verbreitet an trockenen Ruderalstellen. Blüten V–IX. Vgl. auch 20(m) und 68(f).

(f) Europäischer Sauerklee *Oxalis europaea* JORDAN, Fam. Sauerkleegewächse *(Oxalidaceae)*. Ein- oder mehrjährige Pflanze mit aufrechtem Stengel, etwa 10–40 cm hoch, beblättert. Blätter langgestielt, zusammengesetzt, ohne Nebenblätter. Pflanze mit unterirdischen Ausläufern. Etwas behaart. Blüten mit blaßgelben Kronen. Eingeschleppt. Verbreitet bis zerstreut in Äckern, Gärten und an frischen Ruderalstellen. Blüten V–X. Vgl. auch 20(m) und 68(e).

(g) Rauher Schneckenklee *Medicago polymorpha* L., Fam. Schmetterlingsblütengewächse *(Fabaceae)*. Einjährige, aufrechte oder aufsteigende Pflanze bis etwa 40 cm Höhe. Blattfiedern kahl, nicht gefleckt. Blüten in wenigblütigen Trauben, ihre Stiele fast ebenso lang wie die Blattstiele. Nebenblätter in sehr schmale Fransen zerteilt. Hülse schneckenartig gerollt, mit 2–4 ziemlich engen Windungen. Ursprünglich nur im Mittelmeergebiet. Blüten V–VI. Vgl. auch 44(b), 60(f) und 54(e).

(h) Wildes Stiefmütterchen *Viola tricolor* L., Fam. Veilchengewächse *(Violaceae)*. Einjährige oder ausdauernde Halbrosettenpflanze, etwa 10–40 cm hoch, mit aufrechtem oder aufsteigendem Stengel. Blätter wechselständig, gestielt, eiförmig-lanzettlich, gekerbt, manchmal gewellt. Sehr formenreich. Verbreitet an trockenen Standorten wie Dünen, Äckern, Felsfluren, Wiesen. Blüten V–IX. Vgl. auch 16(g), 20(j), 22(l), 24(b), 28(e) und 76(g).

(i) Gelbgrüner Frauenmantel *Alchemilla xanthochlora* ROTHM., Fam. Rosengewächse *(Rosaceae)*. Häufigere Kleinart des Gemeinen Frauenmantels. Blattoberseiten völlig kahl, Blattunterseiten dicht behaart. Blattlappen dreieckig, mit gleichmäßig kurzen Zähnen spitz gesägt. Blüten klein, gelblich. Auf Wiesen und an Waldrändern. Blüten V–IX. Vgl. 36(j) und 106(k).

(j) Kahler Frauenmantel *Alchemilla glabra* NEYGENF., Fam. Rosengewächse *(Rosaceae)*. Weitere Kleinart aus dem Formenkreis Gemeiner Frauenmantel (Alchemilla vulgaris). Blattlappen mit sehr ungleichen, schief eiförmigen, stumpfen Zähnen gesägt. Pflanze mit sehr langen Stengeln und ziemlich lockerem Blütenstand. Verbreitet in Gräben, feuchten Wiesen und Flachmooren. Blüten V–IX. Vgl. 36(j) und 106(k).

(k) Strauch-Fingerkraut *Potentilla fruticosa* L., Fam. Rosengewächse *(Rosaceae)*. Kleiner Strauch von 30–100 cm Höhe mit unpaarig gefiederten, unterseits seidenhaarigen Blättern. Blüten goldgelb, 5zählig. Meist nur als Ziergehölz in Anlagen, selten verwildert. Blüten V–VII. Vgl. 64(i), 78(e), 158(f) und 158(g).

(l) Steifhaariger Löwenzahn, Rauher Löwenzahn *Leontodon hispidus* L., Fam. Korbblütengewächse *(Asteraceae)*. Mehrjährige Pflanze, etwa 15–30 cm hoch, mit aufrechtem, unverzweigtem Stengel. Blätter in grundständiger Rosette, breit, deutlich gestielt, ganzrandig oder (häufiger) fiederspaltig. Blütenkörbchen einzeln, etwa 3 cm breit. Fruchtknoten mit deutlicher Haarkrone (Lupe). Verbreitet bis häufig in Wiesen und Schotterfluren. Blüten V–IX.

Aufnahme vom 26. Mai. ○ entspricht 1 cm

(a) Bereifte Brombeere, Kratzbeere *Rubus caesius* L., Fam. Rosengewächse *(Rosaceae)*. Ausdauernde Pflanze mit kriechendem, rundem, kurzstacheligem Stengel. Blätter 3- bis 7zählig. Schößlinge bläulich bereift. Blüten in doldigen Trauben. Kronblätter weiß, Kelchblätter auffallend dicht grauhaarig. Früchte blau bereift. Etwa 30–60 cm hoch. Verbreitet an Waldsäumen, Gebüschen, auf Brachland, selten auch auf Äckern. Blüten V–VI. Vgl. auch 122(o) und 163(d).

(b) Himbeere *Rubus idaeus* L., Fam. Rosengewächse *(Rosaceae)*. Strauch mit zweijährigen, verholzenden, runden, überhängend wachsenden Stengeln, nur entfernt mit borstigen, ziemlich weichen Stacheln besetzt. Blätter unpaarig gefiedert; Blättchen doppelt gesägt, oberseits frischgrün, unterseits weißfilzig behaart. Nebenblätter sehr klein. Blüten in Rispen. Kronblätter verkehrt-eiförmig, fallen leicht ab. Verbreitet auf nährstoffreichen Böden an Waldrändern, auf Schlägen und in lichtem Gebüsch. Blüten V–VIII. Vgl. auch 122(j) und 122(o).

(c) Pontische Alpenrose *Rhododendron ponticum* L., Fam. Heidekrautgewächse *(Ericaceae)*. Großer, immergrüner Strauch bis 5 m Höhe mit glatten, lederigen, elliptischen Blättern. Blüten etwa 5 cm weit und bis 12 cm lang, in endständigen Doldentrauben. Ursprünglich nur im östlichen Mittelmeergebiet, an vielen Stellen in West- und Mitteleuropa eingebürgert. Blüten V–VI. Vgl. 44(k).

(d) Gemeine Wald-Kiefer *Pinus silvestris* L., Fam. Kieferngewächse *(Pinaceae)*. Nadelbaum bis 40 m Höhe. Nadelblätter zu je 2 an Kurztrieben, blaugrün bis graugrün, 5–7 cm lang, häufig gedreht. Männliche Blütenzapfen büschelig gedrängt an den Enden vorjähriger Langtriebe; weibliche Zapfen endständig an den Spitzen diesjähriger Triebe. Heimisch nur auf Sandböden. Meist als Forstbaum gepflanzt. Blüten V–VI. Vgl. auch 68(d), 184(g), 184(j) und 186(g).

(e) Riesen-Bärenklau *Heracleum mantegazzianum* Som. et Lev., Fam. Doldengewächse *(Apiaceae)*. Ansehnliche, kräftige, mehrjährige Pflanze bis etwa 4 m Höhe, mit sehr dickem, rot geflecktem Stengel. Blätter tief fiederteilig, mit dreizählig zerteilten und grob gezähnten Lappen, bis 1 m lang, untere gestielt, obere sitzend. Blüten in großen, zusammengesetzten, bis 50 cm breiten Dolden; Doldenstrahlen 10–15 cm lang; Kronblätter der randlichen Blüten vergrößert, bis 12 mm lang. Frucht groß, eiförmig, etwas zusammengedrückt, mit deutlichen Harzkanälen. Ursprünglich nur im Kaukasus beheimatet. Gelegentlich als Zierpflanze in Parks und Gärten und vor allem in Siedlungsnähe häufiger verwildert. Der Saft der Pflanze kann bei bestimmten Personen Überempfindlichkeit der Haut gegen Sonnenbestrahlung hervorrufen. Blüten VI–VIII.

(f) Wiesen-Bärenklau *Heracleum sphondylium* L., Fam. Doldengewächse *(Apiaceae)*. Zweijährige, aufrechte, kräftige Pflanze von etwa 50–200 cm Höhe mit dicken, gefurchten Stengeln. Blätter bis 50 cm lang, steifhaarig, fiederschnittig bis tief gelappt, mit auffallender, bleichgrüner Blattscheide. Blüten weiß oder rötlich, in vielstrahligen Dolden. Randblüten des Blütenstandes deutlich vergrößert. Ziemlich häufig auf Fettwiesen, an Wegrändern, in Uferstaudenfluren, Gräben oder Gebüschen. Blüten VI–X. Formenreich.

(g) Echte Engelwurz, Brustwurz *Angelica archangelica* L., Fam. Doldengewächse *(Apiaceae)*. Kräftige zweijährige oder ausdauernde Pflanze von 120–250 cm Höhe mit rundem, nur wenig gefurchtem, röhrigem, manchmal rötlich überlaufenem Stengel. Blätter sehr breit, 3- bis 4fach fiederteilig, unterseits heller, beim Zerreiben von aromatischem Geruch. Blattstiele rund, nicht gekielt. Blattscheiden bauchig, Blüten gelbgrün. Verbreitet bis zerstreut in Hochstaudenfluren und Röhrichten, auch an der Küste. Blüten VI–VIII. Vgl. 164(c).

Aufnahme vom 1. Juni. ○ entspricht 1 cm

(a) Kletten-Labkraut, Klebriges Labkraut *Galium aparine* L., Fam. Rötegewächse *(Rubiaceae)*. Einjährige, kletternde Pflanze bis 130 cm Höhe mit kantigem Stengel. Blätter am Rande durch rückwärts gerichtete Stachel rauh. Blätter keilförmig-länglich, stachelspitzig, zu 6–8 quirlständig. Blütenstände blattachselständig, länger als die Blätter; Blüten weiß oder grünlich. Ziemlich häufig an Heckensäumen, in Gestrüpp und an Schuttplätzen. Blüten VI–VIII. Vgl. 34(d), 64(g), 90(d), 98(g), 126(a) und 150(a).
(b) Klatsch-Mohn *Papaver rhoeas* L., Fam. Mohngewächse *(Papaveraceae)*. Ein- oder zweijährige Pflanze von 30–80 cm Höhe mit aufrechtem, wenig verzweigtem, abstehend behaartem Stengel. Blätter tief fiederspaltig, mit länglichen Fiederabschnitten. Blüten einzeln auf langen Blütenstielen, ziemlich groß, bis 8 cm breit, scharlachrot, in der Mitte schwärzlich gefleckt, randlich überlappend. Verbreitet auf lehmigen Böden. Im Rückgang begriffen. Blüten V–VII.
(c) Dolden-Milchstern *Ornithogalum umbellatum* L., Fam. Liliengewächse *(Liliaceae)*. Aufrechte, etwa 10–30 cm hohe Zwiebelpflanze mit schmalen, etwas gerieften Blättern, die erst im Herbst erscheinen. Blüten sechszählig, Blütenhüllblätter mit breitem, grünem Mittelstreifen; in reichblütigen Scheindolden mit sehr ungleich langen Blütenstielen. Zerstreut, aber gesellig in trockenen Wiesen und in Weinbergen. Eingebürgert. Blüten V.
(d) Sumpf-Schachtelhalm *Equisetum palustre* L., Fam. Schachtelhalmgewächse *(Equisetaceae)*. Gehört nicht zu den Blüten-, sondern zu den Farnpflanzen. Stengel aufrecht, etwa 15–50 cm hoch, deutlich gefurcht. In nährstoffreichen Feucht- und Moorwiesen verbreitet. Mehrere weitere Arten.
(e) Sumpf-Pferdesaat, Sumpf-Rebendolde *Oenanthe crocata* L., Fam. Doldengewächse *(Apiaceae)*. Kräftige mehrjährige Pflanze von 50–150 cm Höhe mit hohlem, gerieftem Stengel und rübenförmig verdickten Wurzeln mit gelbem Saft. Blätter glänzend, groß, 3- bis 4fach fiederteilig, mit breit-eiförmigen, fiederteiligen oder gezähnten Abschnitten. Blüten weiß in 12- bis 40strahligen Dolden; Hülle und Hüllchen vorhanden. Sehr giftig. In feuchten Wiesen, Gräben und Ufern. Nur in Westeuropa beheimatet. Blüten VI–VII.
(f) Giersch, Geißfuß *Aegopodium podagraria* L., Fam. Doldengewächse *(Apiaceae)*. Aufrechte, kräftige Pflanze von 30–100 cm Höhe mit kahlem, hohlem Stengel. Blätter einfach oder doppelt dreiteilig, Blättchen eiförmig, scharf gesägt. Blüten in flachen Dolden, weiß; Hülle und Hüllchen fehlen, Dolden 12- bis 18strahlig. Als Wildgemüse geeignet. Häufig in krautreichen Gebüschen, an Säumen und Schlägen. Blüten VI–VII.
(g) Meerrettich *Armoracia rusticana* G. M. Sch., Fam. Kreuzblütengewächse *(Brassicaceae)*. Ausdauernde, krautige Pflanze von 60–120 cm Höhe mit kriechender, vielköpfiger Wurzel. Blätter der grundständigen Rosette langgestielt, ungeteilt, gesägt oder gekerbt, am Rande oft wellig, bis 1 m lang, dunkelgrün, unbehaart. Stengelblätter dagegen fiederspaltig. Blüten in blattachselständigen Trauben. Kronblätter weiß. Meist als Kulturflüchtling an Bahndämmen, Schuttstellen, Wegrändern in der Nähe von Siedlungen. Blüten V–VII.
(h) Gefleckter Schierling *Conium maculatum* L., Fam. Doldengewächse *(Apiaceae)*. Zweijährige, 50–180 cm hohe Pflanze mit dickem, mattgrünem, hohlem Stengel. Blätter kahl, 2- bis 3fach gefiedert; Fiederabschnitte eiförmig-lanzettlich, tief gezähnt mit hellen Spitzen. Blüten weiß, ziemlich klein, in großen Dolden. Pflanze mit unangenehmem Geruch. Sehr giftig. Zerstreut auf mäßig feuchten ruderalen Standorten, an Wegrändern und auf Brachland. Blüten VI–IX.
(i) Taumel-Kälberkropf *Chaerophyllum temulum* L., Fam. Doldengewächse *(Apiaceae)*. Ein- oder zweijährige Pflanze von 30–120 cm Höhe mit matt- bis graugrünen, doppelt gefiederten Blättern. Fiederblättchen lappig. Stengel kantig, steifhaarig, rotfleckig. Blüten weiß, in 6- bis 12strahligen Dolden; Doldenstrahlen rauhhaarig. Hülle der Dolde fehlend oder nur aus 1–2 Blättchen; Hüllchenblätter gewimpert. Giftig. Stickstoffzeiger. In Gebüschen, an Säumen und Hecken. Verbreitet bis häufig. Blüten VI–VII.
(j) Stumpfblättriger Ampfer *Rumex obtusifolius* L., Fam. Knöterichgewächse *(Polygonaceae)*. Mehrjährige Pflanze von 50–120 cm Höhe mit aufrechtem, meist erst im Blütenstand ästigem Stengel. Grundständige Blätter gestielt, mit herzförmigem Grund, vorne abgerundet-stumpf. Stengelblätter sitzend, spitz zulaufend. Blütenstand bis zur Mitte mit Hochblättern. Blüten grünlich, klein, geknäuelt. Oft rötlich überlaufen oder rotfleckig. Verbreitet bis häufig an stickstoffreichen Standorten wie Schutt, Gräben, Wegränder, vor allem in Siedlungsnähe. Blüten VI–VIII. Vgl. auch 120(i), 140(e), 140(i), 140(j) und 140(k). Ähnlich:
Alpen-Ampfer *Rumex alpinus* L., Pflanze von 50–150 cm Höhe mit breit-herzförmigen, grundständigen Blättern und aufrechter, ausgebreiteter Rispe. Vor allem in Lägerfluren der Gebirge verbreitet, außerhalb der Alpen selten. Blüten VI–VIII.
Strand-Ampfer *Rumex maritimus* L., Pflanze von 10–60 cm Höhe mit schmaleren, lanzettlichen Blättern. Zur Fruchtreife goldgelb verfärbt. Blüten VI–VII. An den Küsten verbreitet, im Binnenland sehr zerstreut.

Aufnahme vom 25. Mai. ○ entspricht 1 cm

(a) Purpur-Knabenkraut *Orchis purpurea* Huds., Fam. Knabenkrautgewächse *(Orchidaceae)*. Mehrjährige Pflanze von 30–75 cm Höhe. Deckblätter schuppenförmig. Blüten in dichtem Blütenstand. Blütenlippe dreilappig mit schmalen Seiten- und breitem Mittellappen, weiß, mit roten Punkten. Zerstreut bis selten in wärmeliebendem Gebüsch und in Halbtrockenrasen. Blüten V–VI. Vgl. auch 39(c). Geschützt! Formenreich.

(b) Hummel-Ragwurz *Ophrys fuciflora* (Crantz) Sw., Fam. Knabenkrautgewächse *(Orchidaceae)*. Mehrjährige Pflanze von 15–30 cm Höhe. Blätter länglich-lanzettlich. Hüllblätter weiß oder rosa; Lippe ungeteilt, annähernd viereckig, am Grunde beidseits mit einem Höcker. Ziemlich selten auf Kalk in Trockenrasen und an Trockengebüschsäumen. Blüten V–VI. Geschützt! Vgl. auch 29(d), 38(a), 108(d). Formenreich.

(c) Bocks-Riemenzunge *Himantoglossum hircinum* (L.) Koch, Fam. Knabenkrautgewächse *(Orchidaceae)*. Ausdauernde Pflanze von 30–70 cm Höhe. Blätter länglich-oval. Blüten zahlreich in langer Traube; Blütenhüllblätter blaßgrün, innen rötlich; Mittellappen der Lippe gedreht, bis 10 cm lang. Blüte riecht (angeblich) nach Ziegenbock. Selten in Kalkhalbtrockenrasen und wärmeliebenden Gebüschsäumen. Blüten V–VI. Geschützt.

(d) Breitblättriges Knabenkraut *Dactylorhiza majalis* (Rchb.) Hunt et Summerhayes, Fam. Knabenkrautgewächse *(Orchidaceae)*. Mehrjährige, sehr formenreiche Pflanze von 15–60 cm Höhe. Lippe dreiteilig, mit dunklen, ringförmigen Linienmustern. Verbreitet bis zerstreut in nassen Wiesen oder Quellsümpfen. Blüten V–VI. Geschützt! Vgl. 29(f) und 83(d).

(e) Spanische Esparsette *Hedysarum coronarium* L., Fam. Schmetterlingsblütengewächse *(Fabaceae)*. Mehrjährige, kräftige Pflanze mit liegendem oder aufsteigendem, stark ästigem Stengel, etwa 80–100 cm hoch. Blüten etwa 20 mm lang, karminrot bis hochrot. Blätter unterseits angedrückt behaart. Mittelmeergebiet. In Mitteleuropa selten. Blüten V–VII. Vgl. 62(a).

(f) Stengelloser Enzian *Gentiana clusii* Pers. et Song., Fam. Enziangewächse *(Gentianaceae)*. Mehrjährige Pflanze von etwa 5–10 cm Höhe. Krone 2,5–5 cm lang, innen ohne grüne Flecke. Auf kalkigem Untergrund in Quell- und Wiesenmooren, Hochebenen und Matten. In den Alpen verbreitet bis zerstreut, sonst selten. Blüten IV–VI. Vgl. 53(a), 102(e), 162(f) und 173(a).

(a) Kicher-Tragant *Astragalus cicer* L., Fam. Schmetterlingsblütengewächse *(Fabaceae)*. Mehrjährige Pflanze mit liegendem, nur schwach bogig aufsteigendem Stengel, etwa 30–60 cm lang. Stengel und Blätter angedrückt behaart. Blätter mit 8–12 Fiederpaaren. Blüten in dichter, walziger Traube. Kronen gelblich oder gelblichweiß. Zerstreut in wärmeliebenden Gebüschen. Blüten VI–VIII. Vgl. 80(b) und 112(g).

(b) Arnika, Berg-Wohlverleih *Arnica montana* L., Fam. Korbblütengewächse *(Asteraceae)*. Mehrjährige Pflanze mit aufrechtem, flaumig behaartem Stengel, etwa 20–50 cm Höhe. Rosettenblätter bodenanliegend, breit-oval bis lanzettlich, derb, dichthaarig. Stengelblätter gegenständig, sitzend, kleiner. Blütenköpfe einzeln, 4–8 cm breit. Zerstreut bis selten in Magerrasen, Moorwiesen und Matten. Giftig. Geschützt. Blüten VI–VIII.

(c) Gelber Fingerhut *Digitalis lutea* L., Fam. Braunwurzgewächse *(Scrophulariaceae)*. Mehrjährige, aufrechte, wenigästige Pflanze, etwa 30–70 cm hoch. Blätter länglich-lanzettlich, gesägt, glatt. Stengel und Blätter meist kahl. Blüten in langer, schlanker, einseitswendiger Traube. Kronen röhrig, hellgelb. Zerstreut in wärmeliebenden Gebüschen und an Waldrändern. Geschützt. Blüten VI–VIII. Vgl. auch 108(f).

(d) Felsenneike *Petrorhagia saxifraga* (L.) Link, Fam. Nelkengewächse *(Caryophyllaceae)*. Mehrjährige, dichtrasige Pflanze mit dünnen, aufrechten Stengeln. Blätter sehr schmal. Blüten einzeln, langgestielt, mit Außenkelch. Kronblätter blaßlila bis hellpurpurn, mit dunklerer Aderung. In Felsfluren und Trockenrasen. In den Südalpen zerstreut, sonst ziemlich selten. Blüten VI–IX.

(e) Rotes Seifenkraut *Saponaria ocymoides* L., Fam. Nelkengewächse *(Caryophyllaceae)*. Mehrjährige, kleine Pflanze von 10–30 cm Höhe. Stengel liegend oder kurz aufsteigend, lockerrasig. Blätter spatelig. Blüten mit bauchig-röhrigem Kelch und purpurroten Kronblättern, in gabelig verzweigten Scheindolden Südalpen. Manchmal auch in Steingärten. Blüten IV–X. Vgl. auch 136(f).

(f) Berg-Nelkenwurz *Geum montanum* L., Fam. Rosengewächse *(Rosaceae)*. Mehrjährige Pflanze, ohne Ausläufer, mit liegendem oder aufsteigendem, behaartem Stengel, etwa 5–40 cm hoch. Blätter gefiedert; Fiederblättchen werden zum Grunde hin kleiner. Blüten gestielt, 2–4 cm breit; Griffel gerade. In Zwergstrauchheiden, Weiden und Magerrasen der Alpen. Blüten V–VII. Vgl. 36(k), 42(j).

(a) Wiesen-Storchschnabel *Geranium pratense* L., Fam. Storchschnabelgewächse *(Geraniaceae)*. Ausdauernde, aufrechte Pflanze von 20–60 cm Höhe. Grundblätter langgestielt, Stengelblätter sitzend; 5- bis 7lappig handförmig geteilt; Lappen ihrerseits annähernd fiederteilig. Blüten sehr groß, bis 3 cm breit. Staubfäden am Grunde spatelig verbreitert. Blütenstiele nach dem Abblühen abwärts weisend. Zerstreut bis selten in Fettwiesen, an Rainen oder Wegrändern. Kalkliebend. Blüten VI–VIII. Vgl. auch 50(e) und andere Arten.

(b) Gemeines Leimkraut, Taubenkropf *Silene vulgaris* (MOENCH) GARCKE, Fam. Nelkengewächse *(Caryophyllaceae)*. Mehrjährige Pflanze, etwa 15–50 cm hoch, mit ganzrandigen, gegenständigen, lanzettlichen Blättern. Blüten zwittrig; Kronblätter weiß, zweispaltig. Kelch netzadrig und blasig aufgetrieben. Verbreitet an Wegrändern, Gebüschsäumen, Schotterdämmen und Magerrasen. Blüten VI–IX. Vgl. auch 34(h), 50(d), 54(f) und 84(c).

(c) Gemeine Grasnelke *Armeria maritima* (MILL.) WILLD., Fam. Bleiwurzgewächse *(Plumbaginaceae)*. Ausdauernde Pflanze von 5–50 cm Höhe mit schmal-linealischen, meist nur 1–2 mm breiten, einnervigen Blättern in grundständiger, dichter Rosette. Blüten in endständigen, einzelnen Köpfen mit kurzen, stumpfen oder spitzen Hüllblättern. Kronen rosa oder purpurn. Vor allem entlang der Küsten verbreitet, oft auch als Zierpflanze in Gärten. Formenreich. Blüten VI–VIII.

(d) Garten-Katzenminze *Nepeta × faassenii* BERGM. EX STEARN, Fam. Lippenblütengewächse *(Lamiaceae)*. Mehrjährige, aufrechte Pflanze von herb-aromatischem Geruch, etwa 30–50 cm hoch. Teilblütenstände gestielt, blattachselständig. Kronen hellpurpurn. Gelegentlich als Zierpflanze in Gärten. Nur selten verwildert. Blüten VI–IX.

(e) Gemeine Schafgarbe *Achillea millefolium* L., Fam. Korbblütengewächse *(Asteraceae)*. Ausdauernde, meist wintergrüne Pflanze von 30–120 cm Höhe mit aufrechtem, reichbeblättertem, zähem Stengel. Blätter behaart, länglich, fiederteilig; Fiederabschnitte ihrerseits 2- bis 3fach fiederteilig, von länglich-ovalem Umriß. Blüten in wenigblütigen Körbchen, zu dichten Doldenrispen angeordnet. Sehr häufig in Fettwiesen und -weiden, Halbtrockenrasen, an Wegen und Rainen. Blüten VI–X. Vgl. auch 112(i). Heilpflanze.

(f) Rauhhaarige Gänsekresse *Arabis hirsuta* L., Fam. Kreuzblütengewächse *(Brassicaceae)*. Zwei- oder mehrjährige Pflanze von 10–80 cm Höhe mit aufrechtem, unverzweigtem Stengel, der unten mit abstehenden, einfachen oder zweispaltigen, oben dagegen mit 2- bis 5spaltigen Haaren besetzt ist. Blätter pfeil- oder herzförmig stengelumfassend. Schoten lang und schmal, aufrecht. Formenreich. Zerstreut bis verbreitet an trockenen Ruderalstellen und auf trockenen Wiesen. Blüten V–VII. Vgl. 84(i).

(g) Gelbes Stiefmütterchen, Gelbes Veilchen *Viola lutea* HUDS., Fam. Veilchengewächse *(Violaceae)*. Mehrjährige, kleine Pflanze bis 25 cm Höhe mit dünnen, unverzweigten Stengeln. Kronblätter meist gelb, mitunter auch violett, bläulich oder bunt. Formenreich. Eine hierher gehörende Kleinart ist das Galmei-Veilchen, das auf schwermetallhaltige Böden spezialisiert ist. Sonst auf Magerrasen und trockene Raine. Zerstreut bis selten. Blüten VI–VIII.

(h) Scheidiges Wollgras *Eriophorum vaginatum* L., Fam. Riedergrasgewächse *(Cyperaceae)*. Mehrjährige Pflanze von 30–60 cm Höhe. Stengel aufrecht, dreikantig. Blätter mit aufgeblasener Blattscheide, am Rande rauh. Stengel nur mit einzelnem Ährchen; zur Fruchtzeit mit auffallenden weißgrauen Haaren. Blütezeit III–IV, Fruchtzeit ab V. Zerstreut in Hochmooren.

(i) Heidelbeere, Blaubeere *Vaccinium myrtillus* L., Fam. Heidekrautgewächse *(Ericaceae)*. Sommergrüner Zwergstrauch von 15–50 cm Höhe mit aufrechten, scharfkantigen, grünen Zweigen. Blätter rundlich-eiförmig. Blüten einzeln oder zu zweien, blattachselständig. Kelch undeutlich, fünflappig; Krone glockig-krugförmig mit stumpfen Zipfeln, nickend, grünlich, etwas blaßrosa überlaufen. Verbreitet in artenarmen Laubwäldern, auf Heiden und in Gebüschen. Blütezeit V–VIII. Vgl. auch 46(g), 92(f), 170(g).

(j) Schatten-Steinbrech *Saxifraga umbrosa* L., Fam. Steinbrechgewächse *(Saxifragaceae)*. Mehrjährige, rosettenbildende Pflanze von 10–40 cm Höhe mit rundlichen, ausgebreiteten, fleischig-lederigen, gestielten Blättern. Blüten in rispigem Blütenstand auf unbeblättertem Stengel. Ursprünglich nur im Mittelmeergebiet, jedoch häufiger als Zierpflanze in Gärten. Blüten V–VIII.

(k) Ausgebreitetes Glaskraut *Parietaria judaica* L., Fam. Brennesselgewächse *(Urticaceae)*. Mehrjährige Pflanze von 5–40 cm Höhe mit aufsteigendem Stengel. Blätter wechselständig, behaart, aber ohne Brennhaare, eiförmig-zugespitzt. Blüten zwittrig oder weiblich, unscheinbar, gedrängt in blattachselständigen Blütenständen. Zerstreut an altem Mauerwerk. In Nordwesteuropa häufiger. Blüten VI–X.

(l) Wald-Habichtskraut *Hieracium sylvaticum* (L.) L., Fam. Korbblütengewächse *(Asteraceae)*. Mehrjährige, aufrechte Pflanze von 30–60 cm. Blätter überwiegend in grundständiger Rosette, nur 1–2 am unverzweigten oder erst im Blütenstand ästigen Stengel, meist mit zwei undeutlichen Spießecken. Blüten in rispig angeordneten Körbchen. Äußerst formenreich. Verbreitet an Mauern, Säumen, in Schotterfluren und Wiesen. Blüten V–VIII. Vgl. auch 62(h), 144(d) und 158(j).

Aufnahme vom 1. Juni. ○ entspricht 1 cm

(a) Damaszener Schwarzkümmel *Nigella damascena* L., Fam. Hahnenfußgewächse *(Ranunculaceae)*. Einjährige Pflanze mit aufrechtem, ästigem Stengel und etwa 15–30 cm Höhe. Blätter 2- bis 3fach fiederteilig, mit langen, schmalen, fast fadenförmigen Abschnitten. Ziemlich selten verwildert, an ruderalen Standorten, meist als Zierpflanze in Gärten. Blüten VI–VIII. Aufnahme vom 1. Juni.

(b) Narzissen-Windröschen, Berghähnlein *Anemone narcissiflora* L., Fam. Hahnenfußgewächse *(Ranunculaceae)*. Mehrjährige Pflanze mit kräftigem, unverzweigtem, aufrechtem Stengel, etwa 20–40 cm hoch. Stengelblätter (3) fast quirlständig. Blüten zu 3–8 in endständiger Dolde. Blütenhülle kahl, weiß. Ziemlich zerstreut. Außerhalb der Alpen sehr selten. Blüten V–VII. Geschützt. Giftig. Aufnahme vom 1. Juni. Vgl. 18(e).

(c) Pyrenäen-Drachenmaul *Horminum pyrenaicum* L., Fam. Lippenblütengewächse *(Lamiaceae)*. Mehrjährige Pflanze von etwa 10–25 cm Höhe. Blätter der grundständigen Rosette rundlich, gestielt, runzlig, grob gekerbt. Blüten in einseitswendigen, quirlständigen Blütenständen. Kronen etwa 20 mm lang, blauviolett oder violett. Auf Steinrasen und Matten. In den Alpen zerstreut bis selten. Blüten VI–VIII. Aufnahme vom 1. Juni.

(d) Trauben-Steinbrech *Saxifraga paniculata* MILL., Fam. Steinbrechgewächse *(Saxifragaceae)*. Mehrjährige Pflanze von 15–30 cm Höhe. Blätter rosettig, starr, dick, gleichmäßig gezähnt, vorne stumpf, ringsum mit Kalkporen besetzt. Blüten in reichblütiger Rispe; Kronen weiß, oft rot punktiert. In Felsspalten und auf Felsschutt der Kalkgebiete; in den Alpen. Blüten V–VIII. Aufnahme vom 1. Juni.

(e) Gold-Fingerkraut *Potentilla aurea* L., Fam. Rosengewächse *(Rosaceae)*. Mehrjährige Pflanze mit liegendem oder aufsteigendem Stengel, etwa 5–20 cm hoch. Grundblätter handförmig geteilt, gestielt; Stengelblätter meist dreizählig. Blüten bis 20 mm breit, goldgelb. Auf Matten, Rasen, in Schneetälchen außerhalb der alpinen Kalkgebiete. Blüten VI–IX. Aufnahme vom 1. Juni.

(f) Rundblättriger Steinbrech *Saxifraga rotundifolia* L., Fam. Steinbrechgewächse *(Saxifragaceae)*. Mehrjährige Pflanzen von etwa 15–60 cm Höhe. Grundblätter langgestielt, rundlich-nierenförmig, grob gezähnt, weichhaarig. Zerstreut in Hochstaudenfluren, Gebüschen und Bergwäldern der Alpen. Blüten VI–IX. Aufnahme vom 4. Juni.

(a) Alpen-Helmkraut *Scutellaria alpina* L., Fam. Lippenblütengewächse *(Lamiaceae)*. Mehrjährige Pflanze mit meist unverzweigtem, kantigem, aufrechtem Stengel, etwa 10–35 cm hoch. Blätter eiförmig, kurzgestielt. Tragblätter der Blüten oft ebenfalls verfärbt. Auf Kiesbänken und Felsschutt, nur in den Seealpen und im Wallis sowie in den Venetianischen Alpen. Blüten VI–X. Aufnahme vom 4. Juni.

(b) Großer Ehrenpreis *Veronica teucrium* L., Fam. Braunwurzgewächse *(Scrophulariaceae)*. Mehrjährige Pflanze von 20–80 cm Höhe. Blüten in langgestielten Trauben, ihre Tragblätter von den übrigen Stengelblättern verschieden. Kronen hellblau. Zerstreut bis selten in Halbtrockenrasen, an Trockengebüschsäumen. Kalkliebend. Blüten VI–VII. Aufnahme vom 4. Juni. Vgl. auch 30(e), 80(a), 128(e) und 186(a).

(c) Alpen-Leinkraut *Linaria alpina* (L.) MILL., Fam. Braunwurzgewächse *(Scrophulariaceae)*. Mehrjährige Pflanze mit liegendem oder bogig aufsteigendem Stengel, etwa 5–10 cm hoch. Kronen violett bis blau oder blauviolett mit orangegelbem Schlund. Oberlippe zweispaltig. In Felsspalten und Schotterfluren. In den Alpen verbreitet. Blüten VI–VII. Aufnahme vom 4. Juni. Vgl. auch 48(b) und 142(f).

(d) Kriechendes Gipskraut *Gypsophila repens* L., Fam. Nelkengewächse *(Caryophyllaceae)*. Mehrjährige Pflanze mit liegendem oder schwach aufsteigendem Stengel, etwa 8–25 cm hoch. Blätter gegenständig. Kronblätter etwas ausgerandet, weiß oder rötlich. In alpinem Moränenschutt und in Felsschuttfluren verbreitet, sonst sehr selten. Blüten V–VIII. Aufnahme vom 4. Juni.

(e) Aufrechter Ziest *Stachys recta* L., Fam. Lippenblütengewächse *(Lamiaceae)*. Mehrjährige Pflanze mit ästigem, aufrechtem, kantigem Stengel, etwa 20–60 cm hoch. Blätter eiförmig-lanzettlich, untere gestielt, obere sitzend. Kelchzähne mit kahler Spitze. Zerstreut in Trockenrasen und an Trockengebüschsäumen. Blüten VI–X. Aufnahme vom 7. Juni. Vgl. auch 66(l).

(f) Karthäuser-Nelke *Dianthus carthusianorum* L., Fam. Nelkengewächse *(Caryophyllaceae)*. Mehrjährige Pflanze mit aufrechtem, dünnem Stengel, etwa 15–45 cm hoch. Blätter schmal, gegenständig, sitzend. Kronblätter purpurn, vorne gezähnt. Verbreitet an trockenwarmen Standorten, in Felsfluren und Steinrasen. Blüten VI–IX. Aufnahme vom 7. Juni. Vgl. auch 152(d).

(a) Wald-Ehrenpreis *Veronica officinalis* L., Fam. Braunwurzgewächse *(Scrophulariaceae)*. Mehrjährige Pflanze von etwa 15–30 cm Höhe mit kriechendem und nur an den blühenden Enden aufsteigendem Stengel. Rauhhaarig. Blätter sehr kurz gestielt, fast sitzend, derb, glänzend-dunkelgrün, verkehrteiförmig bis elliptisch, ganzrandig und stumpf gekerbt. Blüten in langgestielten, blattachselständigen, schlanken Trauben. Kronen hellviolett, dunkler geadert. Verbreitet auf Heiden, Magerrasen, an Säumen und in lichten Wäldern. Blüten VI–VIII.

(b) Dänischer Tragant, Triften-Tragant *Astragalus danicus* RETZ., Fam. Schmetterlingsblütengewächse *(Fabaceae)*. Mehrjährige Pflanze von etwa 8–25 cm Höhe. Blätter unpaarig gefiedert, mit 8–12 Fiederpaaren, graugrün. Blüten in lang gestielten, mindestens zehnblütigen, kopfig-eiförmigen Trauben. Kronen violett; Fahne nur wenig länger als die Flügel. Sehr zerstreut in Halbtrockenrasen. Kalkhold. Blüten V–VI. Vgl. 93(f) und 112(g).

(c) Kleinköpfiger Pippau *Crepis capillaris* (L.) WALLR., Fam. Korbblütengewächse *(Asteraceae)*. Einjährige Pflanze, etwa 15–60 cm hoch, mit ästigem, aufrechtem Stengel. Blätter schrotsägeförmig bis fiederspaltig. Blüten in 1–1,5 cm breiten Körbchen, diese in doldigen Rispen angeordnet. Verbreitet in ärmeren Wiesen und Weiden, auf Parkrasen und an Wegrändern. Blüten VI–X. Vgl. 62(l) und 94(g).

(d) Gemeines Katzenpfötchen *Antennaria dioica* (L.) GAERTN., Fam. Korbblütengewächse *(Asteraceae)*. Ausdauernde, krautige Rosettenpflanze von 5–20 cm Höhe mit aufrechten, weichen, runden, wolligseidig behaarten Blütenkopfstengeln. Blätter der Rosette spatelförmig, oberseits dunkelgrün, unterseits dicht weißfilzig. Stengelblätter schmal-linealisch. Zweihäusig. Männliche Blütenköpfe (Abbildung!) kegelig, weißlich, weibliche länglich, rosa. Verbreitet in Heiden, Magerweiden, Kiefernwäldern und Halbtrokkenrasen. Blüten V–VIII.

(e) Drachenmaul-Salbei *Salvia horminoides* POURRET, Fam. Lippenblütengewächse *(Lamiaceae)*. Mehrjährige Pflanze von 30–80 cm Höhe mit wenig verzweigtem, aufrechtem Stengel. Grundständige Blätter meist weniger als doppelt so lang wie breit. Blüten in entfernt gestellten Scheinquirlen in langer, dünner Scheinähre. Kronen bleiben oft geschlossen. Unterlippe mit weißen Flecken. Trockene Wiesen, Wegränder, Raine. In West- und Südeuropa. Blüten V–VIII.

(f) Purgier-Lein *Linum catharticum* L., Fam. Leingewächse *(Linaceae)*. Einjährige, aufrechte Pflanze von 5–30 cm Höhe mit fadendünnem, zartem, aufrechtem Stengel, der im Bereich des Blütenstandes gabelästig verzweigt ist. Blätter gegenständig. Kronblätter 4–5 mm lang, am Grunde gelb, zur Spitze hin weiß. Verbreitet in feuchten Wiesen, an Rainen und Säumen. Blüten VI–VII. Vgl. 80(j).

(g) Tauben-Skabiose *Scabiosa columbaria* L., Fam. Kardengewächse *(Dipsacaceae)*. Zwei- bis mehrjährige Pflanze mit aufrechtem Stengel, etwa 30–60 cm hoch. Blätter doppelt fiederteilig. Blüten in langgestielten, flachen Blütenköpfen. Kronen lila bis blauviolett, fünfzipflig; Randblüten deutlich vergrößert. Verbreitet bis häufig an Wegrändern, Böschungen, Rainen oder in Trockenrasen. Blüten VI–X.

(h) Wiesen-Salbei *Salvia pratensis* L., Fam. Lippenblütengewächse *(Lamiaceae)*. Mehrjährige, kräftige Pflanze von etwa 30–60 cm Höhe mit aufrechtem, vierkantigem, oben etwas klebrigem Stengel. Blätter gekerbt oder gelappt, runzelig, kurz borstig. Blüten in Scheinquirlen; Kronen blau bis blauviolett, bis 2,5 cm lang, mit gelenkigen Staubblättern und Griffeln, die blütenbesuchende Insekten mit Pollen einstäuben. Verbreitet in trockenen Wiesen und Trockenrasen. Blüten V–VIII. Vgl. 80(e).

(i) Tauben-Storchschnabel *Geranium columbinum* L., Fam. Storchschnabelgewächse *(Geraniaceae)*. Einjährige Pflanze von 10–60 cm Höhe mit aufrechtem, wenigästigem Stengel, anliegend behaart. Blätter tief gespalten, mit schmalen Blattzipfeln. Verbreitet an Rainen und in Unkrautfluren. Blüten VI–VII. Vgl. 36(h), 50(j), 50(k), 54(g) und 60(h).

(j) Dauer-Lein *Linum perenne* L., Fam. Leingewächse *(Linaceae)*. Mehrstengelige, ausdauernde Pflanze, etwa 30–100 cm hoch. Blätter schmal-lanzettlich, wechselständig. Kronen blau, bis 2,5 cm breit; Kelchblätter stumpf, die inneren breiter und länger als die äußeren. Ziemlich selten in Trockenrasen und lichten Kiefernwäldern. Blüten VI–VIII.

(k) Mittlerer Wegerich, Weide-Wegerich *Plantago media* L., Fam. Wegerichgewächse *(Plantaginaceae)*. Ausdauernde Pflanze mit eiförmigen bis elliptischen, dicht kurzhaarigen Blättern in grundständiger Rosette; Blattspreite allmählich in einen sehr kurzen, dicken Blattstiel verschmälert. Blüten an langem, bis 45 cm hohem, unverzweigtem Stengel. Staubfäden weißlich bis lila. Verbreitet in Halbtrockenrasen und auf trockenen Wiesen. Im Norden wesentlich seltener. Blüten V–VI. Vgl. auch 62(k), 82(c) und 104(a).

(l) Geflecktes Ferkelkraut *Hypochoeris maculata* L., Fam. Korbblütengewächse *(Asteraceae)*. Mehrjährige Pflanze von 30–100 cm Höhe. Blätter eiförmig-elliptisch, mit stumpfer Spitze, meist in grundständiger Rosette, seltener 1–2 am Stengel, unregelmäßig gesägt oder, besonders in der Spreitenmitte, gelappt. Blüten in schwefelgelben Blütenköpfen, einzeln auf langem Stengel, bis 5 cm breit. Verbreitet bis zerstreut an trockenen Säumen, Rainen, Wiesen. Blüten VI–VIII. Vgl. 86(g).

Aufnahme vom 4. Juni. ○ entspricht 1 cm

(a) Portland-Wolfsmilch *Euphorbia portlandica* L., Fam. Wolfsmilchgewächse *(Euphorbiaceae)*. Zwei- bis mehrjährige Pflanze von 5–45 cm Höhe. Vielstengelig, blaugrün, manchmal rötlich überlaufen. Blätter sitzend, 0,5–2 cm lang, verkehrt-eiförmig, zugespitzt. Scheindolde 3- bis 6strahlig. Drüsen sichelförmig, mit langgezogenen Spitzen. Auf Weißdünen und Klippen im Küstenbereich. Nur in Irland und Südwestengland. Blüten V–VIII.

(b) Kleinblütiger Frauenspiegel *Legousia hybrida* (L.) DELARBRE, Fam. Glockenblumengewächse *(Campanulaceae)*. Einjährige Pflanze bis 25 cm Höhe. Kelchzipfel länglich-lanzettlich, deutlich länger als die Kronblätter. Krone hellpurpurn bis blaßlila, weitglockig, etwa 6–15 mm breit. Blüten an der Stengelspitze gedrängt. Zerstreut bis selten auf Kalkäckern in Unkrautgesellschaften. Blüten VI–VIII.

(c) Breit-Wegerich, Großer Wegerich *Plantago major* L., Fam. Wegerichgewächse *(Plantaginaceae)*. Mehrjährige Pflanze mit breit eiförmigen bis elliptischen Blättern in grundständiger Rosette. Blattspreite vom Blattstiel scharf abgesetzt, dunkelgrün, kahl, etwas lederig. Blüten in langen, dichten Ähren auf unverzweigtem, aufrechtem oder aufsteigendem Stengel. Sehr häufig an Ruderalstellen. Blüten VI–X.

(d) Feld-Rose, Kriechende Rose *Rosa arvensis* HUDS., Fam. Rosengewächse *(Rosaceae)*. Niederliegender, manchmal auch kletternder Strauch von 50–200 cm Höhe. Blätter unpaarig gefiedert. Im Süden verbreitet und stellenweise häufig in lichten Wäldern und Gebüschen, im Norden sehr zerstreut bis selten. Blüten VI–VII. Vgl. 56(d), 88(b) und 98(a).

(e) Einknollige Honigorchis, Einknolle *Herminium monorchis* (L.) R. BR., Fam. Knabenkrautgewächse *(Orchidaceae)*. Mehrjährige Pflanze mit schlankem, aufrechtem, grüngelbem Stengel. Blätter eiförmig bis lanzettlich. Blüten in verlängerter Ähre, gelblich, spornlos, nach Honig duftend, etwa 5–6 mm lang. Zerstreut bis selten in Moorwiesen und auf Magerrasen. Geschützt. Blüten VI–VII.

(f) Große Sommerwurz *Orobanche elatior* SUTTON, Fam. Sommerwurzgewächse *(Orobanchaceae)*. Mehrjährige, aber nur einmal blühende Schmarotzerpflanze von 30–60 cm Höhe. Ähre dichtblütig. Kronen anfangs rosenrot, später rötlichgelb. Ziemlich selten in Trockenrasen und Trockengebüschen. Mehrere ähnliche, schwer bestimmbare Arten. Blüten VI–VII. Vgl. 108(a).

(a) Saat-Mohn *Papaver dubium* L., Fam. Mohngewächse *(Papaveraceae)*. Einjährige oder einjährig-überwinternde Pflanze von 30–60 cm Höhe mit doppelt fiederteiligen Blättern, nicht stengelumfassend. Krone blaßrot bis rot; Staubblätter linealisch, nicht verdickt, bläulich; Fruchtknoten mit 5–8 Narbenstrahlen. Verbreitet auf Äckern und an trockenen Ruderalstandorten. Stark im Rückgang. Blüten V–VII.

(b) Braunrote Stendelwurz, Strandvanille *Epipactis atrorubens* (HOFFM.) SCHULT., Fam. Knabenkrautgewächse *(Orchidaceae)*. Mehrjährige Pflanze von 30–60 cm Höhe mit aufrechtem Stengel und länglich-eiförmigen Blättern, oft rötlich überlaufen. Blüten purpurviolett bis rotbraun, in einseitswendiger, verlängerter Traube. Ziemlich selten in Trockengebüschen und auf Trockenrasen, auch im Küstenbereich. Blüten VI–VIII. Geschützt!

(c) Graues Felsenblümchen *Draba incana* L., Fam. Kreuzblütengewächse *(Brassicaceae)*. Zwei- oder mehrjährige kleine Pflanze, etwa 10–25 cm hoch, mit aufrechtem, unverzweigtem, stark beblättertem Stengel. Blätter elliptisch-lanzettlich, sitzend, dicht mit ästigen Haaren bedeckt. Kronblätter weiß, 4–5 mm lang. In Felsfluren und an Klippen. Nur in Nordeuropa. Blüten VI–VII.

(d) Breitblättriges Knabenkraut *Dactylorhiza majalis* (RCHB.) HUNT & SUMMERHAYES, Fam. Knabenkrautgewächse *(Orchidaceae)*. Mehrjährige Pflanze, etwa 15–60 cm hoch. Sehr formenreich. Die Abbildung zeigt die Kleinart *Dactylorhiza purpurella,* bei der die Lippe ungeteilt bleibt. In Sumpfwiesen. Nur in Dänemark und auf den Britischen Inseln. Blüten VI–VII.

(e) Krebsschere, Wasseraloe *Stratiotes aloides* L., Fam. Froschbißgewächse *(Hydrocharitaceae)*. Wasserpflanze mit langen, stachelig gesägten, steifen, am Grunde kantigen Blättern in trichteriger Rosette. Tochterrosetten an langen Ausläufern. Frei schwimmend. In stehenden, nährstoffreicheren Gewässern. Vor allem in Nordeuropa verbreitet, sonst ziemlich selten. Blüten VI–VIII.

(f) Austernkraut *Mertensia maritima* (L.) S.F. GRAY, Fam. Rauhblattgewächse *(Boraginaceae)*. Mehrjährige Pflanze, etwa 10–60 cm hoch, mit aufrechtem Stengel und sitzenden, breit-ovalen Blättern. Kahl, blaugrün bereift, etwas fleischig. Blüten rosa, blau oder weiß. An Spülsäumen im Küstenbereich. Nur in Irland, Schottland, Island und Norwegen. Blüten VI–VIII.

Frühsommer (Juni–Juli) Wiesen, Säume, Felsen

(a) Gemeine Akelei *Aquilegia vulgaris* L., Fam. Hahnenfußgewächse *(Ranunculaceae)*. Mehrjährige Pflanze von 30–80 cm Höhe. Blätter doppelt dreizählig mit rundlichen oder stumpf zulaufenden Zipfeln. Grundständige und untere Blätter langgestielt, obere sitzend. Blüten sehr groß, blauviolett, seltener rosa oder weiß, mit 5 langen, gebogenen, hakigen Spornen. Sehr zerstreute, im Norden seltene Pflanze trockener Gebüsche und Säume. Steht unter Naturschutz. Blüten V–VII.

(b) Große Sterndolde *Astrantia major* L., Fam. Doldengewächse *(Apiaceae)*. Mehrjährige Pflanze mit wenig verzweigtem Stengel bis etwa 90 cm Höhe. Grundblätter handförmig geteilt; mittlerer Abschnitt (fast) frei, die seitlichen untereinander ± verwachsen. Hüllblätter der köpfchenartigen Dolde ziemlich derb, ebenso lang wie diese. In Gebüschen und krautreichen Wäldern, gerne auf Kalk. Zerstreut bis ziemlich selten. Blüten VI–VIII.

(c) Kegel-Leimkraut *Silene conica* L., Fam. Nelkengewächse *(Caryophyllaceae)*. Einjährige Pflanze bis etwa 40 cm Höhe mit schmalen, gegenständigen, zugespitzten Blättern. Blüten immer zwittrig; Kelch etwa dreißignervig, nicht netzadrig, kegelig, nur wenig aufgeblasen; Kronblätter hellpurpurn bis rosa, nur wenig länger als der Kelch. Selten in Trockenrasen und anderen wärmeliebenden Standorten. Blüten VI–VII.

(d) Acker-Hahnenfuß *Ranunculus arvensis* L., Fam. Hahnenfußgewächse *(Ranunculaceae)*. Einjährige Pflanze, etwa 30–60 cm hoch, mit reich verzweigtem, aufrechtem oder aufsteigendem Stengel. Blätter an der Basis ungeteilt, keilförmig oder wenig gezähnt; obere in schmale Zipfel gespalten. Blüten 4–10 mm breit, schwefelgelb, auf langen, ungefurchten Blütenstengeln. Zerstreut auf lehmigen Äckern. Blüten V–VII.

(e) Felsen-Fingerkraut, Stein-Fingerkraut *Potentilla rupestris* L., Fam. Rosengewächse *(Rosaceae)*. Ausdauernde Pflanze bis 50 cm Höhe. Grundblätter unpaarig gefiedert, obere Blätter am Stengel dreizählig. Blüten weiß, etwa 1–1,5 cm breit, mit abgerundeten Kronblättern. Ziemlich selten an sonnigen Busch- und Waldsäumen, in warmen Staudenrasen, Felsfluren oder an Mauern. In Südosteuropa häufiger. Blüten V–VII. Vgl. auch 24(c).

(f) Echter Steinklee *Melilotus officinalis* (L.) PALLAS, Fam. Schmetterlingsblütengewächse *(Fabaceae)*. Zweijährige Pflanze von 30–120 cm Höhe mit aufrechtem oder aufsteigendem Stengel. Schmetterlingsblüten in langen, blattachselständigen, schlanken Trauben. Flügel der Blüten länger als das Schiffchen. Verbreitet bis häufig an trockenen, ruderal beeinflußten Standorten wie Schuttstellen, Bahnanlagen und Wegrändern. Blüten VI–IX. Riecht beim Trocknen nach Waldmeister. Ähnlich:
Hoher Steinklee *Melilotus altissima* THUILL., Flügel nur so lang wie das Schiffchen. In Staudenfluren an Ufern und Gräben verbreitet.

(g) Welschmohn *Meconopsis cambrica* (L.) VIG., Fam. Mohngewächse *(Papaveraceae)*. Mehrjährige, aufrechte Pflanze, etwa 30–60 cm hoch, mit ästigem Stengel. Grundständige Blätter fiederteilig, mit keilförmigen Fiederabschnitten, unterseits blaugrün. Spärlich behaart. Alle Teile mit gelbem Milchsaft. In feuchten, meist schattigen Wäldern. Nur in Westeuropa. Dort auch häufig als Zierpflanze in Gärten. Blüten VI–VIII.

(h) Schwarze Tollkirsche *Atropa belladonna* L., Fam. Nachtschattengewächse *(Solanaceae)*. Staude von etwa 50–150 cm Höhe mit eiförmigen, in den Stiel herablaufenden Blättern. Blüten schwarzpurpurn, nickend. Sehr giftig. Lichtpflanze. Auf Schlägen an Säumen und in lichten Wäldern. Blüten VI–VII. Vgl. 178(l).

(i) Kahle Gänsekresse, Turmkraut *Arabis glabra* (L.) BERNH., Fam. Kreuzblütengewächse *(Brassicaceae)*. Aufrechte, unverzweigte, einjährige Pflanze von 60–120 cm Höhe. Grundblätter buchtig-gezähnt oder leierförmig geteilt, Stengelblätter ganzrandig; alle Blätter kahl, blaugrün bereift. Blüten klein, mit gelbweißen Kronblättern. Schoten vierkantig, dem Stengel dicht angedrückt. Zerstreute bis verbreitete Pflanze in Gebüschen, auf Schlägen oder an Säumen. Blüten V–VII.

(j) Steppen-Greiskraut *Senecio integrifolius* (L.) CLAIRV., Fam. Korbblütengewächse *(Asteraceae)*. Ausdauernde, aufrechte Pflanze von 8–25 cm Höhe mit unverzweigtem, nur im Blütenkopfstand ästigem Stengel. Blütenköpfe hellgelb, mit fast kahlen Hüllblättern. Ziemlich selten an Trockengebüschsäumen oder in kontinental getönten Trockenrasen. Blüten V–VII.

(k) Felsen-Venusnabel *Umbilicus rupestris* (SALISB.) DANDY, Fam. Dickblattgewächse *(Crassulaceae)*. Mehrjährige Pflanze mit aufrechtem, meist unverzweigtem Stengel bis etwa 40 cm Höhe. Grundblätter schildförmig, langgestielt, glänzend dunkelgrün. Blüten grünlich-weiß oder rötlich, in langen, blattlosen, schmalen Trauben; Kronblätter zu einer Röhre verwachsen. An Felsen und Mauern. Nur in Süd- und Westeuropa. Blüten V–VII.

(l) Gemeiner Krähenfuß *Coronopus squamatus* (FORSK.) ASCHERS., Fam. Kreuzblütengewächse *(Brassicaceae)*. Einjährige, niederliegende oder aufsteigende Pflanze bis 30 cm Höhe. Blätter sehr tief fiederteilig mit lanzettlichen, gezähnten Abschnitten. Blüten sehr klein, in dicht gedrängten, gegenständigen Trauben. Kronblätter um 1 mm lang. Zerstreut an feuchteren Ruderalstellen. Salztolerant. Blüten V–VIII.

Aufnahme vom 4. Juni. ○ entspricht 1 cm

(a) Bachbunge, Bach-Ehrenpreis *Veronica beccabunga* L., Fam. Braunwurzgewächse *(Scrophulariaceae)*. Ausdauernde Pflanze von 10–50 cm Höhe mit niederliegendem, an den Knoten wurzelndem oder aufsteigendem Stengel, fleischig, markig, drehrund. Blätter gegenständig, dicklich, kahl, breit-elliptisch bis eiförmig, mit stumpfer Spitze, gesägt. Blüten in langgestielten, lockeren Trauben. Kronzipfel hell- oder himmelblau. In den Röhrichten fließender Gewässer verbreitet. Blüten V–VIII. Vgl. 104(i).
(b) Brennender Hahnenfuß *Ranunculus flammula* L., Fam. Hahnenfußgewächse *(Ranunculaceae)*. Mehrjährige, aufrechte, seltener kriechende Pflanze bis etwa 50 cm Höhe. Blätter ungeteilt, langgestielt, löffelförmig, elliptisch, grasgrün. Obere Blätter sitzend. Blüten goldgelb, glänzend, langgestielt, 0,5–2 cm breit. Verbreitet in Sumpfwiesen, an Quellen, Gräben und Ufern. Giftig. Blüten V–IX. Vgl. auch 120(k).
(c) Sumpf-Platterbse *Lathyrus palustris* L., Fam. Schmetterlingsblütengewächse *(Fabaceae)*. Mehrjährige Pflanze mit niederliegendem oder aufsteigendem, teilweise auch rankendem, deutlich geflügeltem Stengel, bis etwa 100 cm hoch. Blätter mit 2–3 Paar elliptischer, graugrüner Fiederblättchen; Endfiedern in Ranken umgewandelt. Blattstiele ungeflügelt. Blüten zu mehreren in wenigblütigen Trauben; Kronen rötlich bis schmutzigblau. Zerstreut in Gräben, Seggenriedern und Sumpfwiesen. Blüten VII–VIII. Vgl. 64(h), 116(k), 154(h).
(d) Wasserfeder, Wasserprimel *Hottonia palustris* L., Fam. Primelgewächse *(Primulaceae)*. Mehrjährige Pflanze von 15–50 cm Höhe. Blätter untergetaucht, kammförmig 1- bis 2fach gefiedert, mit linealischen Abschnitten. Blüten auf langen Stengeln oberhalb des Wassers, mit hellvioletten bis weißlichen Blüten, traubig in 3- bis 6blütigen Quirlen. Verbreitet bis zerstreut in Gräben, Sümpfen und stehenden Gewässern. Blüten V–VII.
(e) Gift-Hahnenfuß *Ranunculus sceleratus* L., Fam. Hahnenfußgewächse *(Ranunculaceae)*. Einjährige Pflanze, bis etwa 100 cm Höhe, mit aufrechtem oder aufsteigendem, reich verzweigtem Stengel, kahl oder nur im oberen Teil behaart, hohl. Obere Blätter dreizählig fiederteilig, untere dreiteilig eingeschnitten, fleischig. Blüten klein, bis 10 mm breit; Kelchblätter (früh abfallend) länger als die Kronblätter. Giftig. Verbreitet in Sumpfwiesen, an Teichen, Ufern und in Wegmulden. Blüten VI–X. Vgl. 22(g).
(f) Wilde Malve, Roßpappel *Malva sylvestris* L., Fam. Malvengewächse *(Malvaceae)*. Mehrjährige Pflanze mit aufsteigendem oder niederliegendem Stengel, bis etwa 30–100 cm hoch. Stengelblätter gelappt. Blüten mit Außenkelch (dreiblättrig), der am Grunde mit den 5 Kelchblättern verwachsen ist. Kronblätter bis 3 cm lang, tief ausgerandet, purpurn mit dunkleren Streifen. Verbreitet an Böschungen und Wegrändern. Heilpflanze. Blüten VI–X.
(g) Gemeines Ferkelkraut *Hypochoeris radicata* L., Fam. Korbblütengewächse *(Asteraceae)*. Mehrjährige, aufrechte Pflanze, etwa 15–60 cm hoch mit mehrköpfigem, verzweigtem Stengel. Stengel blaugrün, kahl. Blüten in 2–3 cm breiten, gelben, flachen Köpfen; breiter als die umgebenden Hüllblätter. Verbreitet in Magerrasen und anderen grasreichen Standorten. Blüten VI–IX.
(h) Wilde Möhre *Daucus carota* L., Fam. Doldengewächse *(Apiaceae)*. Zweijährige Pflanze mit verzweigtem, aufrechtem, behaartem Stengel, etwa 30–80 cm hoch. Blätter mehrfach fiederteilig, mit schmalen, linealischen Endabschnitten. Blüten in vielstrahligen Dolden, in der Mitte mit dunkelpurpurner Möhrenblüte. Verbreitet auf Wiesen und an Wegrändern. Blüten V–X.
(i) Färber-Resede *Reseda luteola* L., Fam. Resedengewächse *(Resedaceae)*. Zweijährige Pflanze bis 120 cm Höhe mit aufrechtem, steifem, unverzweigtem Stengel. Blätter wechselständig, ungeteilt, lanzettlich, kahl. Blüten blaßgelb, vierzählig, in langen, schmalen Trauben. Zerstreut an mäßig trockenen, ruderal beeinflußten Standorten, an Wegen und in Felsschotterfluren. Alte Färberpflanze. Blüten VI–IX. Vgl. 42(k) und 110(e).
(j) Wasser-Sumpfkresse, Wasserkresse *Rorippa amphibia* (L.) Bessl., Fam. Kreuzblütengewächse *(Brassicaceae)*. Mehrjährige Pflanze von 40–120 cm Höhe. Untere Stengelglieder wurzelnd, mit Ausläufern. Grundblätter meist fiederlappig bis fiederteilig; Stengelblätter überwiegend ungeteilt. Zerstreut in Gräben, an Teichen, in stehendem Gewässer oder auf zeitweise trockenen Schlammböden. Blüten V–VIII. Weitere ähnliche Arten:
Gemeine Sumpfkresse *Rorippa palustris* (L.) Bessl., Stengelblätter kurzgestielt und fiederspaltig. Auf Kiesbänken, an Ufern und Teichen. Blüten V–IX.
Wilde Sumpfkresse *Rorippa sylvestris* (L.) Bessl., Stengelblätter fiederspaltig. Kronblätter länger als die Kelchblätter. Verbreitet bis zerstreut auf feuchten Äckern und an Ufern. Blüten V–IX.
(k) Wasser-Braunwurz *Scrophularia auriculata* L., Fam. Braunwurzgewächse *(Scrophulariaceae)*. Aufrechte, mehrjährige Pflanze von 30–100 cm Höhe. Stengel unverzweigt, ebenso wie die Blattstiele geflügelt. Blätter ungeteilt, am Grunde mit 1–2 kleinen Seitenblättchen (Öhrchen), stumpf gekerbt. Kronen dunkel purpurbraun, am Grunde grünlich; nur 4 Staubblätter ausgebildet. Zerstreut bis selten in Bachröhrichten, an Ufern und Gräben. Blüten VI–VIII. Vgl. 112(h) und 178(d).

Aufnahme vom 6. Juni. ○ entspricht 1 cm

(a) Faulbaum *Frangula alnus* MILL., Fam. Kreuzdorngewächse *(Rhamnaceae)*. Winterkahler Strauch bis 1–4 m Höhe mit brüchigen, dornenlosen Zweigen. Blätter wechselständig, ganzrandig, breit-elliptisch, spitz zulaufend. Blattnerven ziemlich gerade, biegen erst am Blattrand um. Blüten unscheinbar, fünfzipflig, grünlich-weiß, einzeln oder in kleinen Büscheln. In nassen Gebüschen, Moorbrüchern, lichten Laubwäldern oder auf Schlägen. Häufig bis verbreitet. Blüten V–VI. Vgl. auch 68(c) und 180(m).
(b) Hunds-Rose, Hecken-Rose *Rosa canina* L., Fam. Rosengewächse *(Rosaceae)*. Winterkahler Strauch von etwa 1,5–3 m Höhe. Blätter mit 5–7 kahlen Teilblättchen. Blütenstiele nicht stieldrüsig; mit hakig umgebogenen Stacheln besetzt. Blüten hellrosa bis blaßrot, etwa 5–6 cm breit, Kelchblätter nach dem Abblühen weit zurückgeschlagen; einzeln oder zu 2–3 in den Blattachseln, Duft nur schwach. Formenreich. Verbreitet bis häufig in wärmeliebendem, lichtem Gebüsch. Blüten VI–VIII. Vgl. 56(d), 82(d), 98(a) und 188(k).
(c) Mannsblut *Hypericum androsaemum* L., Fam. Hartheugewächse *(Hypericaceae)*. Halbstrauch von etwa 50–100 cm Höhe. Stengel deutlich zweikantig, Blätter gegenständig, sitzend, breit-elliptisch, mit stumpfen Enden. Blüten in endständigen, wenigblütigen Blütenständen. Kronblätter gelblich oder rötlich, ungleich groß, punktiert, höchstens so lang wie die Kelchblätter. In feuchten Gebüschen und Hecken, bevorzugt schattige Standorte. Nur in Westeuropa. In Südosteuropa eingebürgert. Blüten VI–VII.
(d) Stein-Eiche *Quercus ilex* L., Fam. Buchengewächse *(Fagaceae)*. Baum bis etwa 15 m Höhe, mit immergrünen, unterseits behaarten Blättern. Meist ganzrandig, häufig jedoch auch gezähnt. Nur im Mittelmeergebiet heimisch, gelegentlich aber in wintermilden Gegenden als Parkbaum gepflanzt. Blüten IV. Formenreich.

(e) Blauer Eisenhut, Sturmhut *Aconitum napellus* L., Fam. Hahnenfußgewächse *(Ranunculaceae)*. Mehrjährige Pflanze von 50–150 cm Höhe mit aufrechtem, behaartem Stengel und großen, wechselständigen, handförmig gelappten oder geteilten Blättern mit schmalen Endzipfeln; unterseits hellgrün, oberseits dunkelgrün-glänzend. Blüten helmförmig, in dichten, endständigen Trauben. Sehr formenreich. Gefährliche Giftpflanze. Geschützt. In Quellfluren, Gebüschen, an Ufern und in Hochstaudenfluren verbreitet. Manchmal auch als Zierpflanze in Gärten. Blüten VI–VIII.
(f) Baum-Lupine *Lupinus arboreus* SIMS., Fam. Schmetterlingsblütengewächse *(Fabaceae)*. Strauch bis etwa 3 m Höhe mit fingerförmig geteilten Blättern. Eingeführt. In England an manchen Stellen verwildert, besonders an der Südküste. Blüten V–IX.
(g) Italienischer Aronstab *Arum italicum* MILL., Fam. Aronstabgewächse *(Araceae)*. Blütenstand hellgelb bis goldgelb, von einer großen, hellgrünen, bis 40 cm hohen Blütenscheide (Spatha) umgeben. Grundständige Blätter pfeilförmig, oft weiß gefleckt. Giftig. In lichten Gebüschen und Wäldern. Hauptverbreitungsgebiet im Mittelmeerraum, stellenweise auch in Westeuropa (Frankreich, Südengland, Kanalinseln). Blüten IV–V. Vgl. 46(b).
(h) Mariendistel *Silybum marianum* (L.) GAERTN., Fam. Korbblütengewächse *(Asteraceae)*. Zweijährige, kräftige Pflanze von 50–150 cm Höhe. Blätter grün und glänzend, oberseits weiß gefleckt und geadert, tief zerteilt; Blattzähne in Dornspitzen auslaufend. Blütenköpfe purpurn, bis 8 cm breit. Heimat Südeuropa. In Mitteleuropa stellenweise eingebürgert oder als Zierpflanze. Blüten VII–VIII.
(i) Wasser-Schwertlilie, Sumpf-Schwertlilie *Iris pseudacorus* L., Fam. Schwertliliengewächse *(Iridaceae)*. Mehrjährige, aufrechte, unverzweigte Pflanze von etwa 60–100 cm Höhe mit langen, schwertförmigen, lanzettlichen Blättern. Äußere Blütenblätter ohne Haarkamm, dunkler gefleckt, abwärts weisend, innere kleiner, hochgestellt. Griffeläste groß, blütenblattartig. Verbreitet in Röhrichten, Gräben, Erlenbrüchern. Geschützt. Blüten V–VI. Vgl. 156(i) und 120(i).
(j) Stachel-Distel, Wege-Distel *Carduus acanthoides* L., Fam. Korbblütengewächse *(Asteraceae)*. Zweijährige, aufrechte Pflanze von 30–100 cm Höhe. Stengel und Köpfchenstiele bis zur Spitze beblättert und (unterbrochen) geflügelt. Blätter unterseits grün, meist kahl, tief fiederspaltig bis gefiedert, mit langen und derben Blattdornen. Köpfchenstiele gekräuselt geflügelt. Köpfchen bis 2 cm breit, purpurn. An trockenen, ruderal beeinflußten Standorten. Nicht allzu häufig, im Westen und Norden ziemlich selten. Blüten VI–IX. Vgl. 98(j), 112(j) und 126(c).

Aufnahme vom 7. Juni. ○ entspricht 1 cm

(a) Gemeiner Wasserdarm *Myosoton aquaticum* (L.) MOENCH., Fam. Nelkengewächse *(Caryophyllaceae)*. Mehrjährige Pflanze mit liegendem oder klimmendem, schlaffem Stengel von 15–120 cm Länge. Blätter gegenständig, sitzend oder kurzgestielt, herzförmig-länglich. Blüten weiß, Kronblätter tief gespalten; Kelch behaart. Verbreitet in Auen, an Gräben und Ufern. Blüten VI–IX. Vgl. auch 14(a), 24(m), 60(a) und 104(g).
(b) Ackerwinde *Convolvulus arvensis* L., Fam. Windengewächse *(Convolvulaceae)*. Mehrjährige Pflanze mit liegendem und windendem Stengel, etwa 20–80 cm lang. Blätter spießförmig oder pfeilförmig, mit zugespitzten Blattöhrchen, wechselständig. Blüten achselständig, nicht von besonderen Vorblättern umhüllt. Blüten trichterig, rot oder mit rötlichen Streifen. Häufig auf Äckern, in Gärten, an Wegrändern und Schuttplätzen. Blüten VI–X. Vgl. 104(c), 150(b).
(c) Strahlenlose Kamille *Matricaria discoidea* DC., Fam. Korbblütengewächse *(Asteraceae)*. Einjährige Pflanze mit aufsteigendem oder ausgebreitetem, ästigem, reichbeblättertem Stengel, etwa 15–40 cm hoch. Blätter doppelt fiederteilig, mit schmalen, länglichen Fiederabschnitten. Blütenköpfe nur mit schmutzig grüngelben Röhrenblüten. Beim Zerreiben von angenehm aromatischem Geruch. Ursprünglich nur in Nordamerika. Eingeschleppt und überall an Wegen, Dämmen, Trittstellen und anderen Standorten verbreitet. Blüten VI–VIII. Vgl. 42(g).
(d) Wiesen-Labkraut, Gemeines Labkraut *Galium mollugo* L., Fam. Rötegewächse *(Rubiaceae)*. Mehrjährige Pflanze mit kantigem Stengel, etwa 30–100 cm hoch, klimmend. Blätter stachelspitzig, zu je 8 quirlständig, Blüten weiß, Kronzipfel zugespitzt. Häufig an Wegrainen, Gebüschen, Ufern, Säumen. Blüten V–IX. Vgl. 36(d), 64(g), 72(a), 126(a) und 134(i).
(e) Gemeine Nachtviole *Hesperis matronalis* L., Fam. Kreuzblütengewächse *(Brassicaceae)*. Zweijährige Pflanze mit aufrechtem, ästigem Stengel, bis etwa 100 cm hoch. Blätter eiförmig-lanzettlich, flach gebuchtet bis gezähnt, kurzgestielt, weiter oben sitzend. Blütenkronen 2–3 cm breit; Kronblätter hellviolett oder violettlila, von angenehmem Duft. Zerstreut in feuchten Gebüschen und Auwäldern. Blüten V–VII. Vgl. 32(f).
(f) Nickendes Leimkraut *Silene nutans* L., Fam. Nelkengewächse *(Caryophyllaceae)*. Aufrechte Pflanze von etwa 30–60 cm Höhe. Stengel am Grunde weichhaarig, weiter oben durch Drüsenhaare klebrig. Blätter gegenständig, breit-lanzettlich, zugespitzt. Blüten weiß; Kronblätter zweispaltig; Kelch schmal-zylindrisch, nicht aufgeblasen. Blüten nur abends und nachts geöffnet. In trockenem Gebüsch und an Säumen. Verbreitet. Blüten V–VIII. Vgl. 54(d) und 76(b).
(g) Berg-Weidenröschen *Epilobium montanum* L., Fam. Nachtkerzengewächse *(Onagraceae)*. Mehrjährige Pflanze von 20–80 cm Höhe mit einfachem oder wenig ästigem Stengel. Blätter wechselständig, lanzettlich, gesägt bis gezähnt, sehr kurzgestielt bis sitzend; Spreite am Grunde abgerundet. Kahl. Kronblätter hellrot bis rot, vorne ausgerandet. Verbreitet in Schlägen und an Säumen. Blüten VI–IX. Vgl. 108(h) und 118(n). Weitere, zum Teil sehr ähnliche Arten sind **Sumpf-Weidenröschen** *Epilobium palustre* L., **Dunkelgrünes Weidenröschen** *Epilobium obscurum* SCHREB. und **Vierkantiges Weidenröschen** *Epilobium adnatum* GRISEB.
(h) Acker-Schmalwand *Arabidopsis thaliana* (L.) HEYNH., Fam. Kreuzblütengewächse *(Brassicaceae)*. Einjährige Pflanze bis 30 cm Höhe. Blätter überwiegend in grundständiger Rosette. Stengelblätter lanzettlich, sitzend. Bringt mehrere Generationen im Jahr hervor. Vgl. auch 14(c).
(i) Ranken-Erdrauch *Fumaria capreolata* L., Fam. Erdrauchgewächse *(Fumariaceae)*. Einjährige Pflanze, etwa 30–100 cm lang, mit kriechenden, liegenden oder klimmenden Stengeln und rankenden Blattstielen. Blätter doppelt dreizählig. Fiederblättchen in mehrere schmale Zipfel geteilt. Blüten in reichblütigen, lockeren Trauben. Kronen vor der Bestäubung weiß, später rosa, an der Spitze dunkelpurpurn. Ziemlich selten und unbeständig in verschiedenen Unkrautgesellschaften. Blüten V–IX. Vgl. 60(l) und 118(b).
(j) Verschiedenblättrige Kratzdistel, Alantdistel *Cirsium helenioides* (L.) HILL., Fam. Korbblütengewächse *(Asteraceae)*. Mehrjährige Pflanze, etwa 50–100 cm hoch, mit reichblättrigem, aufrechtem Stengel. Blätter unterseits auffallend weißfilzig, oberseits matt dunkelgrün, ungeteilt oder fiederspaltig, kurzgestielt. Köpfchen hellpurpurn, länglich, etwa 3–5 cm lang. In Staudenfluren an Bächen und Ufern. Ziemlich selten. Blüten VII–VIII. Vgl. 98(j).
(k) Hasen-Klee *Trifolium arvense* L., Fam. Schmetterlingsblütengewächse *(Fabaceae)*. Einjährige, bis etwa 10–30 cm hohe Pflanze, mit aufsteigendem oder aufrechtem, behaartem Stengel. Blättchen länglich-linealisch, undeutlich zugespitzt oder abgerundet. Blüten sitzend, in länglich-walzlichen Köpfen; Krone weiß oder rötlich, kürzer als der zottig behaarte Kelch. Häufig in Trockenrasen, Sandfluren und Magerrasen. Blüten VI–IX. Vgl. 60(i) und 62(f).
(l) Schmalblättriges Grasschwertel *Sisyrinchium bermudiana* L. EM. FARW., Fam. Schwertliliengewächse *(Iridaceae)*. Kleine, aufrechte, 15–30 cm hohe, mehrjährige Pflanze mit flachem, geflügeltem Stengel. Blätter grasartig, nur 3–4 mm breit. Blüten blauviolett, seltener weiß, am Grunde gelblich. Selten in Moorwiesen. Blüten V–VI.

Aufnahme vom 7. Juni. ○ entspricht 1 cm

(a) Heide-Nelke *Dianthus deltoides* L., Fam. Nelkengewächse *(Caryophyllaceae)*. Mehrjährige, aufrechte Pflanze von 15–40 cm Höhe. Stengel flaumig behaart. Blüten einzeln auf verlängerten Seitenzweigen. Kronblätter an der Spitze gezähnt, purpurn, mit weißen Punkten und dunklem Ring. In Heiden und Magerrasen verbreitet bis zerstreut. Blüten VI–IX. Aufnahme vom 18. Juni. Vgl. 92(b) und 152(d).

(b) Pfingst-Nelke, Felsen-Nelke *Dianthus gratianopolitanus* VILL., Fam. Nelkengewächse *(Caryophyllaceae)*. Mehrjährige Pflanze von 10–25 cm Höhe, mit aufsteigendem oder aufrechtem Stengel. Krone hellpurpurn bis rosa, am Schlund behaart. In Felsfluren und Magerrasen. Geschützt. Ziemlich selten. Blüten VI–VII. Manchmal auch in Gärten. Vgl. 92(a) und 152(d). Aufnahme vom 10. Juni.

(c) Ysop-Blutweiderich *Lythrum hyssopifolia* L., Fam. Blutweiderichgewächse *(Lythraceae)*. Einjährige Pflanze mit aufrechtem Stengel, etwa 7–30 cm hoch. Blätter überwiegend wechselständig, linealisch-lanzettlich. Blüten einzeln, blattachselständig, violettrot. Ziemlich selten und unbeständig an Schlammufern, in Zwergbinsengesellschaften und an Feldrändern. Blüten VII–IX. Vgl. 110(g). Aufnahme vom 10. Juni.

(d) Zickzack-Klee, Mittlerer Klee *Trifolium medium* L., Fam. Schmetterlingsblütengewächse *(Fabaceae)*. Mehrjährige Pflanze, etwa 15–45 cm hoch, mit zickzackförmig geknicktem und gewundenem Stengel. Verbreitet bis zerstreut in wärmeliebendem Trokkengebüsch. Blüten VI–VIII. Aufnahme vom 15. Juni. Vgl. auch 60(i), 62(f) und 118(c).

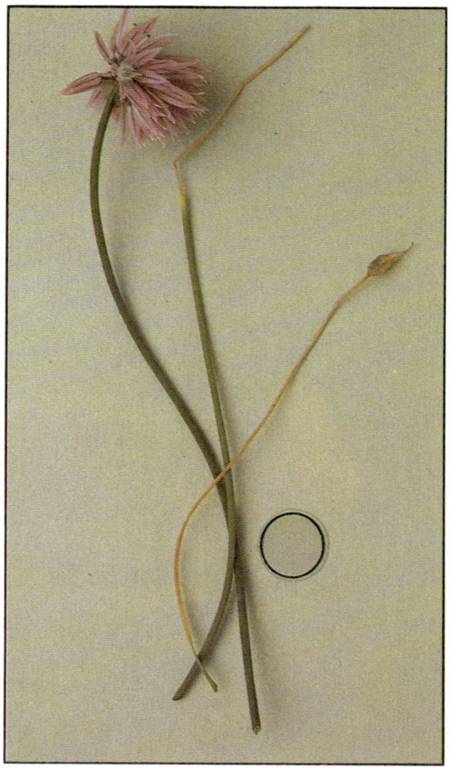

(e) Schnittlauch *Allium schoenoprasum* L., Fam. Liliengewächse *(Liliaceae)*. Mehrjährige Pflanze von 15–30 cm Höhe mit länglichen, weißen Zwiebeln. Blätter linealisch. Ursprünglich auf Flußschotterdünen und an steinigen Ufern. Kulturpflanze, gelegentlich verwildert. Blüten VI–VIII. Aufnahme vom 7. Juni. Vgl. 54(k), 136(a), 142(i), 144(f) und 144(g).

(f) Gemeine Moosbeere *Oxycoccus palustris* PERS., Fam. Heidekrautgewächse *(Ericaceae)*. Immergrüner Zwergstrauch mit niederliegendem, kriechendem, fadendünnem Stengel. Krone tief vierteilig mit zurückgeschlagenen Zipfeln, hellpurpurn oder weißlich. Zerstreut in Hochmooren. Blüten VI–VIII. Aufnahme vom 10. Juni. Vgl. auch 46(g) und 170(f).

(a) Ausdauernder Knäuel *Scleranthus perennis* L., Fam. Nelkengewächse *(Caryophyllaceae)*. Mehrjährige, kleine Pflanze von 5–15 cm Höhe mit liegendem oder aufsteigendem, am Grunde wenig verholztem Stengel. Blüten unscheinbar, mit grünlich-weißen, weißhäutig berandeten Blütenblättern. Verbreitet in Felsfluren und an Trockengebüschsäumen. Im Norden selten. Blüten V–IX. Aufnahme vom 15. Juni.

(b) Felsen-Schuppenmiere *Spergularia rupicola* Le Jolis, Fam. Nelkengewächse *(Caryophyllaceae)*. Mehrjährige, kräftigere Pflanze von etwa 10 cm Höhe, mit aufrechtem oder aufsteigendem, verholztem Stengel, dicht drüsenhaarig. Nebenblätter lang zugespitzt, silberglänzend. Kronblätter länger als die hautrandigen Kelchblätter, rosa oder weißlich. Verbreitet an Küstenfelsen in Westeuropa. Blüten VI–VIII. Aufnahme vom 18. Juni.

(c) Viersamige Wicke *Vicia tetrasperma* (L.) Schreber, Fam. Schmetterlingsblütengewächse *(Fabaceae)*. Einjährige Pflanze mit schwach kantigem, liegendem oder rankendem Stengel. Blätter mit 2–3 Paar Fiederblättchen an der Spitze mit Ranken. Blüten oft einzeln, achselständig, langgestielt. Hülsen viersamig. Verbreitet an Trockensäumen und auf Magerrasen. Blüten VI–VII. Aufnahme vom 7. Juni. Vgl. 42(f).

(d) Schneebeere, Knallerbse *Symphoricarpos rivularis* Suksd., Fam. Geißblattgewächse *(Caprifoliaceae)*. Strauch von 1–2 m Höhe. Zweige dünn, kantig. Blüten bis 0,5 cm lang, glockig, rosa, in endständigen, gedrängten Trauben. Aus Nordamerika eingeführt. Häufig als Zierstrauch gepflanzt, aber auch verwildert. Blüten VII–VIII. Aufnahme vom 17. Juni. Vgl. auch 180(g).

(e) Wiesen-Bocksbart *Tragopogon pratensis* L., Fam. Korbblütengewächse *(Asteraceae)*. Mehrjährige Pflanze von etwa 30–60 cm Höhe mit aufrechtem, kahlem, grasgrünem Stengel. Blätter ungestielt, schmal-linealisch, sitzend bis stengelumfassend. Blüten in großen, bis 5 cm breiten Köpfchen. In Fettwiesen und an Wegrändern. Blüten V–VII. Aufnahme vom 15. Juni. Vgl. auch 22(i).

(f) Seidenzottiger Spitzkiel *Oxytropis halleri* Bunge, Fam. Schmetterlingsblütengewächse *(Fabaceae)*. Ausdauernde Pflanze bis etwa 10 cm Höhe. Blätter mit 10–15 Paar Fiederblättchen. Blüten blau oder purpurn, seltener heller oder weißlich. Selten in Magerrasen und Felsfluren des Berglandes. Nur in Süd- und Westeuropa. Blüten VI–VIII. Aufnahme vom 10. Juni. Vgl. 80(b) und 116(l).

(a) Rotbeerige Zaunrübe *Bryonia dioica* JAQU., Fam. Kürbisgewächse *(Cucurbitaceae)*. Ausdauernde Kletterpflanze von 2–4 m Länge mit biegsamem, längsstreifigem, rankendem Stengel. Blätter gestielt, fünflappig, mit Zipfeln von dreieckigem Umriß. Zweihäusig. Männliche Blüten langgestielt, weibliche kurzstielig in blattachselständigen Doldenrispen. Kronblätter grünlich-weiß gestreift. Giftig. Verbreitet in Säumen von Hecken und Zäunen, an Wegen und Schuttstellen. Blüten VI–VIII. Die Abbildung zeigt eine männliche Pflanze. Vgl. auch 188(j).

(b) Schmalblättriger Doppelsame *Diplotaxis tenuifolia* (L.) DC., Fam. Kreuzblütengewächse *(Brassicaceae)*. Mehrjährige Pflanze von 30–80 cm Höhe mit reichblättrigem, aufrechtem Stengel, ohne Blattrosette. Blätter schmal, bläulichgrün, meist tief fiederteilig. Pflanze riecht beim Zerreiben unangenehm. Blüten in verlängerten Trauben; Kronblätter schwefelgelb, unterseits deutlich heller. Schote im Kelch mit kurzem Stiel. Verbreitet an ruderal beeinflußten Standorten. Blüten V–X. Vgl. 125(b).

(c) Schlaf-Mohn *Papaver somniferum* L., Fam. Mohngewächse *(Papaveraceae)*. Einjährige, kräftige Pflanze von 50–150 cm Höhe mit verzweigtem, rundem, meist kahlem Stengel. Blätter ungeteilt, meist sitzend, halbstengelumfassend, buchtig-gezähnt, blaugrau. Blüten bis 10 cm breit, mit 4 blaßlila, violetten oder weißen Kronblättern. Alte Kulturpflanze, aus deren Samen Öl gewonnen wird. Milchsaft der unreifen Kapsel enthält giftige Alkaloide (Opiate). Blüten VI–VIII. Meist nur als (verwilderte) Zierpflanze. Vgl. 72(b).

(d) Breitblättrige Platterbse *Lathyrus latifolius* L., Fam. Schmetterlingsblütengewächse *(Fabaceae)*. Mehrjährige Pflanze, bis 3 m lang. Blätter einpaarig gefiedert, Stengel und Blattstiele breit geflügelt. Blüten in langgestielten, gedrängten Trauben. Kronen karminrot. Meist nur als Zierpflanze, selten verwildert. Blüten VI–VIII. Vgl. 18(k) und 154 (h).

(e) Gemeiner Nadelkerbel, Venuskamm *Scandix pecten-veneris* L., Fam. Doldengewächse *(Apiaceae)*. Einjährige Pflanze von 10–30 cm Höhe. Blätter klein, 2- bis 3fach gefiedert, Fiederabschnitte mit schmalen, schlanken Zipfeln. Dolden scheinbar gegenständig, 1- bis 3strahlig. Fruchtschnäbel der abgeblühten Blüten sehr lang. Heimat Mittelmeergebiet. Meist nur sehr unbeständig eingeschleppt und dann auf lehmig-tonigen Äckern. Blüten V–VII.

(f) Gemeine Schmerwurz *Tamus communis* L., Fam. Yamswurzelgewächse *(Dioscoreaceae)*. Ausdauernde Pflanze bis etwa 3 m Länge mit dünnem, windendem Stengel. Blätter vielgestaltig, breit herzförmig bis pfeilförmig, am Grunde mit abgerundeten Lappen, vorne schlank zugespitzt. Zweihäusig, männliche Blüten mit glockiger Röhre, weibliche Blüten freiblättrig. Ziemlich selten in Gebüschen und Laubwäldern. Hauptverbreitungsgebiet Südosteuropa. Blüten VI. Vgl. 188(i).

(g) Sumpf-Pippau *Crepis paludosa* (L.) MOENCH, Fam. Korbblütengewächse *(Asteraceae)*. Mehrjährige, aufrechte Pflanze von 50–80 cm Höhe. Untere Blätter länglich, gebuchtet, stengelumfassend, oft bräunlich gefleckt, obere sitzend und fast ganzrandig, kahl. Blüten in 3–4 cm breiten, rispig angeordneten Körbchen. Fruchtknoten mit gelblich-weißen Haaren. Verbreitet in nassen Wiesen, an Ufern, in Quellmooren und Auenwäldern. Blüten VI–VIII. Vgl. 62(l) und 80(c).

(h) Spring-Schaumkraut *Cardamine impatiens* L., Fam. Kreuzblütengewächse *(Brassicaceae)*. Einjährig-überwinternde Pflanze von etwa 10–80 cm Höhe. Stengel schwach vierkantig. Blätter fiederteilig. Blattstiel am Grunde mit zwei pfeilförmigen Öhrchen. Blüten in verlängerten Trauben. Kronblätter länglich, etwa 3–5 mm lang, viel länger als der Kelch, mitunter aber auch fehlend. Zerstreut an Waldwegen und Waldsäumen. Blüten V–VII. Vgl. dazu 20(f), 46(a) und 104(l).

(i) Roter Hornmohn *Glaucium corniculatum* (L.) RUDOLPH, Fam. Mohngewächse *(Papaveraceae)*. Einjährige Pflanze von 20–50 cm Höhe. Blätter tief fiederteilig, Fiederabschnitte nochmals eingeschnitten oder gebuchtet, blaugrün, ziemlich rauhhaarig, mit geflügeltem Blattstiel; obere Blätter sitzend. Blüten 3–5 cm breit, orangerot oder rot; Kronblätter häufig mit schwarzem Grund. Schote linealisch, bis 20 cm lang. Aus dem Mittelmeergebiet verschleppt. Meist ziemlich unbeständig auf Äckern oder an Schuttstellen. Blüten VI–VIII. Vgl. 128(b).

(j) Bärwurz, Bärkümmel *Meum athamanticum* JAQU., Fam. Doldengewächse *(Apiaceae)*. Mehrjährige, aufrechte Pflanze von 15–45 cm Höhe. Blätter meist grundständig, mehrfach fiederteilig mit feinen, fast fadendünnen Fiederabschnitten. Stengel gerieft. Blüten in 2–6 cm breiten, 6- bis 15strahligen Dolden; Kronblätter weiß, gelblich oder rosarot. Hülle fehlend, Hüllchen 3- bis 8blättrig, fadenförmig. Pflanze riecht angenehm aromatisch. Zerstreut bis verbreitet, vor allem in Frischwiesen und Magerrasen des Berglandes. Blüten VI–VII.

Aufnahme vom 11. Juni. ○ entspricht 1 cm

(a) Wiesen-Wachtelweizen *Melampyrum pratense* L., Fam. Braunwurzgewächse *(Scrophulariaceae)*. Einjährige Pflanze von 15–30 cm Höhe mit aufrechtem, verzweigtem Stengel. Blätter linealisch-lanzettlich, gegenständig, rauh, sitzend. Blüten in lockeren, einseitswendigen Ähren. Kronen langröhrig, waagerecht abstehend, gelbweiß; Kelchzähne lanzettlich. Verbreitet an Säumen, in Gebüschen und Heiden. Blüten V–IX. Vgl. auch 160(a).
Ähnlich: **Wald-Wachtelweizen** *Melampyrum sylvaticum* L., mit dreieckigen Kelchzähnen, aufrechten Blüten und kurzröhrigen, gelben Kronen.
Blüten V–VIII.
(b) Wiesen-Platterbse *Lathyrus pratensis* L., Fam. Schmetterlingsblütengewächse *(Fabaceae)*. Mehrjährige Pflanze von 30–100 cm Höhe mit rankendem, schwachem Stengel. Blätter einpaarig gefiedert, Enden in Ranken umgewandelt. Stengel weichhaarig, Blätter kahl. Blüten in gedrängten, langgestielten Trauben; Kronen gelb. Häufig in Fettwiesen, Uferstaudenfluren und Gebüschen. Blüten VI–VIII. Vgl. auch 44(a), 44(d) und 54(b).
(c) Scharfer Mauerpfeffer *Sedum acre* L., Fam. Dickblattgewächse *(Crassulaceae)*. Mehrjährige Pflanze von 5–15 cm Höhe, mit kriechendem oder aufsteigendem Stengel. Blätter klein, dickfleischig, am Grunde gerundet, ohne Sporn, vorne mit stumpfer Spitze, von scharfem Geschmack. Alle Stengel mit Blüten in wenigblütigen Scheindolden; Kronblätter spitz. Verbreitet an Mauern. Blüten VI–VII.
(d) Saat-Luzerne *Medicago sativa* L., Fam. Schmetterlingsblütengewächse *(Fabaceae)*. Mehrjährige Pflanze mit aufrechtem, fast kahlem Stengel, etwa 30–80 cm hoch. Kronen blau oder violett. Häufig kultiviert, verwildert auf trockenen Wiesen und an Rainen. Blüten VI–IX.
(e) Acker-Witwenblume *Knautia arvensis* (L.) COULTER, Fam. Kardengewächse *(Dipsacaceae)*. Ausdauernde Pflanze von 30–80 cm Höhe mit aufrechtem, kurzhaarigem, borstig-zottigem Stengel. Stengelblätter meist fiederspaltig, matt graugrün, gegenständig. Blüten in endständigen Köpfen. Kronen blauviolett. Verbreitet an Wegrainen, in Wiesen und an Feldrändern. Blüten VII–VIII. Vgl. 80(g), 154(g) und 166(e).
(f) Gemeine Braunelle *Prunella vulgaris* L., Fam. Lippenblütengewächse *(Lamiaceae)*. Ausdauernde Pflanze von 5–30 cm Höhe mit aufrechtem, unverzweigtem, vierkantigem Stengel. Blätter kreuzgegenständig, länglich-eiförmig, ganzrandig oder schwach gekerbt. Blüten kopfig gedrängt, endständig; Kronen etwa doppelt so lang wie der Kelch, blauviolett. Verbreitet bis häufig in Parkrasen, auf Wiesen und Weiden. Blüten VI–IX.
(g) Gemeines Helmkraut *Scutellaria galericulata* L., Fam. Lippenblütengewächse *(Lamiaceae)*. Mehrjährige Pflanze von 10–40 cm Höhe mit unverzweigtem, kantigem, aufrechtem Stengel. Blätter eiförmig-lanzettlich bis linealisch-lanzettlich, ringsum mit sehr seichten Zähnen bestanden oder gekerbt. Blüten zu 1–2 blattachselständig; Kronen blauviolett, leicht aufwärts gekrümmt, etwa 12–18 mm lang. Verbreitet an Gräben, Ufern, in Naßwiesen und Brüchern. Blüten VI–IX.
Ähnlich: **Kleines Helmkraut** *Scutellaria minor* HUDS., mit gerader, rotvioletter und nur 6–7 mm langer Krone.
(h) Schwarze Flockenblume *Centaurea nigra* L., Fam. Korbblütengewächse *(Asteraceae)*. Mehrjährige Pflanze von 20–70 cm Höhe mit aufrechtem, ästigem Stengel. Blätter wechselständig, ganzrandig oder mit zwei zugespitzten Lappen im unteren Spreitendrittel. Blüten in kugeligen Köpfen; Randblüten nicht vergrößert. Anhängsel der Hüllblätter lang kammförmig gefranst. Verbreitet auf Magerrasen, in Heiden und an Säumen. Blüten VI–IX. Vgl. 114(h) und 158(e).
(i) Vogel-Wicke *Vicia cracca* L., Fam. Schmetterlingsblütengewächse *(Fabaceae)*. Mehrjährige Pflanze von 30–150 cm Höhe mit aufsteigendem oder klimmendem, angedrückt behaartem Stengel. Blätter mit 8–10 Paar Fiederblättchen; Endfiedern in Blattranken umgewandelt. Blüten etwa 8–11 mm lang, blau- bis rotviolett, zu 5–30 in langgestielter, schlanker Traube, die länger ist als ihr Tragblatt. Häufig bis verbreitet in Wiesen, Gebüschen, Feld- und Ackerrändern. Blüten VI–VIII. Vgl. 36(e), 130(c).
(j) Echte Geißraute *Galega officinalis* L., Fam. Schmetterlingsblütengewächse *(Fabaceae)*. Ausdauernde Pflanze von 60–120 cm Höhe mit wechselständigen, unpaarig gefiederten Blättern; Fiederblättchen gleich groß, ihr Hauptnerv in eine Stachelspitze auslaufend. Nebenblätter sehr klein. Blüten in langgestielten, aufrechten, verlängerten Trauben in den oberen Blattachseln; Fahne und Flügel bläulich-violett, Schiffchen weißlich. Verwildert an Ufern und im Auengebüsch. Blüten VI–VIII. Vgl. 62(g).
(k) Gemeiner Natternkopf *Echium vulgare* L., Fam. Rauhblattgewächse *(Boraginaceae)*. Zweijährige Pflanze von 25–100 cm Höhe mit unverzweigtem, aufrechtem Stengel. Stengel und Blätter mit starren, stechenden Borsten. Blätter wechselständig, länglich-lanzettlich. Blüten mit großer Krone; Kronzipfel ungleich groß, ohne Schlundschuppen, anfangs rosenrot, später blau. Verbreitet bis häufig an trockenen Ruderalstellen. Blüten V–X.
(l) Schwarznessel *Ballota nigra* L., Fam. Lippenblütengewächse *(Lamiaceae)*. Mehrjährige Pflanze von 60–130 cm Höhe mit ästigem, kantigem, behaartem Stengel. Blätter weichhaarig, gekerbt, herz-eiförmig. Krone purpurn; Unterlippe breit, stumpf. An Schuttplätzen, Wegen, Mauern und Säumen. Verbreitet. Blüten VI–VIII.

Aufnahme vom 10. Juni. ○ entspricht 1 cm

(a) Wein-Rose *Rosa rubiginosa* L., Fam. Rosengewächse *(Rosaceae)*. Kurzästiger, gedrungener Strauch von 1–3 m Höhe. Blütenstiele und Blätter (unterseits) mit zahlreichen Drüsen besetzt, die einen intensiven Obst- oder Weinduft abgeben. Stacheln groß, hakig gekrümmt, oft zusätzlich mit Stachelborsten vermischt. Blüten tiefrosa, selten heller, etwa 3–4 cm breit, kurzgestielt. Zerstreut in wärmeliebenden Gebüschen und auf Trokkenrasen. Blüten VI–VII. Vgl. 56(d), 82(d) und 88(b).
(b) Wald-Geißblatt *Lonicera periclymenum* L., Fam. Geißblattgewächse *(Caprifoliaceae)*. Rechtswindender Schlingstrauch von 2–3 m Höhe. Blätter gegenständig, kurzgestielt, elliptisch, ganzrandig, etwas blaugrün, frei, nicht miteinander verwachsen. Blüten in kurzgestielten, blattlosen Köpfen; Kronen tief zweispaltig, innen kahl, außen
(c) Gemeiner Liguster, Rainweide *Ligustrum vulgare* L., Fam. Ölbaumgewächse *(Oleaceae)*. Sommergrüner Strauch bis 5 m Höhe. Blätter etwas lederig, dunkelgrün, teilweise auch wintergrün und bis zum nachfolgenden Frühjahr an den Zweigen, kahl, ganzrandig. Blüten klein, weiß, in endständigen Rispen. Kalkliebend. Verbreitet in wärmeliebendem Gebüsch. Vielfach zu Hecken gepflanzt. Blüten VI–VII. Vgl. auch 188(d).
(d) Windenknöterich, Silberregen *Fallopia aubertii* (L. HENRY) HOL., Fam. Knöterichgewächse *(Polygonaceae)*. Schlingenstrauch mit windendem Stengel, etwa 2–5 m hoch. Blätter wechselständig, gestielt, gekerbt. Blüten in lockeren, endständigen und achselständigen Rispen. Meist als Zierstrauch gepflanzt. Blüten VII–X. Vgl. 150(f), 163(a).
(e) Acker-Rettich, Hederich *Raphanus raphanistrum* L., Fam. Kreuzblütengewächse *(Brassicaceae)*. Einjährige, aufrechte Pflanze von 30–60 cm Höhe. Blätter wechselständig, untere gestielt, leierförmig, fiederteilig, obere sitzend, lanzettlich. Stengel steifhaarig. Blütenkronen hellgelb oder weißlich, mit dunklerem Adernetz. Schoten zwischen den Samen eng eingeschnürt. Wildform von Rettich und Radieschen. Häufig auf sandig-lehmigen Äckern und an Ruderalstellen. Blüten VI–X.
(f) Wilde Rübe *Beta maritima* L., Fam. Gänsefußgewächse *(Chenopodiaceae)*. Ein- oder zweijährige Pflanze von 20–80 cm Höhe mit niederliegendem oder aufsteigendem Stengel. Grundblätter rosettig, Stengelblätter sitzend, ungeteilt, länglich-lanzettlich, oberseits glänzend dunkelgrün. Blüten unscheinbar. Verbreitet an den Spülsäumen und Strandwällen der Küsten. In Deutschland nur auf Helgoland. Blüten VII–IX. Stammpflanze aller kultivierten Rüben.
(g) Echtes Labkraut *Galium verum* L., Fam. Rötegewächse *(Rubiaceae)*. Ausdauernde Pflanze von 15–60 cm Höhe mit niederliegendem oder aufsteigendem Stengel, rundlich. Blätter nadelförmig, oberseits dunkelgrün, unterseits weißlich, zu 8–12 quirlständig. Blüten zitronengelb, in endständigen, reichblütigen Rispen, duften nach Honig. Häufig in Trockenrasen, an Wegen und in Dünen, Blüten VI–IX. Vgl. 64(g) und 126(a).
(h) Gemeiner Rainkohl *Lapsana communis* L., Fam. Korbblütengewächse *(Asteraceae)*. Ein- oder mehrjährige Pflanze von 30–100 cm Höhe mit ästigem, aufrechtem Stengel. Blätter eckig gezähnt, mit größerem Endabschnitt, zum Teil auch leierförmig; obere Blätter einfacher, lanzettlich. Blüten in kleinen gelben Köpfen, nur Zungenblüten. Pflanze führt Milchsaft. Verbreitet an Säumen und in Gebüschen. Stickstoffzeiger. Blüten VI–VIII.
(i) Gemeines Leinkraut, Frauenflachs *Linaria vulgaris* MILL., Fam. Braunwurzgewächse *(Scrophulariaceae)*. Mehrjährige Pflanze mit aufrechtem, meist unverzweigtem Stengel von 20–70 cm Höhe. Blätter wechselständig. Blüten in vielblütiger Traube; Krone mit langem Sporn, hellgelb, Unterlippe mit großem, orangerotem Fleck, etwa 16–30 mm lang. Verbreitet bis häufig an Wegen, Mauern, Bahndämmen und an Äckern. Blüten VI–X. Vgl. 106(j) und 142(f).
(j) Acker-Kratzdistel, Ackerdistel *Cirsium arvense* (L.) SCOP., Fam. Korbblütengewächse *(Asteraceae)*. Mehrjährige Pflanze von 60–120 cm Höhe mit aufrechtem, stark ästigem Stengel. Blätter länglich-lanzettlich, ungeteilt oder buchtig-fiederspaltig, am Rande leicht wellig. Blüten in rispig angeordneten Köpfen. Fruchtknoten mit langen, gefiederten Haaren (Lupe!). Ziemlich häufig auf Äckern, in Gärten, an Wegen und Schuttplätzen. Blüten VII–IX. Vgl. 112(j).
(k) Rauhe Gänsedistel *Sonchus asper* (L.) HILL., Fam. Korbblütengewächse *(Asteraceae)*. Einjährige Pflanze mit aufrechtem, ästigem Stengel von 30–80 cm Höhe. Blätter kahl, länglich, einfach oder gelappt, am Rande dornig gewimpert, die oberen mit anliegenden Öhrchen stengelumfassend, die unteren gestielt. Blütenköpfe goldgelb, bis 2,5 cm breit, zahlreich zu Schirmtrauben angeordnet. Verbreitet auf gedüngten Äckern und in Gärten. Blüten VI–X. Vgl. 98(l), 118(l) und 162(a).
(l) Kohl-Gänsedistel *Sonchus oleraceus* L., Fam. Korbblütengewächse *(Asteraceae)*. Ein- oder zweijährige Pflanze mit aufrechtem, ästigem Stengel von 30–100 cm Höhe. Stengelblätter etwas blaugrün, weich, mit abstehenden Öhrchen stengelumfassend, schrotsägeförmig, fiederspaltig. Auf Äckern und an Ruderalstellen. Blüten VI–X. Vgl. 98(k), 118(l) und 162(a).

Aufnahme vom 15. Juni. ○ entspricht 1 cm

(a) Moosglöckchen *Linnaea borealis* L., Fam. Geißblattgewächse *(Caprifoliaceae)*. Zwergstrauch von 5–15 cm Höhe mit kriechendem Stengel. Blätter immergrün, lederig, wechselständig. Blüten meist zu zweien an einem Blütenstandsstengel, nickend, glockig; Krone glockig, weiß oder schwach rötlich, 1–1,5 cm lang. In nordischen Zwergstrauchheiden. In den Alpen sehr selten. In Skandinavien verbreitet. Blüten VI–VIII.

(b) Schottische Primel *Primula scotica* HOOK., Fam. Primelgewächse *(Primulaceae)*. Mehrjährige, kleine Pflanze bis etwa 10 cm Höhe. Blätter in grundständiger Rosette, ganzrandig, graugrün, weichhaarig. Blüten zu mehreren an aufrechtem Schaft, mit ausgerandeten bis zweispaltigen Kronblättern. Nur in Schottland und auf den Orkney-Inseln. Ähnelt der Mehl-Primel (22[j]), Blüten VI–VIII.

(c) Moltebeere *Rubus chamaemorus* L., Fam. Rosengewächse *(Rosaceae)*. Mehrjährige Pflanze bis 20 cm Höhe mit einfachen, 5lappigen, herzförmigen Blättern. Stengel glatt, ohne Stacheln. Blüten einzeln, weiß, bis 2 cm breit. Pflanze zweihäusig. In Mitteleuropa sehr selten. Arktische Pflanze. In Mooren. Blüten VI. Vgl. 173(f).

(d) Trollblume *Trollius europaeus* L., Fam. Hahnenfußgewächse *(Ranunculaceae)*. Mehrjährige, stattliche Pflanze bis 30–60 cm Höhe mit aufrechtem Stengel und fiederschnittigen, vielzipfligen Blättern. Stengel bis oben beblättert. Blüten einzeln, endständig. Blütenhüllblätter kugelig zusammenneigend. Verbreitet bis zerstreut auf Bergwiesen. Fehlt westlich des Rheins. Blüten V–VI.

(e) Kleines Wintergrün *Pyrola minor* L., Fam. Wintergrüngewächse *(Pyrolaceae)*. Immergrüne kleine Pflanze von 7–20 cm Höhe. Blätter in grundständiger Rosette, lederig, dunkelgrün, ei- bis herzförmig. Blüten in allseitswendigen Trauben; Kronen kugelig geschlossen; Griffel gerade. Zerstreut bis verbreitet in Mooren, Dünen und Gebüschen. Steht unter Naturschutz. Blüten VI–VII.

(f) Moosauge *Moneses uniflora* (L.) A. GRAY, Fam. Wintergrüngewächse *(Pyrolaceae)*. Mehrjährige kleine Pflanze von 5–10 cm Höhe. Blüte einzeln auf blattlosem Stiel, flach ausgebreitet, etwa 1,5–2,5 cm breit, mit weißen Kronblättern. Steht unter Naturschutz. Zerstreut bis selten in Nadelwäldern oder bodensauren Eichenwäldern. Blüten V–VII.

(a) Gemeine Hundszunge *Cynoglossum officinale* L., Fam. Rauhblattgewächse *(Boraginaceae)*. Zweijährige, etwa 30–80 cm hohe Pflanze mit aufrechtem Stengel. Blätter und Stengel weich samtig bis graufilzig; Rosettenblätter groß, eiförmig-länglich, Stengelblätter länglich-lanzettlich, sitzend, etwas herablaufend. Blütenkronen eigenartig braunrot. Zerstreut auf trockenen, ruderal beeinflußten Standorten. Geht stark zurück. Blüten V–VII.

(b) Steifblättriges Knabenkraut *Dactylorhiza incarnata* (L.) Soó, Fam. Knabenkrautgewächse *(Orchidaceae)*. Mehrjährige Pflanze mit deutlich kantigem Stengel, etwa 20–100 cm hoch. Blätter gelbgrün, steif aufrecht, meist ungefleckt. Aus dem Formenkreis dieser Art zeigt die Abbildung die Kleinart *Dactylorhiza praetermissa*, die in Sumpfwiesen und Mooren in Nordwesteuropa zerstreut vorkommt. Blüten VI–VIII. Geschützt!

(c) Breitblättrige Stendelwurz *Epipactis helleborine* (L.) Crantz, Fam. Knabenkrautgewächse *(Orchidaceae)*. Mehrjährige Pflanze bis 60 cm hoch. Blätter groß, meist eiförmig, spiralig gestellt. Formenreich. Die Abbildung zeigt die Kleinart *Epipactis leptochila*, die vorwiegend in Nordwesteuropa verbreitet ist. In Laubwäldern. Blüten VI–VIII. Geschützt! Vgl. auch 83(b), 108(b), 146(a), 146(b) und 172(a).

(d) Echter Fichtenspargel *Monotropa hypopitys* L., Fam. Fichtenspargelgewächse *(Monotropaceae)*. Parasitische, fleischige Pflanze ohne Blattgrün, bleichgelb, nur mit Schuppenblättern. Blüten zu 10–15 in dichter Traube, glockig. Kronblätter etwa 10 mm lang, an der Spitze etwas zurückgeschlagen. Sehr zerstreut in Nadelwäldern, seltener auch in bodensauren Laubwäldern. Blüten VI–VII.

(e) Untergetauchter Scheiberich *Apium inundatum* (L.) Rchb. f., Fam. Doldengewächse *(Apiaceae)*. Mehrjährige Pflanze von 15–60 cm Höhe. Untergetauchte Blätter doppelt gefiedert mit haarfeinen Zipfeln. Blüten in 2- bis 3strahligen Dolden, diese kurzgestielt, blattgegenständig. Ziemlich zerstreut bis selten an Teichrändern und in Gräben. Blüten VI–VII.

(f) Englischer Mauerpfeffer *Sedum anglicum* Huds., Fam. Dickblattgewächse *(Crassulaceae)*. Mehrjährige Pflanze mit liegenden oder aufsteigenden Stengeln, etwa 5 cm hoch. Blüten etwa 12 mm breit, mit weißen oder leicht rosa Kronblättern, in vielblütigen Blütenständen. Nur in Westeuropa. Auf Felsen und Klippen. Blüten VI–VIII. Vgl. 104(d).

(a) Echter Alant *Inula helenium* L., Fam. Korbblütengewächse *(Asteraceae)*. Mehrjährige, kräftige Pflanze von 100–170 cm Höhe. Blätter ziemlich groß, länglich-oval, derb, unregelmäßig gesägt oder gekerbt, oberseits rauh, unterseits filzhaarig. Blütenköpfe einzeln auf langen Stielen, etwa 6–8 cm breit, mit sehr schmalen Zungenblüten; Röhrenblüten leuchtend gelb. Selten verwildert, gelegentlich als Zierpflanze. Blüten VII–VIII.

(b) Schopf-Rapunzel *Physoplexis comosa* (L.) SCHUR., Fam. Glockenblumengewächse *(Campanulaceae)*. Mehrjährige Pflanze mit kurzem, gedrungenem Stengel, etwa 5–15 cm hoch. Blätter verkehrt-eiförmig oder länglich-oval, gekerbt. Blüten zu 10–30 in einem kopfigen Blütenstand; Kronen am Grunde bauchig aufgetrieben, an der Spitze fast geschlossen; hellpurpurn bis dunkelrot. Nur in den Alpen. Blüten VI–VIII.

(c) Gemeine Sommerwurz, Nelken-Sommerwurz *Orobanche caryophyllaceae* SM., Fam. Sommerwurzgewächse *(Orobanchaceae)*. Mehrjährige, aber nur einmal blühende Pflanze von etwa 20–50 cm Höhe. Schmarotzt auf verschiedenen Rubiaceen-Arten (*Galium, Asperula* u. a.). Blüten zahlreich in ährigem Blütenstand; Kronen meist bräunlichrot. Zerstreut in Felsfluren und Trocken-/Halbtrockenrasen. Blüten VI–VII.

(d) Zwerg-Glockenblume *Campanula cochleariifolia* LAMK., Fam. Glockenblumengewächse *(Campanulaceae)*. Kleine, mehrjährige Pflanze von 5–15 cm Höhe mit liegendem oder aufsteigendem, am Grunde behaartem Stengel. Blüten zu wenigen in Trauben, nickend, etwa 15–20 mm lang, blauviolett. Verbreitet in Felsrasen und Steinschuttfluren der Alpen, sonst selten. Blüten VI–IX. Vgl. auch 166(f).

(e) Kochs Enzian, Keulen-Enzian *Gentiana kochiana* PERR. ET SONG., Fam. Enziangewächse *(Gentianaceae)*. Mehrjährige Pflanze von etwa 5–10 cm Höhe. Grundblätter verkehrt-eiförmig bis elliptisch, stumpf, glatt. Kronröhre mit olivgrünen Innenflecken. Zerstreut auf kalkarmen, sauren Matten der Alpen. Blüten VI–VIII. Geschützt. Vgl. auch 74(f).

(f) Motten-Königskerze, Schaben-Königskerze *Verbascum blattaria* L., Fam. Braunwurzgewächse *(Scrophulariaceae)*. Zweijährige Pflanze mit aufrechtem, unverzweigtem Stengel, etwa 60–120 cm hoch. Blüten deutlich langgestielt. Kronen hellgelb, außen vor dem Aufblühen rötlich. Alle Staubblätter violettwollig. Zerstreut bis selten an trockenen Ruderalstellen. Blüten VI–VIII. Vgl. 112(l).

(a) Langähriger Klee, Fuchsschwanz-Klee *Trifolium rubens* L., Fam. Schmetterlingsblütengewächse *(Fabaceae)*. Mehrjährige Pflanze von etwa 30–60 cm Höhe, mit aufrechtem Stengel. Blüten in länglichen, walzigen Köpfen, am Grunde mit Hülle. Kelchröhre außen kahl, Kelchzähne gewimpert. Kronen purpurrot. An trockenwarmen Standorten. Selten. Blüten VI–VII. Vgl. auch 60(i) und 74(e).

(b) Schwarzes Kohlröschen *Nigritella nigra* (L.) RCHB. F.., Fam. Knabenkrautgewächse *(Orchidaceae)*. Mehrjährige, kleine Pflanze von 8–20 cm Höhe. Blätter schmal-linealisch, rinnig gefaltet. Blütenstand sehr dicht, kugelig bis pyramidenförmig. Lippen der Blüten weisen nach oben, tief dunkelrot, fast schwarz. Verbreitet in alpinen Magerrasen, sonst ziemlich selten. Blüten VI–VIII. Geschützt.

(c) Bärtige Glockenblume *Campanula barbata* L., Fam. Glockenblumengewächse *(Campanulaceae)*. Mehrjährige, aufrechte, meist unverzweigte Pflanze von 10–40 cm Höhe. Grundständige Blätter schmal-lanzettlich. Blüten in einseitswendiger Traube. Kelch mit 5 stumpfen Anhängseln. Kronen hellblau bis blaßlila oder weißlich; Kronzipfel innen bärtig. Verbreitet in alpinen Zwergstrauchheiden und Magerrasen. Blüten VI–VIII.

(d) Alpen-Aster *Aster alpinus* L., Fam. Korbblütengewächse *(Asteraceae)*. Mehrjährige Pflanze von 5–15 cm Höhe mit aufrechtem, beblättertem Stengel. Blütenköpfe einzeln (Stengel einblütig), etwa 3–5 cm breit, mit zahlreichen, rotpurpurnen bis rotvioletten Zungen und gelben Röhrenblüten. Verbreitet in alpinen Fels- und Steinschuttfluren. Blüten VI–VIII. Vgl. 126(f) und 168(j).

(e) Zwerg-Simsenlilie *Tofieldia pusilla* (MICHX.) PERS., Fam. Liliengewächse *(Liliaceae)*. Kleine, mehrjährige Pflanze von etwa 5–12 cm Höhe. Blätter grundständig, schwertförmig, zweizeilig reitend, Blüten zahlreich, am Grunde mit 3 kleinen, verwachsenen Blättchen. Selten in Quellmooren und Quellfluren der Alpen. Blüten VI–VII. Vgl. 59(b).

(f) Berg-Hauswurz *Sempervivum montanum* L., Fam. Dickblattgewächse *(Crassulaceae)*. Mehrjährige Pflanze von 5–25 cm Höhe. Blätter in dichter Rosette, schmal, fleischig, zugespitzt, drüsenhaarig. Blüten in lockerem, doldigem Blütenstand; Kronblätter zahlreich (bis 16), purpurrot, sehr selten auch gelblich. Auf Felsen und zwischen Steinschutt in den Alpen. Sehr selten. Blüten VII–IX.

Frühsommer (Juni–Juli) Strandwiesen, Ufer, Sümpfe, Gebüsche

(a) Strand-Wegerich *Plantago maritima* L., Fam. Wegerichgewächse *(Plantaginaceae)*. Mehrjährige Pflanze von 15–40 cm Höhe. Blätter schmal-linealisch, flach oder etwas gerieft, dicklich, schwach nervig, etwas blaugrün–dunkelgrün. Pflanze am Grunde verholzt. Blüten in langer, schlanker Ähre; Kronen bräunlich, Staubblätter goldgelb. Verbreitet auf den Salzwiesen im Küstenbereich, im Binnenland sehr selten. Blüten VI–X. Vgl. 62(k) und 140(d).
(b) Kleiner Klappertopf *Rhinanthus minor* L., Fam. Braunwurzgewächse *(Scrophulariaceae)*. Einjährige Pflanze von 15–40 cm Höhe mit aufrechtem, unverzweigtem Stengel. Blätter kahl, schmal-lanzettlich, sitzend, gegenständig, gesägt. Blüten einzeln in den Blattachseln; Blütenröhre fast gerade; Zähne der Oberlippe oft weißlich. Formenreich. In feuchten Wiesen und Magerrasen. Verbreitet. Blüten V–VIII. Vgl. 66(k) und 125(f).
(c) Strand-Winde *Calystegia soldanella* (L.) R. ET SCH., Fam. Windengewächse *(Convolvulaceae)*. Ausdauernde Pflanze von 10–50 cm Länge mit niederliegendem, kaum windendem Stengel. Blätter dunkelgrün, glänzend, nierenförmig, langstielig, etwas fleischig. Blüten groß, trichterförmig, rötlich mit weißen Mittelstreifen. Kelch von 2 Vorblättern eingeschlossen. An sandigen Standorten der Küsten, vor allem in Weißdünen. Zerstreut. Häufiger im Mittelmeergebiet. Blüten VII–VIII. Vgl. 90(b) und 150(b).
(d) Weiße Fetthenne *Sedum album* L., Fam. Dickblattgewächse *(Crassulaceae)*. Ausdauernde Pflanze von 5–20 cm Höhe mit walzigen, graugrünen oder rötlich überlaufenen, beiderseits gewölbten Blättern. Stengel niederliegend oder aufsteigend, nur mit blühenden Zweigen. Blüten weiß, in reichblütigen Blütenständen. Zerstreut bis selten an sandigen Ruderalstellen, in Fels- und Schotterfluren. Blüten VI–VII. Vgl. auch 101(f).
(e) Großes Hexenkraut *Circaea lutetiana* L., Fam. Nachtkerzengewächse *(Onagraceae)*. Mehrjährige Pflanze von 20–70 cm Höhe mit aufsteigendem oder aufrechtem Stengel. Blätter gegenständig, breit herz- bis eiförmig, schwach gezähnt oder gebuchtet; Blattstiele ringsum weichhaarig. Blüten in endständiger Traube; Kronblätter weißlich oder schwach rosa; am Grunde mit großer, dunkler Nektarscheibe um den Griffel. Früchte mit langen Hakenborsten. Verbreitet in krautreichen Wäldern und an Säumen. Blüten VI–VIII.
(f) Kuckucks-Lichtnelke *Lychnis flos-cuculi* L., Fam. Nelkengewächse *(Caryophyllaceae)*. Ausdauernde Pflanze mit schlankem, aufrechtem, erst im Blütenstand ästigem Stengel. Blätter sitzend, gegenständig, etwas rauhhaarig, schmal-lanzettlich. Blüten tief vierspaltig, fleischfarben bis hellpurpurn. Kelch längsstreifig. Häufig bis verbreitet in feuchten Wiesen. Blüten V–VII. Vgl. auch 34(h), 54(d) und 54(g).
(g) Quellen-Hornkraut *Cerastium fontanum* BAUMG., Fam. Nelkengewächse *(Caryophyllaceae)*. Ausdauernde Pflanze mit liegendem, aufsteigendem oder aufrechtem Stengel, kahl oder dichthaarig. Blätter länglich-eiförmig bis lanzettlich. Zerstreut in Magerwiesen oder -rasen. Oft als Kleinart des Gemeinen Hornkrautes *(Cerastium holosteoides)* aufgefaßt. Blüten IV–VII. Vgl. auch 14(a), 24(m), 18(d), 60(a) und 170(c).
(h) Sumpf-Vergißmeinnicht *Myosotis palustris* (L.) L., Fam. Rauhblattgewächse *(Boraginaceae)*. Mehrjährige Pflanze mit aufsteigendem oder aufrechtem, kantigem Stengel. Blätter länglich-lanzettlich, behaart; Haare vorwärts gerichtet oder anliegend. Verbreitet in nassen Wiesen, Röhrichten und an Ufern. Blüten VI–IX. Vgl. auch 34(b), 34(e) und 176(a).
(i) Gauchheil-Ehrenpreis, Wasser-Ehrenpreis *Veronica anagallis-aquatica* L., Fam. Braunwurzgewächse *(Scrophulariaceae)*. Mehrjährige Pflanze mit aufsteigendem oder aufrechtem, kantigem, hohlem oder markigem Stengel. Blätter lanzettlich, halbstengelumfassend, schwach gesägt. Blüten in kurzgestielten, blattachselständigen Trauben. Verbreitet in Bachröhrichten, an Ufern und Gräben. Blüten VI–X. Vgl. auch 86(a).
(j) Knotenblütiger Scheiberich *Apium nodiflorum* (L.) LAG., Fam. Doldengewächse *(Apiaceae)*. Mehrjährige Pflanze mit aufrechtem Stengel, bis etwa 30–60 cm hoch. Alle Blätter einfach gefiedert. Fiederblättchen eiförmig bis lanzettlich, ziemlich gleichmäßig gekerbt. Dolden nur wenigstrahlig, mit 1–2 Hüllblättern sehr kurz gestielt oder sitzend. Ziemlich selten im Röhricht langsam fließender oder stehender Gewässer, auch an salzhaltigen Gräben und Prielen. Blüten VI–IX. Vgl. 101(l).
(k) Berle, Schmalblättriger Merk *Berula erecta* (HUDS.) COVILLE, Fam. Doldengewächse *(Apiaceae)*. Ausdauernde Pflanze von 30–80 cm Höhe mit aufrechtem, stielrundem, gestreiftem Stengel. Blätter gefiedert; Fiederblättchen kurzgestielt, oval, gekerbt oder gesägt. Dolden blattgegenständig, vielstrahlig. Blüten weiß. Frucht eiförmig. Zerstreut bis verbreitet im Röhricht von Bächen und Gräben, mitunter auch in tieferem Wasser. Blüten VI–IX.
(l) Gemeine Brunnenkresse *Nasturtium officinale* R. BR., Fam. Kreuzblütengewächse *(Brassicaceae)*. Ausdauernde, wintergrüne Wasserpflanze von 5–80 cm Länge mit teils untergetauchtem, teils kriechendem, aufrechtem Stengel. Blätter wechselständig, dunkelgrün, fleischig, gefiedert, mit 2 Paar sitzenden Seitenfiedern und sehr großer endständiger Fieder. Blüten klein, in vielblütigen Trauben. Zerstreut in und an Bächen und Gräben. Blüten V–X.

Aufnahme vom 19. Juni. ○ entspricht 1 cm

(a) Fuchssches Knabenkraut *Dactylorhiza fuchsii* (DRUCE) Soó, Fam. Knabenkrautgewächse *(Orchidaceae)*. Aufrechte Pflanze von 10–70 cm Höhe. Blätter meist alle gefleckt. Unterstes Blatt breit elliptisch, stumpflich. Übrige Blätter lanzettlich. Lippe der Blüte tief dreispaltig, mit vorgezogenem, spitzen Mittellappen. Formenreich. Verbreitet bis zerstreut auf frischen bis nassen Wiesen. Geschützt. Blüten VI–VII.

(b) Große Händelwurz *Gymnadenia conopsea* (L.) R. BR., Fam. Knabenkrautgewächse *(Orchidaceae)*. Aufrechte Pflanze von etwa 20–60 cm Höhe. Blätter grasgrün, schmal-lanzettlich bis linealisch. Blüten mit dünnem, fadenförmigem, ziemlich langem Sporn. Blütenlippe dreilappig, die Lappen etwa von gleicher Größe. Zerstreut in Halbtrockenrasen, Flach- und Quellmooren, lichten Wäldern. Kalkliebend. Geschützt. Blüten V–VIII.

(c) Großes Zweiblatt *Listera ovata* (L.) R. BR., Fam. Knabenkrautgewächse *(Orchidaceae)*. Kräftige Pflanze, 20–50 cm hoch, dicker, aufrechter Stengel. Nur 2 gegenständige, breit-elliptische bis eiförmige Stengelblätter. Blüten in vielblütiger Traube; Lippen ohne Sporn, ziemlich lang, tief zweispaltig, grünlichgelb. Verbreitet bis zerstreut in Laub- und Laubmischwäldern. Blüten V–VI. Ähnlich:

Kleines Zweiblatt *Listera cordata* (L.) R. BR., kleinere Pflanze, ziemlich zart, mit herzförmig-dreieckigen Blättern, Blüten V–VII. Beide Arten geschützt.

(d) Pyramiden-Spitzorchis *Anacamptis pyramidalis* (L.) L. C. RICH., Fam. Knabenkrautgewächse *(Orchidaceae)*. Pflanze bis 50 cm hoch, mit aufrechtem Stengel und linealisch-lanzettlichen Blättern. Blüten leuchtend purpurrot, in spitzkegeliger Traube. Blüten VI–VII. Ziemlich selten in Kalkgebieten. Steht unter Naturschutz. Aufnahme vom 19. Juni.

(e) Zweiknotiger Krähenfuß *Coronopus didymus* (L.) SM., Fam. Kreuzblütengewächse *(Brassicaceae)*. Ein- oder zweijährige Pflanze mit aufrechtem Stengel, etwa 10–30 cm hoch. Blätter wechselständig, rhombisch, fiederspaltig. Blüten in blattachselständigen Trauben. Kronblätter kürzer als Kelch oder fehlend, weiß. Selten in Trittgesellschaften an Wegen und zwischen Pflastersteinen. Blüten VI–VIII. Vgl. 84(l).

(f) Verwachsenblättriger Bitterling *Blackstonia perfoliata* (L.) HUDS., Fam. Enziangewächse *(Gentianaceae)*. Zierliche, aufrechte, einjährige Pflanze von 10–40 cm Höhe. Blätter blaugrün, breit eiförmig bis dreieckig, paarweise miteinander verwachsen. Grundblätter frei, rosettig. Kronblätter länglich, goldgelb. Selten. An Wegen und in Kalkmagerrasen. Blüten VI–VIII.

(g) Gemeiner Augentrost *Euphrasia officinalis* L., Fam. Braunwurzgewächse *(Scrophulariaceae)*. Einjährige Pflanze von 5–30 cm Höhe. Blüten weiß oder weiß-violett; Unterlippe dreilappig, Oberlippe zweilappig, helmförmig. Halbschmarotzer. Heilpflanze. Häufig in Grasgesellschaften. Blüten VI–X. Sehr formenreich.

(h) Wald-Erdbeere *Fragaria vesca* L., Fam. Rosengewächse *(Rosaceae)*. Ausdauernde Pflanze mit dickem Wurzelstock und langen Ausläufern. Blüten in vielblütigen Rispen auf aufrechtem Blütenstengel. Verbreitet an Waldsäumen und Waldwegen. Blüten V–VI. Vgl. auch 36(g), 24(i) und 84(e).

(i) Kriechende Hauhechel *Ononis repens* L., Fam. Schmetterlingsblütengewächse *(Fabaceae)*. Mehrjährige Pflanze von 30–60 cm Höhe mit liegendem, kriechendem Stengel. Dornenlos oder nur zerstreut dornig. Blätter dreizählig; Blättchen vorne abgerundet. Blüten meist einzeln in den Blattachseln; Kronen rosenrot oder hellrosa. Verbreitet in wechseltrockenen Wiesen und Weiden. Blüten VI–VII. Vgl. 120(a).

(j) Purpur-Leinkraut *Linaria purpurea* (L.) MILL., Fam. Braunwurzgewächse *(Scrophulariaceae)*. Mehrjährige Pflanze mit aufrechtem, unverzweigtem Stengel bis etwa 60 cm Höhe. Blüten in endständiger Traube; Kronen violettrot oder purpurn. Gartenzierpflanze, gelegentlich auch verwildert. Blüten VI–VIII. Vgl. auch 98(i) und 142(f).

(k) Alpen-Frauenmantel *Alchemilla alpina* L., Fam. Rosengewächse *(Rosaceae)*. Mehrjährige Pflanze mit aufrechtem Stengel, etwa 10–20 cm hoch. Blätter rundlich; handförmig in 5–7 Abschnitte bis zum Grunde geteilt. Blüten zahlreich, grünlich-gelb. Nur in alpinen (arktischen) Magerrasen. Blüten VI–VIII. Vgl. 36(j), 68(i) und 68(j).

(l) Hügel-Meier *Asperula cynanchica* L., Fam. Rötegewächse *(Rubiaceae)*. Ausdauernde Pflanze bis etwa 5–30 cm Höhe, vielstengelig, ausgebreitet. Blätter schmal-linealisch, meist zu 3 wirtelig. Krone meist vierspaltig, weißlich bis rosa, außen rauh. Blüten endständig. Zerstreut bis selten an Säumen trockener Wälder, in Trockenrasen und Halbtrockenrasen. Blüten VI–IX.

(m) Pfennig-Gilbweiderich, Pfennigkraut *Lysimachia nummularia* L., Fam. Primelgewächse *(Primulaceae)*. Ausdauernde Pflanze mit weit kriechendem Stengel, etwa 10–50 cm lang. Blätter rundlich oder elliptisch, stumpf, gegenständig. Blüten einzeln, blattachselständig. Verbreitet in nassen Wiesen, an Ufern und in Auen. Blüten V–VII. Vgl. 46(k).

Aufnahme vom 22. Juni. ○ entspricht 1 cm

(a) Kleine Sommerwurz *Orobanche minor* SM., Fam. Sommerwurzgewächse *(Orobanchaceae).* Ein- oder mehrjährige Schmarotzerpflanze von 10–50 cm Höhe. Stengel meist vom Grund an mit Blüten. Pflanze meist hellrötlichgelb. Blütenkrone gelblichweiß, rötlich oder lila gestreift oder überlaufen. Narben purpurn oder violett. Auf verschiedenen Schmetterlingsblütlern. Sehr zerstreut. Blüten VI. Aufnahme vom 20. Juni.

(b) Breitblättrige Stendelwurz *Epipactis helleborine* (L.) CRANTZ., Fam. Knabenkrautgewächse *(Orchidaceae).* Mehrjährige Pflanze mit aufrechtem Stengel, bis etwa 60 cm hoch. Formenreich. Die Abbildung zeigt die Kleinart *Epipactis helleborine* mit dunkelgrünen Blättern und abstehenden, oft rötlich überlaufenen Blüten. Verbreitet in Gebüschen. Geschützt. Aufnahme vom 25. Juni. Vgl. 83(b), 101(c), 146(a) und 172(a).

(c) Ohnhorn, Männchenorchis *Aceras anthropophorum* (L.) AIT., Fam. Knabenkrautgewächse *(Orchidaceae).* Pflanze von etwa 20–35 cm Höhe. Blätter länglich-lanzettlich, bläulichgrün. Blüten zahlreich an langer, schlanker Ähre. Blütenhüllblätter gelbgrün. Ziemlich selten in Trockengebüschen und Kalktrockenrasen. Geschützt. Blüten V–VI. Aufnahme vom 18. Juni.

(d) Bienen-Ragwurz *Ophrys apifera* HUDS., Fam. Knabenkrautgewächse *(Orchidaceae).* Mehrjährige Pflanze von 20–60 cm Höhe mit lanzettlichen Blättern. Blüten zu 3–10 in lockerer Traube; Deckblätter länger als der Fruchtknoten. Äußere Blütenhüllblätter weiß, rosa oder rot. Geschützt! In Trockenrasen und lichten Kiefernwäldern. Sehr zerstreut. Blüten V–VI. Aufnahme vom 18. Juni.

Frühsommer (Juni–Juli)
Wiesen, Weiden, Raine, Gebüsche

(e) Mauerlattich *Mycelis muralis* (L.) DUM., Fam. Korbblütengewächse *(Asteraceae).* Mehrjährige Pflanze mit aufrechtem, im oberen Teil ästigem Stengel, etwa 60–80 cm hoch. Untere Blätter gestielt, obere sitzend; leierförmig, mit großem Endabschnitt. Mit Milchsaft. Blüten in kleinen, flachen Körbchen, lockere Rispen. Verbreitet. Blüten VII–VIII.

(f) Roter Fingerhut *Digitalis purpurea* L., Fam. Braunwurzgewächse *(Scrophulariaceae).* Zwei- oder mehrjährige Pflanze mit aufrechtem, unverzweigtem Stengel, etwa 40–150 cm hoch. Blätter der grundständigen Rosette eiförmig-lanzettlich, ungeteilt, graufilzig; Stengelblätter kleiner, sitzend. Blütenkrone glockig, hellrot bis purpurn. Sehr giftig. Zerstreut, aber gesellig im Waldgebiet. Blüten VI–IX.

(g) Pastinak *Pastinaca sativa* L., Fam. Doldengewächse *(Apiaceae).* Zweijährige Halbrosettenpflanze mit kantig gefurchtem, behaartem Stengel, etwa 30–100 cm hoch. Blätter einfach gefiedert mit 8–9 Fiederpaaren; Fiederabschnitte eiförmig-länglich, gesägt, dunkelgrün. Blüten klein; Kronen dotter- oder chromgelb, in flachen, vielstrahligen Dolden. Verbreitet in Unkrautfluren. Blüten VI–IX. Vgl. 48(g).

(h) Schmalblättriges Weidenröschen *Epilobium angustifolium* L., Fam. Nachtkerzengewächse *(Onagraceae).* Ausdauernde Pflanze von 60–120 cm Höhe mit steif aufrechtem, unverzweigtem, rundem Stengel. Blätter sitzend, weich, schmal-lanzettlich, zugespitzt, fast ganzrandig, überwiegend wechselständig. Blüten vierzählig, in langen spitzkegeligen Trauben. An Rainen und Schlägen. Blüten VI–VIII.

(i) Natterkopf-Bitterkraut *Picris echioides* L., Fam. Korbblütengewächse *(Asteraceae).* Einjährige Pflanze von etwa 30–60 cm Höhe. Blätter rauhborstig; untere verkehrt-eiförmig, obere herzförmig stengelumfassend. Äußere Hüllblätter der Blütenköpfe stark vergrößert, herzförmig bis eiförmig, bilden eine auffällige Außenhülle. Eingeschleppt. Zerstreut bis selten auf Äckern und an Schuttstellen. Blüten VI–VIII. Vgl. 160(j).

(j) Hohe Rauke, Ungarische Rauke *Sisymbrium altissimum* L., Fam. Kreuzblütengewächse *(Brassicaceae).* Einjährige Pflanze mit aufrechtem Stengel, bis etwa 40–60 cm hoch. Blätter fiederschnittig bis gefiedert, untere gestielt, obere sitzend, mit feinen, schmalen Abschnitten. An trockenen Ruderalstellen. Blüten V–VII. Vgl. 42(b) und 62(j).

(k) Kleinblütige Königskerze *Verbascum thapsus* L., Fam. Braunwurzgewächse *(Scrophulariaceae).* Zweijährige Pflanze mit aufrechtem, kräftigem, unverzweigtem Stengel bis etwa 170 cm Höhe. Blätter weißwollig. Blütenkrone weit-trichterig, bis über 20 mm breit, hellgelb, nur selten weißlich; längere Staubblätter (fast) kahl, die übrigen wollig. Zerstreut an Schlägen, Wegrändern, Rainen. Blüten VII–VIII. Vgl. 112(l).

(l) Acker-Schotendotter *Erysimum cheiranthoides* L., Fam. Kreuzblütengewächse *(Brassicaceae).* Aufrechte Pflanze mit oberwärts ästigem Stengel, etwa 15–60 cm hoch, einjährig. Blüten gelb, 4–9 mm breit. Schoten 2- bis 3mal so lang wie ihre Stiele, etwa 1,5–3 cm lang. Verbreitet auf Äckern und an Ruderalstandorten. Blüten V–IX.

(m) Nickende Distel *Carduus nutans* L., Fam. Korbblütengewächse *(Asteraceae).* Zweijährige Pflanze bis 30–100 cm Höhe. Stengel teilweise dornspitzig geflügelt. Blätter fiederspaltig. Blüten in großen, bis 7 cm breiten, nickenden Köpfen. Zerstreut an ruderal beeinflußten Standorten, in Magerrasen und auf Weiden. Blüten VI–IX.

Aufnahme vom 22. Juni. ○ entspricht 1 cm

Sommer (Juni–Juli)
Wiesen, Raine, Gebüsche

(a) Bleiches Waldvöglein *Cephalanthera damasonium* (MILL.) DRUCE, Fam. Knabenkrautgewächse *(Orchidaceae)*. Mehrjährige Pflanze mit unverzweigtem, aufrechtem, beblättertem Stengel. Blüten zu 3–8 in gedrängter Traube, gelblich-weiß, Lippe innen rötlich-gelb. Kalkliebend. Ziemlich selten bis zerstreut in Gebüschen und Wäldern. Blüten V–VI. Geschützt. Vgl. 29(e). Aufnahme vom 20. Juni. Geschützt.

(b) Grünliche Waldhyazinthe *Platanthera chlorantha* (CUST.) RCHB., Fam. Knabenkrautgewächse *(Orchidaceae)*. Mehrjährige Pflanze mit aufrechtem, unverzweigtem Stengel, etwa 20–60 cm hoch. Blätter grundständig, hellgrün, lanzettlich. Blüten in lockerer Traube, Staubbeutelfächer (Pollinien) nicht parallel, sondern im Winkel zueinander. Zerstreut auf Wiesen und in Gebüschen. Blüten V–VII. Aufnahme vom 24. Juni. Geschützt.

(c) Nestwurz *Neottia nidus-avis* (L.) L. C. RICH., Fam. Knabenkrautgewächse *(Orchidaceae)*. Mehrjährige Pflanze. Blattgrün nur in Spuren vorhanden, von bräunlich-gelbem Pigment überdeckt. Blüten in vielblütiger Ähre. Zerstreut in Laubwäldern, vor allem Buchenwäldern. Blüten V–VII. Geschützt. Aufnahme vom 24. Juni. Vgl. 36(i), 82(f) und 108(a).

(d) Geflecktes Knabenkraut *Dactylorhiza maculata* (L.) SOÓ, Fam. Knabenkrautgewächse *(Orchidaceae)*. Pflanze mit aufrechtem, unverzweigtem Stengel, etwa 10–60 cm hoch. Alle Blätter lanzettlich, spitz, mit dunklen Flecken. Lippe der Blüte breit. Formenreich. Zerstreut in Wiesen, Magerrasen, an Säumen und in Gebüschen. Blüten V–VIII. Geschützt. Aufnahme vom 28. Juni.

(e) Weiße Resede *Reseda alba* L., Fam. Resedengewächse *(Resedaceae)*. Ein- oder mehrjährige Pflanze von 30–80 cm Höhe, kahl, mit aufrechtem, im oberen Teil ästigem Stengel. Blätter tief fiederteilig, mit 5–15 Paar schmalen Fiederblättchen, am Rande kraus-wellig. Blüten weiß, in langer, ährenförmiger Traube. Heimat Südeuropa. Gelegentlich eingeschleppt und unbeständig in Unkrautfluren an Schuttstellen und auf Ödland. Auch im Küstenbereich. Blüten V–IX. Vgl. 42(k) und 86(i).

(f) Moschus-Malve *Malva moschata* L., Fam. Malvengewächse *(Malvaceae)*. Mehrjährige Pflanze mit aufrechtem, ästigem Stengel, etwa 20–80 cm hoch. Stengelblätter bis fast zum Grund handförmig eingeschnitten, gestielt. Außenkelchblätter lanzettlich bis linealisch, am Grunde verschmälert. Stengel und Blätter mit einfachen Haaren besetzt, nur am Kelch auch Sternhaare. Blüten einzeln in den Blattachseln oder am Stengelende gehäuft. Zerstreut auf Wiesen und in Trockenrasen. Blüten VI–X. Vgl. 86(f) und 136(h).

(g) Gemeiner Blutweiderich *Lythrum salicaria* L., Fam. Blutweiderichgewächse *(Lythraceae)*. Mehrjährige Pflanze mit aufrechtem, unverzweigtem, kantigem Stengel, etwa 50–100 cm hoch. Blätter kreuzgegenständig, lanzettlich. Blüten quirlständig in langen, vielblütigen Ähren. Staubblätter unterschiedlich lang. Kronblätter purpurrot. Verbreitet in Staudenfluren an nassen Standorten wie Ufern, Moorwiesen, Gräben und Riedern. Blüten VII–IX. Vgl. 92(c).

(h) Großer Wiesenknopf *Sanguisorba officinalis* L., Fam. Rosengewächse *(Rosaceae)*. Mehrjährige Pflanze mit aufrechtem Stengel, etwa 50–150 cm hoch. Blätter unpaarig gefiedert, Teilblättchen länglich-herzförmig, gesägt oder gekerbt. Blüten in länglichen, langgestielten Köpfen. Blüten zwittrig, rotbraun; Staubfäden kurz und starr. Verbreitet in nassen Wiesen. Im Norden selten. Blüten VII–IX. Vgl. 36(f).

(i) Nelken-Leimkraut *Silene armeria* L., Fam. Nelkengewächse *(Caryophyllaceae)*. Einjährige Pflanze mit unverzweigtem, aufrechtem Stengel. Blätter bläulich bereift, kahl, sitzend, gegenständig, ei- bis herzförmig oder lanzettlich, stengelumfassend. Blüten zahlreich in dichten Scheindolden; Kronblätter rosarot, ausgerandet, mit spitzen Schlundschuppen. Gelegentlich als Zierpflanze in Gärten und verwildert, sonst ziemlich selten an Gebüschsäumen. Blüten VI–IX. Vgl. 34(h).

(j) Alpen-Ziest *Stachys alpina* L., Fam. Lippenblütengewächse *(Lamiaceae)*. Mehrjährige Pflanze von 40–100 cm Höhe mit rauhhaarigem Stengel. Blätter herzförmig-eiförmig, gestielt, weiter oben sitzend, graufilzig, etwas runzlig. Blüten in mindestens zehnblütigen Scheinquirlen. Kronen purpurrot, Oberlippe kürzer als die Unterlippe. In Gebüschen und Schlägen; in den Alpen verbreitet, außerhalb des Hochgebirges sehr zerstreut bis selten. Blüten VII–IX.

(k) Echtes Eisenkraut *Verbena officinalis* L., Fam. Eisenkrautgewächse *(Verbenaceae)*. Einjährige oder ausdauernde Pflanze von 30–90 cm Höhe mit aufrechtem, rinnigem, kantigem, verzweigtem und im unteren Teil verholztem Stengel. Zweige schräg abstehend. Untere Blätter fiederteilig, mittlere Blätter dreispaltig, mit großem Endzipfel; gegenständig, sitzend oder kurzgestielt. Blüten in end- und achselständigen, schlanken, lockeren Ähren. Kronen blaßlila. Verbreitet in Unkrautfluren an Mauern, Wegen, Triften. Blüten VII–IX.

Aufnahme vom 25. Juni. ○ entspricht 1 cm

(a) Zarter Gauchheil *Anagallis tenella* (L.) L., Fam. Primelgewächse *(Primulaceae)*. Mehrjährige Pflanze mit kriechenden, dünnem Stengel, bis etwa 20 cm lang. Blätter rundlich, sitzend, gegenständig. Blüten einzeln blattachselständig, langgestielt; Kronen glockig, hellrosa oder weißlich, dunkler geadert. Nasse Wiesen. Blüten VII–VIII. Vgl. auch 52(d).

(b) Sumpf-Hartheu *Hypericum elodes* L., Fam. Hartheugewächse *(Hypericaceae)*. Mehrjährige Pflanze mit kriechendem Stengel, der im unteren Teil mehrfach wurzelt, bis etwa 30 cm Länge, rund, dicht behaart. Blätter gegenständig, rundlich-elliptisch, ganzrandig, dicht behaart, Blüten einzeln oder in wenigblütigen seitlichen Blütenständen. In Heidetümpeln. Blüten VII–VIII. Vgl. 112(c), 118(e), 118(f), 140(a) und 142(k).

(c) Liegendes Hartheu *Hypericum humifusum* L., Fam. Hartheugewächse *(Hypericaceae)*. Zierliche, mehrjährige Pflanze von 5–20 cm Länge mit kriechendem, fadendünnem, fast zweikantigem Stengel. Blätter gegenständig, elliptisch bis länglich, kahl. Blüten in wenigblütigen Scheindolden. Kronblätter nur wenig länger als der Kelch. An feuchten Wegen, Ufern und auf Äckern. Blüten VI–X.

(d) Gemeiner Wassernabel *Hydrocotyle vulgaris* L., Fam. Wassernabelgewächse *(Hydrocotylaceae)*. Mehrjährige, kleine Pflanze mit rundem, kriechendem Stengel bis etwa 15 cm Höhe. Blätter langgestielt, schildförmig, gebuchtet. Blüten in kopfigen Dolden, unscheinbar. Verbreitet in nassen Wiesen, an Ufern und in Brüchern. Blüten VII–VIII.

(e) Kleiner Odermennig *Agrimonia eupatoria* L., Fam. Rosengewächse *(Rosaceae)*. Ausdauernde Pflanze von 30–100 cm Höhe mit aufrechtem, unverzweigtem Stengel. Blätter mit großen Nebenblättern, gestielt, wechselständig, unterbrochen gefiedert. Fiederblätter unterseits dicht graufilzig. Blüten etwa 5–8 mm breit, gelb, duftend, in vielblütiger, verlängerter, schlanker Ähre. Kronblätter manchmal etwas ausgerandet. Verbreitet bis häufig im Saum von Hecken und Gebüsch, an Wegrändern und Rainen. Blüten VII–IX. Heilpflanze.

(f) Garten-Rittersporn *Delphinium ajacis* (L.) Schur, Fam. Hahnenfußgewächse *(Ranunculaceae)*. Einjährige Pflanze von 30–100 cm Höhe. Blätter handförmig in viele linealische Zipfel geteilt. Blüten sehr groß, in endständiger, lockerer Traube; äußere Blütenhüllblätter mit fast geradem Sporn. Zierpflanze, selten verwildert. Giftig. Blüten VI–VIII.

(g) Bärenschote *Astragalus glycyphyllos* L., Fam. Schmetterlingsblütengewächse *(Fabaceae)*. Mehrjährige Pflanze, etwa 50–150 cm hoch, mit verzweigtem, ausgebreitetem Stengel. Blätter paarig gefiedert; Fiederblättchen kahl, dunkelgrün, rundlich-elliptisch bis länglich, vorne stumpf. Blüten in dichten, eiförmigen Trauben. Kronen cremeweiß bis gelblich. Blütenstände kürzer als ihre Tragblätter. Verbreitet am Saum wärmeliebender Gebüsche. Blüten VI–VII.

(h) Knoten-Braunwurz *Scrophularia nodosa* L., Fam. Braunwurzgewächse *(Scrophulariaceae)*. Mehrjährige, aufrechte Pflanze, etwa 50–100 cm hoch, Stengel erst im Blütenstand ästig, Stengel und Blütenstiele scharf vierkantig, aber ungeflügelt. Blätter ungeteilt, gekerbt, stumpf oder zugespitzt. Kronen trübbraun, in vielblütigen, endständigen Blütenständen. Verbreitet. Blüten VI–IX. Vgl. 86(k) und 178(d).

(i) Sumpf-Schafgarbe *Achillea ptarmica* L., Fam. Korbblütengewächse *(Asteraceae)*. Mehrjährige, aufrechte Pflanze von 30–70 cm Höhe. Blätter ungeteilt, linealisch-lanzettlich, gesägt. Blüten in flachen Köpfen; außen 8–12 weiße Zungenblüten, innen mehrere gelbe Röhrenblüten; Köpfe bis 1,5 cm breit, zu mehreren rispig angeordnet. Zerstreut in Feuchtgebieten. Blüten VII–IX. Vgl. 76(a).

(j) Sumpf-Kratzdistel *Cirsium palustre* (L.) Scop., Fam. Korbblütengewächse *(Asteraceae)*. Zweijährige, aufrechte Pflanze, 50–150 cm hoch. Blätter tief in schmale, dornige Lappen zerteilt, oben behaart, unten am Stengel wollig-filzig; Stengelblätter herablaufend, Stengel stachelig geflügelt. Blüten in dunkelpurpurnen Köpfen, kurzgestielt, eiförmig, am Ende des Stengels gehäuft. Verbreitet bis häufig in nassen Wiesen, an Ufern und auf Kahlschlägen. Blüten VII–IX. Vgl. auch 98(j) und 124(e).

(k) Rainfarn *Tanacetum vulgare* L., Fam. Korbblütengewächse *(Asteraceae)*. Ausdauernde Pflanze mit zähem, kantigem, kahlem, hohlem Stengel, etwa 60–120 cm hoch. Blätter wechselständig, einfach gefiedert, beidseits mit zahlreichen lanzettlichen, scharf-gesägten oder fiederspaltigen Teilblättchen. Blütenköpfe in dichten Schirmrispen; Zungenblüten fehlen. Häufig an Ruderalstellen. Blüten VII–IX.

(l) Schwarze Königskerze *Verbascum nigrum* L., Fam. Braunwurzgewächse *(Scrophulariaceae)*. Zweijährige Pflanze von 50–120 cm Höhe mit unverzweigtem, aufrechtem, im oberen Teil kantigem Stengel. Blätter oberseits fast kahl, unterseits dicht behaart, gekerbt, nicht am Stengel herablaufend. Blüten hellgelb; Blütenstiele während der Blütezeit doppelt so lang wie der Kelch; Staubfäden violettwollig. Zerstreut an Ruderalstandorten. Blüten VI–IX. Vgl. 102(f).

(m) Kleine Klette *Arctium minus* (Hill) Bernh., Fam. Korbblütengewächse *(Asteraceae)*. Zweijährige Pflanze von 50–100 cm Höhe. Stengel beblättert, aufrecht; Verzweigungen abstehend. Blätter sehr groß, gestielt, am Grunde rundlich. Blüten in kugeligen Köpfen; Hüllblätter hakig, nur wenig spinnwebig. Verbreitet. Blüten VII–IX. Vgl. 153(d).

Aufnahme vom 1. Juli. ○ entspricht 1 cm

(a) Felsen-Fetthenne, Tripmadam *Sedum reflexum* L., Fam. Dickblattgewächse *(Crassulaceae)*. Austrocknungsfähige, blattsukkulente Pflanze mit liegendem, kriechendem, wurzelndem und nur an den blühenden Enden aufsteigendem Stengel von 10–35 cm Länge. Blätter drehrund oder undeutlich kantig, vorne in eine kurze Stachelspitze auslaufend. Blüten gelb, in vielblütigen Scheindolden. Zerstreut auf Mauerkronen, an Dämmen und in Felsfluren. Blüten VI–VIII.
(b) Feld-Kresse *Lepidium campestre* (L.) R. Br., Fam. Kreuzblütengewächse *(Brassicaceae)*. Zweijährige Pflanze von 15–30 cm Höhe. Blätter ungeteilt, gezähnt, am Rand mitunter wellig; untere länglich, in den Blattstiel verschmälert; Stengelblätter pfeilförmig stengelumfassend; weichhaarig. Blüten weiß, in vielblütigen Trauben. Schötchen breit geflügelt. Verbreitet bis zerstreut auf Äckern und in Trockenrasen. Blüten V–VII. Ähnlich:
Schutt-Kresse *Lepidium ruderale* L., Pflanze mit unangenehmem Geruch.
(c) Bittere Schleifenblume *Iberis amara* L., Fam. Kreuzblütengewächse *(Brassicaceae)*. Einjährige Pflanze mit aufsteigendem oder aufrechtem Stengel, etwa 10–30 cm hoch. Blätter keilförmig, länglich, stumpflich, beidseits mit 2–3 Zähnen. Blüten weiß, in lockerer Schirmrispe; randliche Kronblätter vergrößert. Auf Äckern oder als Zierpflanze. Blüten V–VIII.
(d) Europäischer Meersenf *Cakile maritima* Scop., Fam. Kreuzblütengewächse *(Brassicaceae)*. Einjährige Pflanze mit aufrechtem Stengel, etwa 15–30 cm hoch. Blätter fiederteilig, etwas fleischig, blaßgrün. Kronblätter weiß oder lila. Spülsäume und Vordünen der Küsten, verbreitet. Blüten VII–X.
(e) Acker-Hundskamille *Anthemis arvensis* L., Fam. Korbblütengewächse *(Asteraceae)*. Einjährige Pflanze mit aufsteigendem, ausgebreitetem oder aufrechtem Stengel, etwa 15–50 cm hoch. Blätter dunkelgrün, etwas fleischig, fiederteilig, weichhaarig. Beim Zerreiben mit deutlichem Duft. Weiße Zungenblüten und gelbe Röhrenblüten in flachen Körbchen; Körbchenboden mit Spreublättern. Zerstreut an Wegen und Rainen und auf Äckern. Blüten V–X. Vgl. 42(g), 134(b) und 138(b). Ähnlich:
Stinkende Hundskamille *Anthemis cotula* L., Pflanze von unangenehmem Geruch. Blüten VI–X. An ruderalen Standorten.
(f) Sumpf-Hornklee *Lotus uliginosus* Schkuhr, Fam. Schmetterlingsblütengewächse *(Fabaceae)*. Mehrjährige Pflanze mit aufsteigendem oder aufrechtem, dünnem, hohlem Stengel, etwa 20–60 cm hoch. Mit langen Ausläufern. Kelchzähne meist lang bewimpert. Schiffchen unterseits stumpf gerundet. Zerstreut in nassen Wiesen, an Gräben, Ufern und auf Weiden. Blüten VI–VII. Vgl. 44(a).
(g) Acker-Krummhals *Anchusa arvensis* (L.) M. Bieb., Fam. Rauhblattgewächse *(Boraginaceae)*. Einjährige Pflanze mit unverzweigtem, aufrechtem Stengel von 15–45 cm Höhe. Stengel und Blätter steifhaarig. Blätter lanzettlich, kurzgestielt, fast gegenständig, wellig. Blütenkronröhre in der Mitte bogig gekrümmt, blaßblau mit weißer Röhre. Zerstreut auf sandigen Äckern. Blüten V–IX.
(h) Skabiosen-Flockenblume *Centaurea scabiosa* L., Fam. Korbblütengewächse *(Asteraceae)*. Mehrjährige Pflanze von 50–100 cm Höhe. Blätter fiederschnittig bis fiederteilig, Blattzipfel länglich-lanzettlich, etwas abgerundet, dunkelgrün. Blütenköpfe etwa 20–25 mm lang, bis 30 mm breit oder breiter; äußere Hüllblätter mit trockenhäutigem, etwas herablaufendem Saum. Verbreitet bis zerstreut an Trockengebüschsäumen, an Kalkäckern und auf Trockenrasen. Blüten VII–VIII. Vgl. 54(i), 96(h) und 158(e).
(i) Kriechender Hahnenfuß *Ranunculus repens* L., Fam. Hahnenfußgewächse *(Ranunculaceae)*. Mehrjährige Pflanze, etwa 15–50 cm hoch, mit langen, oberirdischen Ausläufern. Blätter fiederteilig mit gestieltem Mittelabschnitt; Grundblätter dreizählig. Blüten einzeln blattachselständig, etwa 2–3 cm breit, goldgelb, glänzend. Verbreitet bis häufig in Gärten, auf Äckern, an Wegrändern und in feuchten Wiesen. Blüten V–VIII. Vgl. 22(g), 66(h) und 84(d).
(j) Mutterkraut *Tanacetum parthenium* (L.) Schultz-Bip., Fam. Korbblütengewächse *(Asteraceae)*. Mehrjährige, aufrechte Pflanze von 30–60 cm Höhe. Blätter weich, fiederteilig bis fiederschnittig, gesägt-gekerbt, von ovalem Umriß. Blütenköpfe mit weißen Zungenblüten. Pflanze stark duftend. Früchte zehnkantig. Alte Heil- und Zierpflanze. Zerstreut an Schuttstellen, schattigen Wegen und Ufern. Blüten VI–VIII.
(k) Kleines Mädesüß *Filipendula vulgaris* Moench, Fam. Rosengewächse *(Rosaceae)*. Mehrjährige Pflanze mit starrem, aufrechtem Stengel von 30–60 cm Höhe. Blätter einfach unterbrochen gefiedert; Fiederblättchen in 8–30 Paaren, ihrerseits fiederteilig oder grob gezähnt, etwa 1,5 cm lang, rundlich-eiförmig. Blüten weiß, außen oft rötlich, in ästigen Scheindolden. Zerstreut auf Wiesen und an Gebüschsäumen. Fehlt im Nordwesten. Blüten VI–VII. Vgl. 126(d).
(l) Klebriges Kreuzkraut, Klebriges Greiskraut *Senecio viscosus* L., Fam. Korbblütengewächse *(Asteraceae)*. Einjährige Pflanze mit aufrechtem, verzweigtem Stengel, etwa 15–50 cm hoch. Stengel und Blätter drüsenhaarigklebrig. Blätter fiederteilig. Blütenköpfe mit meist zurückgerollten Zungenblüten. Köpfe in rispig angeordneten Blütenständen. Zerstreut in Unkrautbeständen an Wegen, Schuttstellen, Böschungen, Rainen. Blüten VI–X. Vgl. 14(e) und 168(h).

Aufnahme vom 1. Juli. ○ entspricht 1 cm

(a) Tannenwedel *Hippuris vulgaris* L., Fam. Tannenwedelgewächse *(Hippuridaceae).* Ausdauernde Pflanze mit aufrechtem, unverzweigtem Stengel, etwa 10–50 cm hoch. Stengel röhrig. Blätter zu 6–12 in Quirlen. Blüten unscheinbar, nur mit je einem Staubblatt und Fruchtknoten, blattachselständig. Zerstreut bis verbreitet im Röhricht stehender oder langsam fließender Gewässer. Blüten V–VIII. Vgl. 72(d).
(b) Schwimmendes Laichkraut *Potamogeton natans* L., Fam. Laichkrautgewächse *(Potamogetonaceae).* Mehrjährige Pflanze von etwa 50–150 cm Länge. Blätter langgestielt, auf der Wasseroberfläche schwimmend, eiförmig, vorne spitz, bis 12 cm lang, am Grunde undeutlich herzförmig. Tauchblätter linealisch-lanzettlich. Blüten unscheinbar, in endständiger, aus dem Wasser ragender Ähre. Blüten V–VIII. Häufig bis verbreitet im Schwimmpflanzengürtel stehender oder langsam fließender Gewässer.
(c) Breitblättriger Rohrkolben *Typha latifolia* L., Fam. Rohrkolbengewächse *(Typhaceae).* Aufrechte, unverzweigte, mehrjährige Pflanze von 1–2 m Höhe. Blätter 10–20 mm breit, beiderseits flach, blaugrün. Blüten sehr klein, in langen, walzlichen Kolben; männlicher Kolben unmittelbar auf dem etwa gleich langen weiblichen Kolben. Verbreitet im Röhricht stehender, verlandender Gewässer. Blüten VII–VIII. Vgl. auch 156(g) und 156(h).
(d) Gemeiner Froschlöffel *Alisma plantago-aquatica* L., Fam. Froschlöffelgewächse *(Alismataceae).* Mehrjährige Pflanze, etwa 20–100 cm hoch. Überwasserblätter breit-eiförmig, untergetauchte Blätter schmaler, lanzettlich, in grundständiger Rosette. Blüten gestielt in reichblütigen Rispen; Kronblätter weiß, schnell abfallend. Im Verlandungsgürtel von Teichen und Seen. Blüten VII–VIII.
(e) Gras-Platterbse *Lathyrus nissolia* L., Fam. Schmetterlingsblütengewächse *(Fabaceae).* Einjährige Pflanze mit schwachem, aufrechtem Stengel, etwa 30–50 cm hoch. Blätter grasähnlich, ungeteilt, bestehen nur aus dem blattartig verbreiteten Blattstiel, ohne Fiederblättchen. Blüten zu 1–2 langgestielt, ziemlich klein, Kronen rosa bis purpurn. An lehmigen-tonigen Äckern, in Getreidefeldern. Unbeständig aus dem Mittelmeergebiet eingeschleppt. Blüten V–VII.
(f) Gemeine Betonie, Heilziest *Betonica officinalis* L., Fam. Lippenblütengewächse *(Lamiaceae).* Ausdauernde Pflanze von 30–60 cm Höhe mit aufrechtem, 4kantigem, nur wenig beblättertem Stengel. Blätter meist nur in grundständiger Rosette, langgestielt, gekerbt, mit runzliger Oberfläche. Blüten in dichter Scheinähre; Kronen fleischrot bis purpurrot. Zerstreut in Magerwiesen, lichten Wäldern und Heiden. Blüten VI–VIII. Vgl. 56(c), 66(l), 110(j), 142(c) und 142(j).
(g) Schwarze Platterbse *Lathyrus niger* (L.) Bernh., Fam. Schmetterlingsblütengewächse *(Fabaceae).* Mehrjährige Pflanze von 30–80 cm Höhe. Blätter mit meist 6 Paaren Fiederblättchen, ohne Blattranken, jedoch in eine zarte, krautige Spitze verlängert. Stengel ungeflügelt. Blätter blaugrün, beim Trocknen schwarz werdend. Krone trübpurpurn, später violett. Verbreitet bis selten in wärmeliebendem Gebüsch. Blüten VI–VII.
(h) Wirbeldost *Clinopodium vulgare* L., Fam. Lippenblütengewächse *(Lamiaceae).* Aufrechte, ästige, mehrjährige Pflanze von 30–60 cm Höhe, zottig behaart. Blüten in vielblütigen Scheinquirlen. Kronröhren ziemlich lang, gerade, purpurn. Verbreitet an Säumen und in wärmeliebenden Gebüschen, stellenweise auch seltener. Blüten VII–IX. Vgl. 118(j).
(i) Färber-Ginster *Genista tinctoria* L., Fam. Schmetterlingsblütengewächse *(Fabaceae).* Strauch von 30–80 cm Höhe, mit niederliegenden oder aufsteigenden Zweigen. Stengel und Äste stets dornenlos. Blätter länglich-elliptisch, fast sitzend, weichhaarig. Blüten in endständigen, reichblütigen Trauben, Kronen und Hülsen kahl. Verbreitet bis selten auf Heiden, an Säumen und in lichten, wärmeliebenden Wäldern. Im Süden etwas häufiger. Blüten VI–VIII. Vgl. 64(k).
(j) Bunte Kronwicke *Coronilla varia* L., Fam. Schmetterlingsblütengewächse *(Fabaceae).* Ausdauernde Pflanze von 30–60 cm Höhe mit niederliegendem, kriechendem oder aufsteigendem Stengel, flach und kantig, nicht geflügelt. Blätter unpaarig gefiedert mit ungefähr gleich großen Fiederblättchen. Blüten in langgestielten Dolden; Fahne weiß, hellrosa oder rötlich, Schiffchen meist heller, aber mit dunkler bis violetter Spitze. Zerstreut in Gebüsch, an Säumen und auf Magerwiesen. Blüten VI–VIII.
(k) Knollen-Platterbse *Lathyrus tuberosus* L., Fam. Schmetterlingsblütengewächse *(Fabaceae).* Ausdauernde Pflanze von etwa 30–100 cm Höhe mit niederliegendem oder aufsteigendem Stengel. Blätter mit endständigen Wickelranken und einem Paar Fiederblättchen. Nebenblätter halbpfeilförmig, bis 2 cm lang. Blüten zu mehreren in langgestielten Trauben; weiß bis karminrot. Ziemlich selten in Getreidefeldern, an Wegrändern und Heckensäumen. Blüten VI–VIII. Vor allem in Südeuropa verbreitet.
(l) Gemeiner Spitzkiel *Oxytropis campestris* (L.) DC., Fam. Schmetterlingsblütengewächse *(Fabaceae).* Stengellose, mehrjährige Pflanze. Blätter unpaarig gefiedert, mit 10–15 Paar elliptischen bis lanzettlichen Fiederblättchen, meist wollhaarig. Blüten in dichten, eiförmigen Trauben, gelblich oder weiß, manchmal auch purpurn. In Felsfluren und Gebirgswiesen. Ziemlich selten. Blüten VI–VIII.

Aufnahme vom 2. Juli. ○ entspricht 1 cm

(a) Französischer Storchschnabel *Geranium endressii* GAY., Fam. Storchschnabelgewächse *(Geraniaceae)*. Mehrjährige, aufrechte Pflanze bis etwa 70 cm Höhe. Grundständige Blätter langgestielt, handförmig geteilt, mit großen, schmalen Lappen; diese ihrerseits fiederteilig. Blüten langgestielt, hellpurpurn. Endemische Pflanze der Pyrenäen. Gelegentlich als Zierpflanze in Gärten. Blüten VI–VII. Vgl. 42(i), 50(h) und 136(j).
(b) Kleinblütiger Erdrauch *Fumaria parviflora* LAMK., Fam. Erdrauchgewächse *(Fumariaceae)*. Einjährige Pflanze mit niederliegendem oder aufsteigendem Stengel, etwa 15–30 cm hoch. Blätter mehrfach gefiedert; Fiederabschnitte rinnig. Kronen weiß, mit dunkelpurpurner Spitze. Fruchtstiele ziemlich dick. Ziemlich selten auf Äckern, in Gärten und an Schuttstellen, vor allem im Rheingebiet und in den größeren Nebentälern.
(c) Erdbeer-Klee *Trifolium fragiferum* L., Fam. Schmetterlingsblütengewächse *(Fabaceae)*. Mehrjährige Pflanze von 7–20 cm Höhe mit liegendem oder aufsteigendem Stengel, der an den Knoten wurzelt. Kelch ungleich zweilippig, Oberlippe nach dem Verblühen blasig aufgetrieben, Köpfchen zur Fruchtreife daher erdbeerähnlich. Ziemlich selten an Wegen, vorzugsweise auf salzhaltigen Böden, auch im Küstenbereich. Blüten VI–IX.
(d) Kriechendes Fingerkraut *Potentilla reptans* L., Fam. Rosengewächse *(Rosaceae)*. Mehrjährige Pflanze mit kriechendem, an den Knoten wurzelndem Stengel. Alle Blätter fünfzählig gefingert. Blüten einzeln, langgestielt, ebenfalls fünfzählig. Verbreitet an Wegen, Ufern, Gräben, auf Fett- und Naßwiesen. Blüten VI–VIII. Vgl. auch 54(c), 64(i) und 158(g).
(e) Tüpfel-Hartheu *Hypericum perforatum* L., Fam. Hartheugewächse *(Hypericaceae)*. Mehrjährige Pflanze, etwa 30–60 cm hoch, mit markigem, aufrechtem, reichästigem, zweikantigem Stengel. Blätter gegenständig, oval-länglich, durchscheinend punktiert. Kelchblätter sehr spitz, ganzrandig. Kronblätter dunkel-purpurn punktiert, beim Zerdrükken mit rotem Farbstoff. Häufig an Schuttstellen, an Wegrändern, auf Magerwiesen und an Säumen. Blüten VII–VIII. Vgl. auch 118(f), 140(a) und 142(k).
(f) Rauhhaariges Hartheu *Hypericum hirsutum* L., Fam. Hartheugewächse *(Hypericaceae)*. Mehrjährige Pflanze von 40–100 cm Höhe mit stielrundem, aufrechtem, ästigem Stengel. Stengel und Blätter weichhaarig. Blüten in langer, reichblütiger Rispe. Kronblätter hellgelb. Verbreitet bis zerstreut in lichten Laubwäldern und an Säumen. Blüten VII–VIII. Weitere ähnliche Arten.
(g) Jakobs-Kreuzkraut, Jakobs-Greiskraut *Senecio jacobaea* L., Fam. Korbblütengewächse *(Asteraceae)*. Aufrechte, ästige, mehrjährige oder nur zweijährige Pflanze von 30–100 cm Höhe. Blätter fiederteilig; mittlere Blätter mit zahlreichen Öhrchen; untere Blätter leierförmig, mit großem Endabschnitt, zur Blütezeit meist schon abgestorben. Außenhüllblätter 2–3, nur halb so lang wie die Hüllblätter. In Wiesen, an Säumen und in Staudenfluren. Blüten VII–VIII. Ähnlich: **Raukenblättriges Kreuzkraut** *Senecio erucifolius* L., Blätter fiederteilig, mit ungeteilten oder fiederspaltigen, nach vorne gerichteten Abschnitten. Außenhüllblätter 4–6. Auf Halbtrockenrasen. Blüten VII–VIII.
(h) Rauhhaariges Weidenröschen *Epilobium hirsutum* L., Fam. Nachtkerzengewächse *(Onagraceae)*. Aufrechte, etwa 80–150 cm hohe, mehrjährige Pflanze mit scharf gesägten, halbstengelumfassenden Blättern. Narbe vierspaltig. Kronblätter groß, rosenrot. Verbreitet an Ufern und Gräben. Blüten VI–IX. Vgl. 90(a) und 108(h).
(i) Mittlerer Wegerich, Weide-Wegerich *Plantago media* L., Fam. Wegerichgewächse *(Plantaginaceae)*. Ausdauernde Pflanze mit eiförmig-elliptischen, dicht kurzhaarigen Blättern in grundständiger Rosette; Blattstiel ziemlich breit. Blüten an langem, bis 45 cm hohem Stengel in walzigen Ähren. Staubfäden weißlich bis lila. Verbreitet in Halbtrockenrasen und auf trockenen Wiesen. Blüten V–VII. Vgl. auch 62(k), 82(c), 104(a) und 148(b).
(j) Wirbeldost *Clinopodium vulgare* L., Fam. Lippenblütengewächse *(Lamiaceae)*. Aufrechte, mehrjährige Pflanze von 30–60 cm Höhe mit zottig behaartem Stengel. Blüten in vielblütigen Scheinquirlen. Kronen purpurn. Blüten VII–IX. Vgl. 116(h).
(k) Drüsiger Gilbweiderich *Lysimachia punctata* L., Fam. Primelgewächse *(Primulaceae)*. Mehrjährige Pflanze von 50–100 cm Höhe mit aufrechtem, unverzweigtem, vierkantigem Stengel, drüsig-weichhaarig. Blätter kurzgestielt, ungeteilt, zu je 3 in Quirlen, eiförmig. Blüten in beblätterten Trauben. Kelchzipfel grün, Kronzipfel drüsig-gewimpert. Wild nur im Donautal, sonst als Zierpflanze in Gärten. Blüten VI–VIII. Vgl. 46(k), 106(m) und 158(e).
(l) Acker-Gänsedistel *Sonchus arvensis* L., Fam. Korbblütengewächse *(Asteraceae)*. Mehrjährige, aufrechte Pflanze von 50–150 cm Höhe mit ästigem Stengel. Blätter schrotsägeförmig fiederteilig; Stengelblätter (fast) ungeteilt, am Grunde mit abgerundeten, angedrückten Öhrchen. Blütenköpfe etwa 5 cm breit, in wenigköpfigen Schirmtrauben. Häufig bis verbreitet auf Äckern, an Gräben, auch in Dünen. Blüten VII–X. Vgl. auch 98(k), 98(l) und 162(a).

Aufnahme vom 4. Juli. ○ entspricht 1 cm

(a) Dornige Hauhechel *Ononis spinosa* L., Fam. Schmetterlingsblütengewächse *(Fabaceae)*. Halbstrauch von 30–60 cm Höhe mit bogig aufsteigendem oder aufrechtem, meist rötlich-rotbraunem Stengel, am Grunde verholzt, mit 2 Reihen Haaren, zahlreiche Dornen. Blätter 3zählig, weiter oben auch einfach, kurzgestielt, mit vorwärts weisenden Zähnen scharf gesägt. Blüten zu 1–3 auf kurzen Stielen, weißlich, rosa oder rot, in lockeren, endständigen, beblätterten Trauben. Verbreitet an Wegen und Rainen. Blüten VI–VIII. Vgl. 106(i).

(b) Salz-Schuppenmiere *Spergularia salina* J. ET C. PRESL., Fam. Nelkengewächse *(Caryophyllaceae)*. Kleine, einjährige Pflanze von etwa 5–25 cm Höhe mit dünnem, liegendem oder schwach aufgerichtetem Stengel. Blätter schmal-linealisch, stumpf, fleischig, gegenständig, meist waagerecht abstehend. Blüten mit grünen, drüsig behaarten Kelchblättern und weißen bis rosa, verkehrt-eiförmigen Kronblättern. Samen ohne Hautsaum. Salzwiesen der Küsten. Blüten V–IX.

(c) Strandflieder, Halligflieder *Limonium vulgare* MILL., Fam. Bleiwurzgewächse *(Plumbaginaceae)*. Ausdauernde, salzliebende Pflanze von 15–50 cm Höhe mit verzweigtem, aufrechtem Stengel. Blätter lederig, verkehrt-eiförmig, ungeteilt, ganzrandig, hellgrün. Blüten in einseitswendigen Doldenrispen; Kronblätter blaßblau bis violett. Salzwiesen der Küsten. Stellenweise sehr zurückgegangen. Schützenswert! Blüten VII–IX.

(d) Stengellose Kratzdistel *Cirsium acaule* SCOP., Fam. Korbblütengewächse *(Asteraceae)*. Mehrjährige, stengellose oder höchstens bis 20 cm hohe Pflanze. Blätter buchtig, fiederspaltig, zerstreut kurzhaarig, mit langen Dornspitzen. Nur ein großer Blütenkopf, bis 5 cm breit, hellpurpurn bis rötlich. Zerstreut bis verbreitet in Halbtrockenrasen. Blüten VI–IX.

(e) Stinkende Schwertlilie *Iris foetidissima* L., Fam. Schwertliliengewächse *(Iridaceae)*. Mehrjährige Pflanze von 50–70 cm Höhe mit steif-aufrechtem, unverzweigtem Stengel. Blätter schwertförmig, beidseits gleichfarben grün, beim Zerreiben von eigenartigem Geruch. Blüten trüb-purpurn; Blütenhüllblätter aufrecht-abstehend. In Hecken, Gebüschen, an Klippen und in lichten Wäldern. Nur in Westeuropa. Blüten V–VII. Vgl. 20(i) und 88(i).

(f) Englische Kratzdistel *Cirsium dissectum* (L.) HILL., Fam. Korbblütengewächse *(Asteraceae)*. Ausdauernde Pflanze mit aufrechtem Stengel von etwa 30–100 cm Höhe. Blätter unterseits spinnwebig-wollig, untere gestielt, obere halbstengelumfassend, fiedrig-gelappt oder ungeteilt, gebuchtet oder gezähnt. Blüten in länglichem Köpfchen. Nur in Norddeutschland; auf Mooräckern und in Moorwiesen. Blüten VI–VII.

(g) Echter Baldrian *Valeriana officinalis* L., Fam. Baldriangewächse *(Valerianaceae)*. Ausdauernde, ansehnliche Pflanze von 50–180 cm Höhe. Blätter unpaarig gefiedert, gegenständig; Fiederblättchen wenig gezähnt bis ganzrandig, schmal-lanzettlich. Blüten zahlreich in endständigen, rispigen Schirmdolden. Krone röhrig, fleischrot oder rötlich. Blüten zwittrig oder weiblich. Formenreich. Verbreitet auf feuchten Wiesen, an Ufern und Gräben. Blüten VII–IX.

(h) Blutauge, Sumpf-Fingerkraut *Potentilla palustris* (L.) SCOP., Fam. Rosengewächse *(Rosaceae)*. Ausdauernde Pflanze mit kriechendem Stengel, etwa 30–100 cm hoch. Blätter unpaarig gefiedert, 2–3 Fiederblattpaare von unterschiedlicher Größe; grundständige Blätter langgestielt, Stengelblätter sitzend. Blüten mit dunkel-purpurner Krone, bleibt bis zur Fruchtreife erhalten. Kelch oberseits ebenfalls trüb-purpurn, ebenso lang wie der grüne Außenkelch. Zerstreut bis verbreitet in Flachmooren und Sumpfwiesen. Kalkscheu. Blüten VI–VII.

(i) Sumpf-Ampfer *Rumex palustris* SM., Fam. Knöterichgewächse *(Polygonaceae)*. Einjährig-überwinternde Pflanze von etwa 10–80 cm Höhe mit aufrechtem, rundem Stengel. Untere Blätter mit verschmälertem Grund; Stengelblätter schmal-lanzettlich, sitzend. Pflanze zur Blütezeit bräunlich oder rötlich-grün, seltener grasgrün. Blütenstand locker, mit entfernten Quirlen. Zerstreut an Teich- und Bachufern, auf offenen, nährstoffreichen Schlammböden. Blüten VII–IX. Vgl. 72(j), 140(e), 140(i), 140(j) und 140(k).

(j) Gelbe Gauklerblume *Mimulus guttatus* DC., Fam. Braunwurzgewächse *(Scrophulariaceae)*. Mehrjährige Pflanze, etwa 30–60 cm hoch, mit aufsteigendem oder aufrechtem, kahlem oder oberwärts etwas drüsigem Stengel. Blätter gegenständig, sitzend oder halbstengelumfassend. Blüten einzeln, blattachselständig; Krone gelb, weitröhrig, etwa 20–40 mm lang, mit zweilappiger Ober- und dreilappiger Unterlippe. Narbenlappen reizbar. Aus Nordamerika eingeschleppt. Zierpflanze oder zerstreut an Gräben, Ufern, Bächen. Blüten VI–X.

(k) Zungen-Hahnenfuß *Ranunculus lingua* L., Fam. Hahnenfußgewächse *(Ranunculaceae)*. Mehrjährige Pflanze von etwa 50–150 cm Höhe mit aufrechtem Stengel. Blätter ungeteilt, schmal-lanzettlich, spitz, ganzrandig oder sehr schwach gezähnt. Blüten 25–40 mm breit, goldgelb, in vielblütigen Blütenständen. Stengel dick, hohl. Zerstreut bis verbreitet in Röhrichten an Ufern und Gräben. Giftig. Blüten VI–VIII. Vgl. 86(b).

Aufnahme vom 4. Juli. ○ entspricht 1 cm

(a) Sumpf-Ruhrkraut *Gnaphalium uliginosum* L., Fam. Korbblütengewächse *(Asteraceae)*. Einjährige Pflanze von 5–20 cm Höhe mit reichästigem, ausgebreitetem oder bogig aufsteigendem Stengel. Blätter ungeteilt, schmal-linealisch, weißfilzig, wechselständig. Blütenköpfchen in Knäueln, diese von besonderen Hochblättern umgeben. Hüllblätter der Köpfe bräunlich oder gelblich. Verbreitet bis zerstreut an feuchten Ruderalstellen. Blüten VII–VIII.
(b) Gemeiner Dost *Origanum vulgare* L., Fam. Lippenblütengewächse *(Lamiaceae)*. Ausdauernde Pflanze von 20–60 cm Höhe, mit aufrechtem, oft rötlich-bräunlichem Stengel. Blätter gegenständig, kurzgestielt, eiförmig, mit rundlicher Spitze, samtig behaart, unterseits drüsig punktiert. Kronen schwach zweilippig, weißlich, rot, rosa oder purpurn. Blüten in den Achseln rotvioletter Tragblätter. Verbreitet im Saum sonniger Gebüsche, an Wegen und Rainen. Blüten VII–IX.
(c) Zottiges Knopfkraut *Galinsoga ciliata* (Rafin.) Blake, Fam. Korbblütengewächse *(Asteraceae)*. Einjährige Pflanze mit aufrechtem Stengel, etwa 10–80 cm hoch. Blätter gegenständig, gestielt. Stengel dicht abstehend borstig. Köpfchenstiele locker anliegend behaart. Köpfchen nur erbsengroß, mit 5 weißen Zungenblüten. Eingeschleppt, jedoch häufig auf Äckern, in Gärten, an Säumen und anderen Ruderalstellen. Blüten V–X. Ähnlich:
Kleinblütiges Knopfkraut *Galinsoga parviflora* Cav., Stengel kahl oder nur zerstreut anliegend behaart. Blätter fein gezähnt. An ähnlichen Standorten. Blüten V–X.
(d) Salbei-Gamander *Teucrium scorodonia* L., Fam. Lippenblütengewächse *(Lamiaceae)*. Mehrjährige Pflanze mit aufrechtem Stengel, etwa 30–50 cm hoch. Blätter ungeteilt. Blüten in verlängerten, achselständigen Trauben; Kronen gelblich. An Säumen und in Gebüschen. Verbreitet. Blüten VII–IX.
(e) Eß-Kastanie *Castanea sativa* Mill., Fam. Buchengewächse *(Fagaceae)*. Baum bis etwa 30 m Höhe. Blätter länglich-lanzettlich, derb, dornig-gezähnt, bis 20 cm lang. Blüten in langen Kätzchen. In Südwestdeutschland seit der Römerzeit eingebürgert. Blüten VI–VII. Vgl. auch 190(g).
(f) Spitz-Ahorn *Acer platanoides* L., Fam. Ahorngewächse *(Aceraceae)*. Die Abbildung zeigt die reifenden Flügelfrüchte, die einen stumpfen Winkel einschließen. Vgl. auch 40(k), 122(g) und 122(l).
(g) Feld-Ahorn, Maßholder *Acer campestre* L., Fam. Ahorngewächse *(Aceraceae)*. Die Abbildung zeigt die Blattform und die Form der ausgewachsenen, aber noch unreifen Flügelfrüchte. Vgl. auch 40(l) und 122(f,l).
(h) Hainbuche, Weißbuche *Carpinus betulus* L., Fam. Birkengewächse *(Betulaceae)*. Blätter auch im ausgewachsenen Zustand faltig. Die Fruchtstände mit den flugfähigen Samen können bis zum nachfolgenden Frühjahr am Baum bleiben. Vgl. auch 22(a).
(i) Moor-Birke *Betula pubescens* Ehrh. Fam. Birkengewächse *(Betulaceae)*. Baum bis etwa 25 m Höhe. Blätter zugespitzt. Junge Blätter und Zweige weichhaarig. Blätter ei- bis rautenförmig, mit abgerundeten Seitenecken. Blüten IV–V, Früchte VII–VIII. Vgl. auch 22(d). Verbreitet bis zerstreut in Moor- und Bruchwäldern.
(j) Himbeere *Rubus idaeus* L., Fam. Rosengewächse *(Rosaceae)*. Die Abbildung zeigt die reifen Früchte, die keine eigentlichen Beeren, sondern Sammelsteinfrüchte darstellen. Weiteres s. S. 70(b).
(k) Immergrünes Hartheu *Hypericum calycinum* L., Fam. Hartheugewächse *(Hypericaceae)*. Immergrüner, kleiner Strauch bis etwa 50 cm Höhe. Blüten sehr groß, einzeln, etwa 7–8 cm breit, mit weit herausragenden, zahlreichen Staubblättern. Blätter lederig, länglich-eiförmig. Ursprünglich nur in Südosteuropa. Gelegentlich als Zierpflanze in Gärten. Blüten VII–VIII.
(l) Berg-Ahorn *Acer pseudoplatanus* L., Fam. Ahorngewächse *(Aceraceae)*. Die Abbildung zeigt die entwickelten Blätter und die jungen Flügelfrüchte, die einen spitzen Winkel einschließen. Vgl. auch 40(j).
(m) Weiden-Spierstrauch *Spiraea salicifolia* L., Fam. Rosengewächse *(Rosaceae)*. Strauch bis etwa 150 cm Höhe. Blätter wechselständig, ungeteilt, kurzgestielt, gekerbt-gesägt. Blüten in dichten, endständigen, schmal-kegeligen Rispen. Kronen hellrot oder rosa. In Ufergebüschen der Gebirge, meist jedoch als Ziergehölz in Parks und Gärten. Blüten VI–VII.
(n) Sommerflieder *Buddleja davidii* French, Fam. Brechnußgewächse *(Loganiaceae)*. Strauch von etwa 3–5 m Höhe. Blätter gegenständig, lanzettlich, unterseits weißfilzig. Blüten in reichblütigen, endständigen, aufrechten oder überbogenen Rispen. Kronen etwa 1 cm lang, trichterig, lila, rosa, blau oder purpurn. Ursprünglich in China. Häufig als Zierstrauch gepflanzt. Schmetterlingspflanze. Blüten VII–IX.
(o) Brombeere *Rubus fruticosus* L., Fam. Rosengewächse *(Rosaceae)*. Strauch von 20–200 cm Höhe mit kriechenden, niederliegenden, aufrechten oder bogig überhängenden Zweigen. Blätter unpaarig gefiedert, meist aus 3–5 ungleich großen Fiederblättern. Blüten weiß oder rosa. Sammelart mit weit über 1500 Kleinarten allein in Mitteleuropa. In Hecken, Schlägen, Rainen. Blüten V–VIII. Vgl. auch 70(a), 100(c) und 176(n).
(p) Holländische Linde *Tilia × europaea* L., Fam. Lindengewächse *(Tiliaceae)*. Baum bis etwa 40 m Höhe. Natürlicher Bastard aus **Sommer-Linde** *(T. platyphyllos)* und **Winter-Linde** *(T. cordata)*. Vgl. 174(k-n) für die übrigen botanischen Angaben.

Aufnahme vom 5. Juli. ○ entspricht 1 cm

(a) Sumpf-Glanzorchis *Liparis loeselii* (L.) L. C. Richard, Fam. Knabenkrautgewächse *(Orchidaceae)*. Mehrjährige, kleine Pflanze von 5–20 cm Höhe. Blätter grundständig, länglich-lanzettlich bis oval, gelbgrün. Knollen oberirdisch in den Achseln der Blätter. Blütenlippe ungeteilt. Selten in Moospolstern von Flachmooren und Quellsümpfen. Geschützt! Blüten VI–VII.

(b) Niederliegendes Vermeinkraut *Thesium humifusum* DC., Fam. Sandelgewächse *(Santalaceae)*. Mehrjährige Pflanze mit liegendem oder aufsteigendem Stengel, etwa 20–40 cm hoch, am Grunde verholzt. Blätter linealisch, wechselständig. Blüten sehr klein, nur 3 mm breit, mit weißen Kronblättern. Schmarotzt auf den Wurzeln verschiedener Gräser. Nur in Westeuropa. Blüten VI–VIII.

(c) Quendel-Sandkraut *Arenaria serpyllifolia* L., Fam. Nelkengewächse *(Caryophyllaceae)*. Ein- oder zweijährige Pflanze mit liegendem oder schwach bogig aufsteigendem Stengel, etwa 3–30 cm hoch. Blätter gegenständig, sitzend, herzförmig-eiförmig. Pflanze graugrün. Kelchblätter mit breitem Hautrand. Häufig bis verbreitet auf Mauerkronen, an Wegrändern, in lückigen Magerrasen. Blüten V–IX.

(d) Kronblume, Kron-Flockenblume *Centaurea cyanus* L., Fam. Korbblütengewächse *(Asteraceae)*. Einjährige oder einjährig-überwinternde Pflanze mit aufrechtem Stengel, etwa 30–60 cm hoch. Blätter nicht am Stengel herablaufend. Blütenköpfe langgestielt. Randblüten blau, Scheibenblüten violett. Auf Äckern und an Schuttstellen. Stark im Rückgang. Blüten VI–X.

(e) Schmalblättrige Distel *Carduus tenuiflorus* Curtis, Fam. Korbblütengewächse *(Asteraceae)*. Aufrechte, ein- oder zweijährige Pflanze, etwa 20–120 cm hoch. Blätter im Umriß lanzettlich, tief fiederteilig. Köpfe zylindrisch, etwa 8 mm breit, 15 mm lang. Blüten hellrosa oder purpurn. Auf Ödland oder an Wegrändern. Nur in Westeuropa. Blüten V–VIII.

(f) Wasser-Pferdesaat, Wasserfenchel *Oenanthe aquatica* (L.) Poiret, Fam. Doldengewächse *(Apiaceae)*. Zweijährige Pflanze, etwa 30–120 cm hoch. Stengel am Grunde oft stark angeschwollen. Blüten weiß, in 8- bis 12strahligen Dolden. Hülle wenigblättrig, Hüllchen vielblättrig. Im Röhricht stehender oder langsam fließender Gewässer. Selten. Blüten VI–VIII.

(a) Ranken-Lerchensporn *Corydalis claviculata* (L.) DC., Fam. Erdrauchgewächse *(Fumariaceae)*. Einjährige, kletternde Pflanze von etwa 50–100 cm Länge. Blätter fiederteilig, in Ranken endend. Blüten klein, in gedrängten Trauben. Kronen gelblich-weiß. In Gebüschen, an Säumen und Rainen. Nur nördlich der Mittelgebirge. Blüten VI–IX.

(b) Mauer-Doppelsame *Diplotaxis muralis* (L.) DC., Fam. Kreuzblütengewächse *(Brassicaceae)*. Ein- oder zweijährige Pflanze von 15–60 cm Höhe mit aufrechtem Stengel, wenigblättrig. Blätter der grundständigen Rosette buchtig-fiederteilig. Kronblätter 5–8 mm lang, schwefelgelb. Schote im Kelch ohne Stiel. Zerstreut auf Äckern und Ruderalstellen. Blüten VI–IX.

(c) Aufrechte Nachtkerze *Oenothera stricta* LEDEB. EX LINK, Fam. Nachtkerzengewächse *(Onagraceae)*. Pflanze bis 85 cm Höhe, ein- oder zweijährig. Stengelblätter sitzend, schmal-lanzettlich. Blüten sehr groß, bis 6 cm breit. Eingeschleppt aus Südamerika. Gelegentlich in Dünen. Nur in Westeuropa. Blüten VI–IX. Vgl. 172(b).

(d) Französisches Leimkraut *Silene gallica* L., Fam. Nelkengewächse *(Caryophyllaceae)*. Einjährige, aufrechte Pflanze von 15–45 cm Höhe. Stengel behaart. Blätter gegenständig, verkehrt-eiförmig. Blüten in traubenähnlichen, meist einseitswendigen Wickeln. Ziemlich selten und unbeständig in Unkrautfluren. Herkunft: östliches Mittelmeergebiet. Blüten VI–X.

(e) Kleine Wolfsmilch *Euphorbia exigua* L., Fam. Wolfsmilchgewächse *(Euphorbiaceae)*. Pflanze von etwa 10–20 cm Höhe mit aufrechtem, unverzweigtem Stengel. Einjährig. Blätter sehr schmal, linealisch, hellgrün. Scheindolde vielstrahlig. Drüsen rundlich oder oval. Verbreitet auf lehmig-tonigen Äckern. Im Nordwesten ziemlich selten. Blüten VI–X.

(f) Gelbe Bartsie *Parentucellia viscosa* (L.) CARUEL, Fam. Braunwurzgewächse *(Scrophulariaceae)*. Aufrechte, unverzweigte, einjährige Pflanze von etwa 10–50 cm Höhe. Kronen gelb, kürzere Oberlippe und längere, breitere Unterlippe. An sandigen Standorten, auf Plätzen, an Wegen. Hauptverbreitung in Südeuropa. Sonst nur selten und unbeständig. Blüten VI–IX.

Sommer (Juli)
Wiesen, Ufer, Gräben

(a) Sumpf-Labkraut *Galium palustre* L., Fam. Rötegewächse *(Rubiaceae)*. Mehrjährige Pflanze, etwa 15–80 cm hoch, mit vierkantigem, liegendem oder aufsteigendem Stengel, von gekrümmten Stacheln etwas rauh. Blätter stumpf, ohne Stachelspitze, linealisch, vorne wenig breiter, zu 4–6 in Wirteln. Blüten weiß; Kronblätter radförmig ausgebreitet. In Röhrichten, Naßwiesen, Brüchern und an Gräben. Blüten V–IX. Ähnlich: **Moor-Labkraut** *Galium uliginosum* L., mit linealischen, aber stachelspitzigen Blättern. Verbreitet in kalkarmen Moorwiesen.
(b) Großblättriger Milchlattich *Cicerbita macrophylla* (WILLD.) WALLR., Fam. Korbblütengewächse *(Asteraceae)*. Mehrjährige Pflanze von etwa 60–180 cm Höhe mit aufrechtem Stengel. Blätter meist grundständig; untere mit einem Paar Seitenzipfeln und großem ovalem Endabschnitt. Blütenköpfe mit blaßlila Zungenblüten. Zierpflanze aus dem Kaukasus, nur selten verwildert. Blüten VII–VIII. Vgl. auch 128(a).
(c) Lanzett-Kratzdistel, Speerdistel *Cirsium vulgare* (SAVI) TEN., Fam. Korbblütengewächse *(Asteraceae)*. Zweijährige Pflanze mit aufrechtem Stengel, etwa 60–120 cm hoch. Blätter kraus-dornig, am Stengel herablaufend, oberseits durch feine Stacheln rauh, unterseits dünn graufilzig. Hülle des purpurnen bis hellroten Köpfchens eiförmig. Verbreitet bis zerstreut, vor allem in Kalkgebieten, an Wegrändern, Ufern und Schlägen. Blüten VI–IX.
(d) Echtes Mädesüß, Große Spierstaude *Filipendula ulmaria* (L.) MAX., Fam. Rosengewächse *(Rosaceae)*. Ausdauernde Pflanze von 50–150 cm Höhe mit aufrechtem, kantigem, meist rötlichem Stengel. Blätter unterbrochen gefiedert. Blüten sehr klein, zahlreich in Spirren (Rispen). Häufig bis verbreitet in nassen Wiesen und an Gräben. Blüten VI–VIII. Vgl. auch 114(k).
(e) Knollen-Kratzdistel *Cirsium tuberosum* (L.) ALL., Fam. Korbblütengewächse *(Asteraceae)*. Mehrjährige Pflanze mit aufrechtem, meist unverzweigtem, kräftigem Stengel von 50–120 cm Höhe. Blätter unterseits grün, jedoch schwach spinnwebig-wollig, oberseits dunkelgrün, nicht herablaufend, meist nur im unteren Teil des Stengels, tief fiederspaltig, ohne Dornspitzen. Blüten in einzelnen, langgestielten Köpfen. Verbreitet bis zerstreut in wechselfeuchten Moorwiesen, vor allem in Kalkgebieten. Blüten VII–VIII.
(f) Neubelgien-Aster *Aster novi-belgii* L., Fam. Korbblütengewächse *(Asteraceae)*. Mehrjährige Pflanze mit aufrechtem, 4reihig flaumig behaartem Stengel, etwa 80–120 cm hoch. Blätter kahl, eiförmig lanzettlich; untere gestielt, obere schmäler und halbstengelumfassend. Hüllblätter deutlich abstehend, spitz; äußere nur halb so lang wie die inneren. Eingebürgert. Stellenweise an Flußufern und in Auwäldern. Blüten VII–X.
(g) Saat-Wucherblume *Chrysanthemum segetum* L., Fam. Korbblütengewächse *(Asteraceae)*. Einjährige Pflanze mit längsstreifigem, aufrechtem Stengel, bis etwa 20–60 cm hoch. Zungen- und Röhrenblüten leuchtend gelb. Zerstreut bis selten an Wegrändern oder an Äckern (Getreidefeldern). Blüten VII–X. Vgl. 34(f).
(h) Chinesischer Bocksdorn *Lycium chinense* MILL., Fam. Nachtschattengewächse *(Solanaceae)*. Sommergrüner Strauch von 1–3 m Höhe mit sparrigen, steif aufrechten Ästen, meist dornenlos. Blätter lanzettlich-eiförmig bis rautenförmig; Blattspreite plötzlich in den Blattstiel verschmälert, kräftig grün. Blüten VI–IX. Zierstrauch. Ähnlich: **Gemeiner Bocksdorn** *Lycium barbarum* L., Zweige oft dornig, Blätter graugrün, Blätter lanzettlich. Blüten VI–IX. Verbreitet bis zerstreut.
(i) Färber-Hundskamille *Anthemis tinctoria* L., Fam. Korbblütengewächse *(Asteraceae)*. Mehrjährige Pflanze mit aufrechtem, unverzweigtem Stengel. Blätter wechselständig, fiederteilig, mit kammförmig fiederspaltigen Zipfeln. Blütenköpfe einzeln, endständig; Zungen- und Röhrenblüten leuchtend gelb. Verbreitet, im Norden sehr zerstreut, auf Äckern, in Felsfluren, Trockenrasen und verschiedenen Ruderalstandorten. Blüten VI–IX.
(j) Fluß-Greiskraut, Fluß-Kreuzkraut *Senecio fluviatilis* WALLR., Fam. Korbblütengewächse *(Asteraceae)*. Mehrjährige, aufrechte Pflanze von 60–150 cm Höhe. Blätter ungeteilt, sitzend, wechselständig, länglich-oval, mit vorwärts weisenden Zähnen. Blütenköpfe mit 3- bis 5blättriger Außenhülle. Blütenköpfe mit 7–8 goldgelben Zungenblüten, zahlreich in rispigem Blütenstand. Sehr zerstreut in Staudenfluren und Auengebüsch entlang von Flüssen. Blüten VII–IX.
(k) Gemeine Eselsdistel *Onopordum acanthium* L., Fam. Korbblütengewächse *(Asteraceae)*. Zweijährige Pflanze mit kräftigem, aufrechtem Stengel, etwa 70–180 cm hoch. Blätter im Umriß elliptisch, sehr groß, mit stark dornigen Lappen, ober- und unterseits weißfilzig, am Stengel herablaufend, dieser breit geflügelt. Blütenköpfe hellpurpurn, bis 5 cm breit. Ziemlich selten an sonnigen, ruderalen Standorten. Gelegentlich auch als dekorative Zierpflanze in Gärten. Blüten VII–VIII.
(l) Stern-Flockenblume *Centaurea calcitrapa* L., Fam. Korbblütengewächse *(Asteraceae)*. Zweijährige, aufrechte Pflanze von etwa 15–50 cm Höhe. Blätter grün, rauh, tief fiederteilig, mit spitzen, fast borstlichen Abschnitten. Dorn der äußeren Hüllblätter sehr kräftig, Blütenköpfe daher von sternähnlichem Aussehen. Zerstreut bis selten an Weg- und Ackerrändern. Blüten VII–VIII.

Aufnahme vom 8. Juli. ○ entspricht 1 cm

(a) Gemeine Wegwarte *Cichorium intybus* L., Fam. Korbblütengewächse *(Asteraceae)*. Mehrjährige Pflanze mit stark ästigem Stengel, etwa 30–130 cm hoch, von sparrigem Aussehen. Blätter schrot-sägeförmig, weiter oben am Stengel auch ungeteilt, länglich, stengelumfassend. Blüten in flachen Körbchen, nur mit hellblauen Zungenblüten. Häufig an Wegen, Schuttstellen und Dämmen. Blüten VII–X.

(b) Gelber Hornmohn *Glaucium flavum* Crantz, Fam. Mohngewächse *(Papaveraceae)*. Zwei- bis mehrjährige Pflanze mit fast kahlem Stengel, etwa 30–70 cm hoch. Blätter dick, blaubereift, fiederteilig, mit gezähnten Lappen. Blüten einzeln, mit 4 hellgelben Kronblättern. Schote 15–25 cm lang, hornartig aufwärts gebogen. Ziemlich selten an Schuttstellen; auch im Küstenbereich. Blüten VI–VII. Aufnahme vom 4. Juli.

(c) Osterluzei *Aristolochia clematitis* L., Fam. Osterluzeigewächse *(Aristolochiaceae)*. Mehrjährige Pflanze mit krautigem, aufrechtem oder aufsteigendem Stengel, etwa 30–70 cm hoch. Blätter wechselständig, gestielt, kahl, herzförmig, mit 2 großen, rundlichen Lappen. Blüten gelb, mit langer, am Grunde bauchiger Kronröhre. Zerstreut bis selten an Gebüschen, Säumen und Weinbergen. Blüten V–VII. Aufnahme vom 29. Juni.

(d) Schwarzes Bilsenkraut *Hyoscyamus niger* L., Fam. Nachtschattengewächse *(Solanaceae)*. Ein- oder zweijährige Pflanze, etwa 20–80 cm hoch, mit zottig-klebrig behaartem Stengel, von unangenehmem Geruch. Blüten glockigtrichterig, schmutziggelb mit violetter Aderung, in einseitswendigen Wickeln. Giftig. Selten an ruderalen Standorten. Blüten VI–X. Aufnahme vom 13. Juli.

(e) Ähriger Ehrenpreis *Veronica spicata* L., Fam. Braunwurzgewächse *(Scrophulariaceae)*. Mehrjährige Pflanze mit aufrechtem Stengel, etwa 20–45 cm hoch. Blätter gegenständig, sitzend, stumpf, gesägt, an der Spitze meist ganzrandig. Blüten in endständiger, schlanker Ähre. Kronen hellblau. Ziemlich selten an Trockengebüschsäumen. Blüten VII–IX. Aufnahme vom 12. Juli.

(f) Strand-Milchkraut *Glaux maritima* L., Fam. Primelgewächse *(Primulaceae)*. Ausdauernde Salzpflanze mit gedrungenem, niederliegendem oder nur schwach aufsteigendem Stengel, etwa 5–15 cm lang. Kronblattlos, aber mit kronblattartig ausgebildeten Kelchblättern. Verbreitet in den Salzwiesen der Küsten. Blüten VI–VIII. Aufnahme vom 5. Juli.

(a) Heideröschen *Daboecia cantabrica* (Huds.) C. Koch, Fam. Heidekrautgewächse *(Ericaceae)*. Zwergstrauch bis etwa 50 cm Höhe, mit reichverzweigten Stengeln. Drüsenhaarig. Blätter 5–10 mm lang, am Rande gerollt, oberseits dunkelgrün glänzend, unterseits weißfilzig. Blüten gestielt, nickend; Krone flaschenförmig. In atlantischen Heiden und lichten Wäldern. Nur West- und Südwesteuropa. Blüten VI–X. Aufnahme vom 12. Juli.

(b) Ackerröte *Sherardia arvensis* L., Fam. Rötegewächse *(Rubiaceae)*. Kleine, einjährige Pflanze mit liegendem oder aufsteigendem Stengel, etwa 5–20 cm hoch. Untere Blätter oval-länglich, zu 6, obere schmal-lanzettlich, zu 4 wirtelig. Blüten kopfig gehäuft, klein; Kronblätter lila, Krone trichterig. Kelch undeutlich 6zähnig. Zerstreut bis selten auf Äckern. Blüten VI–X. Aufnahme vom 23. Juli.

(c) Wasser-Lobelie *Lobelia dortmanna* L., Fam. Lobeliengewächse *(Lobeliaceae)*. Mehrjährige Wasserpflanze mit meist einfachem, unverzweigtem Stengel, etwa 40–70 cm hoch. Blätter länglich-linealisch, alle in grundständiger Rosette. Blüten in lockerer, wenigblütiger, einseitswendiger Traube; Krone weiß, Kronröhre bläulich. Giftig. Selten im Röhricht nährstoffarmer Seen. Blüten VII–VIII. Aufnahme vom 13. Juli.

(d) Igelschlauch *Baldellia ranunculoides* (L.) Parl., Fam. Froschlöffelgewächse *(Alismataceae)*. Mehrjährige Wasserpflanze mit aufrechtem Stengel von 5–30 cm Höhe. Blätter kahl, ganzrandig, langgestielt, lanzettlich. Blüten weiß oder schwach rosa, in 3- bis 12blütiger Dolde. Ziemlich selten an Prielrändern und in Dünentümpeln. Salzverträglich. Blüten VII–X. Aufnahme vom 17. Juli.

(e) Gemeiner Wasserschlauch *Utricularia vulgaris* L., Fam. Wasserschlauchgewächse *(Lentibulariaceae)*. Mehrjährige Pflanze von 15–30 cm Länge, freischwimmend, ohne Wurzeln. Blätter lang, mehrfach fiederteilig, mit blasenartigen Insekten-/Kleinkrebsfallen. Weitere, schwer unterscheidbare Arten. Blüten VI–VIII. Aufnahme vom 24. Juli. Vgl. 52(b), 57(a), 166(i,j) und 170(e).

(f) Einfacher Igelkolben *Sparganium emersum* Rehmann, Fam. Igelkolbengewächse *(Sparganiaceae)*. Mehrjährige Pflanze von 20–80 cm Höhe (Länge), meist aufrecht. Blätter linealisch. Männliche Köpfe 2–8, oben, in Trauben; weibliche Köpfe unten, kleiner, meist 2–5. Verbreitet in langsam fließenden oder stehenden Gewässern. Blüten VI–VII. Aufnahme vom 13. Juli. Vgl. 146(g).

(a) Echtes Tausendgüldenkraut *Centaurium minus* Moench, Fam. Enziangewächse *(Gentianaceae)*. Mehrjährige Pflanze von 10–50 cm Höhe mit aufrechtem, kantigem Stengel. Blätter sitzend, gegenständig, eiförmig-lanzettlich. Blätter der grundständigen Rosette breiter. Blüten in flacher Scheindolde, nur bei Sonnenschein geöffnet. Verbreitet bis zerstreut an Waldsäumen und Trockenhängen. Blüten VII–IX. Formenreich. Vgl. auch 142(b). Ähnlich:
Zierliches Tausendgüldenkraut *Centaurium pulchellum* (Sw.) Druce, Stengel ohne grundständige Rosette, meist nur bis 15 cm hoch, reich verzweigt. Zerstreut an Wegen und in Salzwiesen. Blüten VII–IX.
(b) Drüsiges Springkraut *Impatiens glandulifera* Royle, Fam. Balsaminengewächse *(Balsaminaceae)*. Einjährige Pflanze mit aufrechtem, nur im Blütenstand wenigästigem Stengel von 50–250 cm Höhe. Blätter eiförmig-lanzettlich, gesägt, an den unteren Zähnen und am Blattstiel mit Drüsen, gegenständig, langgestielt. Blüten rot, in gestielten 2- bis 10blütigen Trauben. Kronen mit dickem Sporn. Gelegentlich verwilderte Zierpflanze, vor allem in Auengebüschen. Blüten VII–VIII.
(c) Wald-Wicke *Vicia sylvatica* L., Fam. Schmetterlingsblütengewächse *(Fabaceae)*. Mehrjährige Pflanze von etwa 50–200 cm Höhe. Blätter mit 6–12 Paar Fiederblättchen, mit endständiger, verzweigter Blattranke. Nebenblätter zerschlitzt oder vielzähnig. Blüten in langgestielten Trauben, diese länger als ihre Tragblätter. Kronen weiß, dunkelviolett geadert. Am Saum krautreicher Wälder. Zerstreut. Fehlt in Nord- und Nordwestdeutschland. Blüten VI–VIII.
(d) Einjähriges Bingelkraut *Mercurialis annua* L., Fam. Wolfsmilchgewächse *(Euphorbiaceae)*. Einjährige Pflanze mit aufrechtem, vierkantigem Stengel, etwa 20–50 cm hoch. Blätter sehr kurz gestielt, gegenständig, länglich-eiförmig, gekerbt. Zweihäusig, selten auch einhäusig. Blüten in ährigen Knäueln an langen, blattachselständigen Stielen. Männliche Blüten werden aus dem Blütenstand abgeschossen. Häufig in (Hackfrucht-)Äckern und Gärten. Blüten VI–X. Vgl. auch 12(d).
(e) Breitblättrige Kresse, Pfefferkraut *Lepidium latifolium* L., Fam. Kreuzblütengewächse *(Brassicaceae)*. Mehrjährige Pflanze mit aufrechtem Stengel, etwa 25–150 cm hoch. Untere Blätter eiförmig, langgestielt, gezähnt oder auch leierförmig fiederspaltig, bis 30 cm lang; obere Blätter kurzgestielt, ungeteilt, gesägt; blaugrün, etwas lederig, von scharfem Geschmack. Blüten klein, weiß, zahlreich in endständiger, verzweigter, pyramidenförmiger Traube. Ziemlich selten. Meist nur in den Graudünen der Küsten. Blüten V–VII. Vgl. auch 114(b) und 132(b).
(f) Europäische Seide, Hopfen-Seide *Cuscuta europaea* L., Fam. Seidegewächse *(Cuscutaceae)*. Einjährige Pflanze mit ästigem, etwa 1 mm dickem, gelblichem oder rötlichem Stengel, der um die Wirtspflanze (Weide, Erle, Brennessel, Hopfen, Minze u. a.) gewunden ist und über Saugorgane Kontakt aufnimmt. Blüten weißrosa, in großen, kugeligen Knäueln. Verbreitet bis zerstreut. Blüten VI–VIII. Vgl. auch 172(d).
(g) Schwarzer Nachtschatten *Solanum nigrum* L. em. Mill., Fam. Nachtschattengewächse *(Solanaceae)*. Einjährige Pflanze mit aufrechtem oder aufsteigendem Stengel. Blätter langgestielt, eiförmig-rautenförmig, seicht gebuchtet. Blüten in wenigblütigen Trauben. Kronblätter weiß. Staubblätter gelb, kegelig zusammenstehend. Verbreitet in Unkrautfluren an Mauern und auf Äckern. Blüten VI–IX. Vgl. auch 188(g).
(h) Guter Heinrich *Chenopodium bonus-henricus* L., Fam. Gänsefußgewächse *(Chenopodiaceae)*. Mehrjährige Pflanze von 20–60 cm Höhe mit aufrechtem, längsstreifigem, meist unverzweigtem Stengel. Blätter dreieckig-spießförmig, langgestielt, grasgrün, ganzrandig, mitunter wellig, fast kahl. Blüten in endständigen Ähren, grünlich, unscheinbar. Stickstoffzeiger. Früher Gemüsepflanze. Zerstreut bis verbreitet an verschiedenen Ruderalstellen. Blüten VI–IX.
(i) Unechter Gänsefuß *Chenopodium hybridum* L., Fam. Gänsefußgewächse *(Chenopodiaceae)*. Einjährige Pflanze von 30–80 cm Höhe mit aufrechtem, zähem Stengel. Blätter langgestielt, von länglich-ovalem Umriß, grob buchtig-gezähnt, vorne lang zugespitzt, grün, nicht mehlig bestäubt. Blüten in langen, vielblütigen Rispen. Verbreitet auf Äckern, in Gärten und an verschiedenen Ruderalstandorten. Blüten VI–IX.
(j) Alpen-Säuerling *Oxyria digyna* (L.) Hill, Fam. Knöterichgewächse *(Polygonaceae)*. Mehrjährige Pflanze mit aufrechtem, unverzweigtem Stengel, etwa 5–15 cm hoch. Blätter meist nur grundständig, langgestielt, nierenförmig, bleichgrün, von säuerlichem Geschmack. Blüten grünlich-rötlich, in Quirlen zu einer lockeren Rispe vereint. In feuchten, überwiegend kalkarmen Geröllfluren. In den Alpen zerstreut. Auch in Skandinavien. Blüten VI–VIII.
(k) Feigenblättriger Gänsefuß *Chenopodium ficifolium* Sm., Fam. Gänsefußgewächse *(Chenopodiaceae)*. Einjährige Pflanze mit aufrechtem Stengel, etwa 30–90 cm hoch. Blätter am Grunde keilförmig verschmälert, im Umriß lanzettlich, dreilappig, mit schmalem, fast parallelrandigem Mittellappen und kleineren Seitenlappen. Ziemlich selten, aber weitverbreitet an Wegrändern, Schuttstellen und entlang von Flußufern. Blüten VI–VIII.

Aufnahme vom 9. Juli. ○ entspricht 1 cm

(a) Hirschsprung *Corrigiola litoralis* L., Fam. Nelkengewächse *(Caryophyllaceae)*. Kleine einjährige Pflanze mit dünnem, liegendem oder schwach aufsteigendem Stengel, etwa 5–25 cm lang. Blätter wechselständig, länglich-linealisch, graugrün. Blüten klein, weiß, fast immer geschlossen, in achselständigen Trauben. Zerstreut bis selten an Ufern, auf Binnendünen, an Ackerrändern. Blüten VII–X.
(b) Verschiedenblättrige Kresse *Lepidium heterophyllum* (DC.) BENTHAM, Fam. Kreuzblütengewächse *(Brassicaceae)*. Mehrjährige, vielstengelige Pflanze von 15–45 cm Höhe. Obere Stengelblätter mit pfeilförmigem Blattgrund stengelumfassend. Blüten in verzweigten Trauben; Kronblätter weiß. Schötchen 5–6 mm lang; Flügelsaum mit dem Griffel verwachsen. Ziemlich selten an Wegen, auf Sandböden, an ruderalen Standorten und auf Äckern. Blüten V–VIII. Vgl. auch 114(b) und 130(e).
(c) Echtes Tännelkraut *Kickxia elatine* (L.) DUM., Fam. Braunwurzgewächse *(Scrophulariaceae)*. Einjährige, kleine Pflanze von 5–40 cm Länge mit liegendem oder nur wenig aufsteigendem Stengel. Untere Stengelblätter meist eiförmig, mittlere spießförmig, obere pfeilförmig. Blattstiele meist kahl. Kronen gespornt, gelblich-weiß; Oberlippe innen violett. Selten. Blüten VII–X. Ähnlich: **Eiblättriges Tännelkraut** *Kickxia spuria* (L.) DUM., alle Blätter am Grunde abgerundet, Blattstiele meist behaart.
(d) Echte Sode *Suaeda vera* J.F.GMELIN, Fam. Gänsefußgewächse *(Chenopodiaceae)*. Stark verzweigter kleiner Strauch bis 150 cm Höhe, mit zahlreichen fleischigen, etwas blaugrünen, halbstielrunden Blättern.
(e) Gemeine Goldrute *Solidago virgaurea* L., Fam. Korbblütengewächse *(Asteraceae)*. Mehrjährige, aufrechte Pflanze von 15–100 cm Höhe mit zähem, rötlich-braunem Stengel. Grundständige und untere Blätter verkehrteiförmig bis elliptisch, meist gezähnt; obere Blätter lanzettlich, ungestielt, ganzrandig. Pflanze kahl oder wenig behaart. Blütenköpfe in aufrechter, allseitswendiger Traube oder Rispe, etwa 7–10 mm breit, mit sehr schmalen, gelben Zungenblüten. Verbreitet auf Heiden, an Rainen, in Magerwiesen und an Säumen. Blüten VII–X. Heilpflanze.
(f) Sichel-Hasenohr *Bupleurum falcatum* L., Fam. Doldengewächse *(Apiaceae)*. Mehrjährige Pflanze von 20–100 cm Höhe. Blätter länglich-lanzettlich; zwischen den 5–7 größeren Blattnerven dünnere Blattnerven deutlich erkennbar. Dolden 4- bis 8strahlig. Hüllchen vorhanden, Hülle fehlt. Blüten klein, gelb. Zerstreut bis verbreitet an trockenen Säumen, in Gebüschen und Trockenwäldern. Blüten VII–IX.
(g) Gemeine Sichelmöhre *Falcaria vulgaris* BERNH., Fam. Doldengewächse *(Apiaceae)*. Mehrjährige, aufrechte Pflanze von 30–80 cm Höhe mit sparrig-ästigem Stengel. Pflanze kahl, blaugrün. Blätter doppelt 3zählig, mit langen, schmalen, lanzettlichen Abschnitten; Blättchen scharf gesägt. Hülle und Hüllchen vorhanden, wenigblättrig, lanzettlich. Blüten weiß. Zerstreut bis selten in Trockenrasen, auf Brachen und an Säumen. Blüten VII–IX.
(h) Echter Haarstrang *Peucedanum officinale* L., Fam. Doldengewächse *(Apiaceae)*. Mehrjährige Pflanze, etwa 60–150 cm hoch, mit drehrundem, aufrechtem Stengel. Blätter langgestielt, doppelt bis mehrfach dreizählig, mit langen, schmalen, ganzrandigen Blattabschnitten. Dolden 4- bis 8strahlig, Blüten gelb. Zerstreut bis selten in Halbtrockenrasen, an Ufern, Rainen und Säumen. Blüten VII–IX. Vgl. auch 160(h).
(i) Fenchel *Foeniculum vulgare* MILL., Fam. Doldengewächse *(Apiaceae)*. Zwei- oder mehrjährige Pflanze von 80–180 cm Höhe mit rübenartig verdickter Wurzel und blaugrün bereiftem, rundem, gefurchtem Stengel. Blätter mit langen, weißlichen Blattscheiden, wechselständig, drei- bis mehrfach gefiedert. Blüten klein, chromgelb oder grünlich-gelb, in einer großen, vielstrahligen Dolde ohne Hülle oder Hüllchen. Nur in Südeuropa (und Westasien) heimisch. In Mitteleuropa meist angepflanzt oder verwildert. Blüten VII–VIII.
(j) Hundspetersilie *Aethusa cynapium* L., Fam. Doldengewächse *(Apiaceae)*. Einjährige Pflanze von etwa 10–120 cm Höhe, meist ziemlich klein, mit dünnem, kahlem, gerieftem Stengel. Pflanze wenigblättrig. Blätter 2- bis 3fach gefiedert, unterseits etwas glänzend, von dreieckigem Umriß. Blüten weiß, in Dolden; Hüllchenblätter ziemlich lang. Verbreitet bis häufig an Gebüschsäumen, auf Brachland und verschiedenen Ruderalstellen. Blüten VI–IX.
(k) Zwerg-Holunder, Attich *Sambucus ebulus* L., Fam. Geißblattgewächse *(Caprifoliaceae)*. Mehrjährige Pflanze (Staude) von 60–150 cm Höhe. Blätter gegenständig, unpaarig gefiedert, mit großen, blattartigen Nebenblättern. Blüten in vielblütigen, weißen Schirmrispen; Staubbeutel rot oder schwarz. Steinfrüchte schwarz. Giftig. Stickstoffzeiger. Verbreitet bis selten in Staudenfluren, an Schlägen und Rainen. Im Süden häufiger. Blüten VI–VII. Vgl. 32(e) und 178(m).
(l) Kleine Bibernelle, Kleine Pimpinelle *Pimpinella saxifraga* L., Fam. Doldengewächse *(Apiaceae)*. Mehrjährige Pflanze, etwa 40–60 cm hoch. Blätter einfach gefiedert, Fiederblättchen sitzend, rundlich oder eiförmig, gekerbt, gesägt oder geteilt. Blüten weiß, in langgestielten Dolden, ohne Hülle und Hüllchen. Verbreitet bis zerstreut an sonnigen Rainen, in lichtem Gebüsch oder an Säumen. Blüten VI–IX.

Aufnahme vom 9. Juli. ○ entspricht 1 cm

(a) Kleine Wiesenraute *Thalictrum minus* L., Fam. Hahnenfußgewächse *(Ranunculaceae)*. Mehrjährige Pflanze mit verzweigtem, dünnem, aufrechtem Stengel, bis etwa 30–100 cm hoch. Blätter 2- bis 3fach gefiedert; Fiederblättchen rundlich bis rundlich-keilförmig, meist ebenso lang wie breit. Blüten in lockeren Rispen, etwas entfernt, meist überhängend. Zerstreut an Trockengebüschen und Waldsäumen. Blüten VI–VIII. Vgl. 142(g).
(b) Römische Hundskamille *Chamaemelum nobile* (L.) ALL., Fam. Korbblütengewächse *(Asteraceae)*. Mehrjährige Pflanze von 10–30 cm Höhe mit graugrünem, behaartem, ästigem Stengel. Blätter 2- bis 3fach fiederteilig, mit sehr feinen, schmalen Abschnitten, oberseits weichhaarig. Pflanze von angenehmem Geruch. Korbblüten einzeln auf langen Stielen, etwa 20–25 mm breit. Blütenboden kugelig gewölbt, ohne Markhöhle. Zerstreut bis selten, vor allem in Kalkgebieten. Manchmal auch in Gärten. Blüten VI–IX. Vgl. 42(g), 90(c), 114(e) und 138(b).
(c) Echte Kölme *Calamintha nepeta* (L.) SAVI, Fam. Lippenblütengewächse *(Lamiaceae)*. Mehrjährige Pflanze, etwa 40–80 cm hoch, mit aufrechtem, kantigem Stengel. Blätter oval, grauhaarig, grob gezähnt. Blüten mit hellvioletten bis weißen Kronen, in Scheinquirlen. Blütenstand locker. Pflanze duftet melissenähnlich. In Gebüschen und an sonnigen, steinigen Standorten. Vor allem in Südeuropa. Blüten VII–X.
(d) Berg-Sandglöckchen *Jasione montana* L., Fam. Glockenblumengewächse *(Campanulaceae)*. Ein- oder zweijährige, kleine Pflanze, etwa 15–30 cm hoch. Blätter schmal-lanzettlich. Blüten gedrängt in endständigen Köpfen. Auf Brachland, in Trockenfluren und in Dünen. Blüten VII–IX. Vgl. auch 166(e).
(e) Gemeiner Thymian *Thymus pulegioides* L., Fam. Lippenblütengewächse *(Lamiaceae)*. Zwergstrauch mit kriechendem und niederliegendem Stengel, etwa 5–40 cm hoch. Zweige scharf vierkantig, nur an den Kanten kurzhaarig. Blätter gegenständig, oberseits behaart, oval-länglich, mit stumpfer Spitze. Blüten in endständigen Scheinquirlen; Kronen rosa bis hellrot. Verbreitet bis zerstreut in Trokkenrasen, Halbtrockenrasen, Magerrasen und Heiden. Blüten VI–X. Vgl. auch 50(c) und 138(k).
(f) Kleinblütiges Springkraut *Impatiens parviflora* DC., Fam. Balsaminengewächse *(Balsaminaceae)*. Einjährige Pflanze mit aufrechtem, brüchigem Stengel, etwa 30–60 cm hoch. Blätter eiförmig, gesägt. Blüten gelb, etwa 10 mm lang, mit langem, geradem Sporn. Verbreitet an Säumen, in Gebüschen und krautreichen Laubwäldern. Blüten VI–IX. Vgl. 130(b) und 150(c).
(g) Färber-Scharte *Serratula tinctoria* L., Fam. Korbblütengewächse *(Asteraceae)*. Mehrjährige Pflanze von 30–100 cm Höhe mit aufrechtem, unverzweigtem Stengel. Blätter ungeteilt bis fiederteilig, scharf gesägt. Körbchen ziemlich klein, nur mit Röhrenblüten. Hüllblätter an der Spitze purpurn. Verbreitet auf feuchten Wiesen, an Waldrändern und an Säumen. Im Norden ziemlich selten. Blüten VII–VIII.
(h) Edel-Gamander *Teucrium chamaedrys* L., Fam. Lippenblütengewächse *(Lamiaceae)*. Mehrjährige Pflanze mit aufsteigendem oder aufrechtem Stengel, etwa 15–30 cm hoch. Blätter kreuzgegenständig, länglich-keilförmig, gesägt oder gekerbt. Blüten ohne Oberlippe, rötlich. Sehr zerstreut in Trockenrasen, Felsfluren und an trockenen Gebüschsäumen. Blüten VII–IX. Vgl. auch 122(d) und 154(j).
(i) Nordisches Labkraut *Galium boreale* L., Fam. Rötegewächse *(Rubiaceae)*. Mehrjährige Pflanze, etwa 30–50 cm hoch, mit steif aufrechtem Stengel. Blätter dreinervig, derb, lanzettlich, stumpf, nicht in eine Stachelspitze verlängert, kahl zu je 4 in einem Wirtel. Blüten weiß, in endständiger Rispe. Zerstreut bis selten in Auenwiesen, an Rainen, auch in Halbtrockenrasen. Meist nur in Kalkgebieten. Blüten VII–VIII. Vgl. auch 36(d), 64(g), 90(d), 126(a).
(j) Tauben-Skabiose *Scabiosa columbaria* L., Fam. Kardengewächse *(Dipsacaceae)*. Zwei- bis mehrjährige Pflanze, etwa 30–60 cm hoch, mit aufrechtem, verzweigtem Stengel. Blätter doppelt fiederspaltig. Blüten in flachen, langgestielten Köpfen. Kronen lila bis blauviolett, fünfzipflig, Randblüten immer deutlich vergrößert. Verbreitet bis häufig an Wegrändern, Böschungen, Rainen oder in Trockenrasen. Blüten VI–X. Vgl. auch 154(g).
(k) Bergminze *Calamintha officinalis* MOENCH, Fam. Lippenblütengewächse *(Lamiaceae)*. Mehrjährige Pflanze bis etwa 50 cm Höhe. Blätter dünn, eiförmig, kurzgestielt, gekerbt bis gesägt, kurzhaarig. Blüten in wenigblütigen Scheinquirlen, blattachselständig. Kronen violett, purpurn oder weißlich. Ziemlich selten an warmen, trockenen Standorten, vor allem auf Lößböden. Blüten VII–IX. Formenreich.
(l) Meer-Lavendel *Limonium binervosum* (G.E.SM.) SALMON, Fam. Bleiwurzgewächse *(Plumbaginaceae)*. Mehrjährige Pflanze mit ästigem, aufrechtem Stengel, etwa 30 cm hoch. Blätter spatelig bis länglich-lanzettlich, oberseits deutlich dreinervig. Blüten in einseitswendigen Blütenständen. Kronen etwa 4–8 mm breit, bläulich oder weißlich. Auf meeresnahen Klippen und Felsen. Formenreich. Nur auf den Britischen Inseln. Blüten VII–IX.

Aufnahme vom 12. Juli. ○ entspricht 1 cm

(a) Gekielter Lauch *Allium carinatum* L., Fam. Liliengewächse *(Liliaceae)*. Mehrjährige Pflanze von 30–60 cm Höhe. Blätter flach, undeutlich rinnig, höchstens 1 cm breit. Scheindolde fast immer mit Brutzwiebeln, manchmal sogar blütenlos. Nur im Süden, sonst sehr selten. Meist auf Kies- und Lehmböden. Blüten VI–VII. Vgl. auch 54(k) und 144(b).

(b) Knäuel-Glockenblume *Campanula glomerata* L., Fam. Glockenblumengewächse *(Campanulaceae)*. Mehrjährige Pflanze mit aufrechtem, unverzweigtem Stengel, etwa 30–60 cm hoch. Untere Blätter am Grunde abgerundet oder fast herzförmig, gestielt. Mittlere Blätter lanzettlich, sitzend. Blüten in endständigen Knäueln. Kronen blau. Zerstreut auf trockenen Wiesen, Trockenrasen und an Gebüschsäumen. Blüten VI–IX. Vgl. 152(b).

(c) Nesselblättrige Glockenblume *Campanula trachelium* L., Fam. Glockenblumengewächse *(Campanulaceae)*. Mehrjährige Pflanze mit aufrechtem, unverzweigtem, scharfkantigem Stengel, etwa 60–100 cm hoch. Blätter eiförmig, grob gesägt, gestielt, wechselständig. Blütenkronen blaulila. Blüten gestielt, aufrecht oder abstehend. Verbreitet bis zerstreut in Gebüschen, an Schlägen und Säumen. Blüten VII–VIII. Vgl. 152(b).

(d) Kanadische Goldrute *Solidago canadensis* L., Fam. Korbblütengewächse *(Asteraceae)*. Mehrjährige, kräftige Pflanze von 50–250 cm. Stengel dicht abstehend, kurzhaarig, aufrecht, unverzweigt, zäh. Stengelblätter dichtlaubig, gesägt. Blüten in kleinen Köpfen, diese zahlreich in dichtblütigen Rispen mit bogig überhängenden Ästen. Eingeschleppt aus Nordamerika. Blüten VII–X.

(e) Blauer Eisenhut, Sturmhut *Aconitum napellus* L., Fam. Hahnenfußgewächse *(Ranunculaceae)*. Mehrjährige Pflanze bis etwa 150 cm Höhe. Blätter handförmig gelappt oder geteilt. Blüten helmförmig, in dichten endständigen Trauben. Formenreich. Die Abbildung zeigt eine der zahlreichen Gartenvarietäten, die gelegentlich als Zierpflanze kultiviert werden. Blüten VI–VIII. Vgl. auch 88(c).

(f) Echtes Seifenkraut *Saponaria officinalis* L., Fam. Nelkengewächse *(Caryophyllaceae)*. Ausdauernde Pflanze von 30–70 cm Höhe mit aufrechtem, feinflaumigem Stengel. Blätter elliptisch bis lanzettlich, kreuzgegenständig, dreinervig, fast kahl, mattgrün. Blüten bis 30 mm breit, in Scheindolden büschelig an den Enden von Seitenzweigen. Krone weiß, blaßrosa oder rötlich. Zerstreute bis verbreitete Art auf Bahndämmen und Kiesbänken. Blüten VI–IX. Arzneipflanze.

(g) Graukresse *Berteroa incana* (L.) DC., Fam. Kreuzblütengewächse *(Brassicaceae)*. Ein- oder zweijährige Pflanze von 30–60 cm Höhe mit aufrechtem, beblättertem Stengel. Stengel und Blätter graugrün, mit Sternhaaren dicht besetzt. Kronblätter weiß. Schötchen elliptisch. Verbreitet bis zerstreut an ruderalen Standorten, meist auf Sandböden. Blüten VI–X.

(h) Weg-Malve, Kleine Käsepappel *Malva neglecta* WALLR., Fam. Malvengewächse *(Malvaceae)*. Ein- bis mehrjährige Pflanze mit liegendem oder aufsteigendem Stengel, etwa 15–50 cm hoch. Stengelblätter gelappt; Lappen grob gezähnt. Blüten büschelig in den Blattachseln. Kronblätter etwa 1 cm lang, rosa oder weißlich, tief ausgerandet, etwa doppelt so lang wie der Kelch. Verbreitet bis häufig an Äckern, in Gärten, Weinbergen und an Wegrändern. Blüten VI–X. Vgl. auch 110(f) und 160(f).

(i) Taubenkropf *Cucubalus baccifer* L., Fam. Nelkengewächse *(Caryophyllaceae)*. Mehrjährige Pflanze mit ästigem, klimmendem, meist kurzflaumig behaartem Stengel, etwa 60–120 cm hoch. Ziemlich brüchig. Blätter spitzeiförmig. Blüten grünlich, nickend, mit auffallend weitem, glockigem Kelch. Blütenstand sehr locker. Zerstreut bis selten in Auengebüschen, Schleiergesellschaften der größeren Flußtäler. Blüten VII–IX.

(j) Knotiger Storchschnabel *Geranium nodosum* L., Fam. Storchschnabelgewächse *(Geraniaceae)*. Mehrjährige Pflanze, etwa 30–50 cm hoch. Blätter handförmig gelappt; Lappen ziemlich groß, lanzettlich, stark gesägt, dunkel geadert. Blüten 20–25 mm breit, hellpurpurn, mit violetter Aderung. Stengel an den Knoten etwas verdickt, angedrückt behaart. Pflanze mit Ausläufern. Nur im Mittelmeergebiet, manchmal auch als Zierpflanze. Blüten VI–VII. Vgl. auch 118(a).

(k) Raps, Kohlrübe *Brassica napus* L., Fam. Kreuzblütengewächse *(Brassicaceae)*. Ein- oder zweijährige Pflanze mit aufrechtem Stengel, meist etwa 100–140 cm hoch. Alle Blätter bläulich bereift. Untere Blätter schwach behaart, die oberen oft stengelumfassend und kahl, ganzrandig oder seicht gebuchtet. Blüten in verlängerten Trauben; Kronblätter viel länger als die Kelchblätter, sehr lang genagelt. Meist als Öl- und Futterpflanze angebaut. Blüten V–IX.

(l) Breitblättrige Wolfsmilch *Euphorbia platyphyllos* L., Fam. Wolfsmilchgewächse *(Euphorbiaceae)*. Einjährige Pflanze von 25–60 cm Höhe. Blätter wechselständig, sitzend, hellgrün, unterseits zerstreut behaart, lanzettlich, kurz zugespitzt, ganzrandig. Scheindolden 3- bis 5strahlig; Drüsen rundlich oder oval. Zerstreut an Ruderalstandorten. Fehlt im Norden. Blüten VII–VIII.

Aufnahme vom 15. Juli. ○ entspricht 1 cm

(a) Stranddistel *Eryngium maritimum* L., Fam. Doldengewächse *(Apiaceae)*. Zwei- oder mehrjährige Pflanze, etwa 20–70 cm hoch, mit großen, lederig-derben, nierenförmigen, gelappten oder gebuchteten, am Rande dornig gezähnten Blättern. Grundblätter gestielt, Stengelblätter stengelumfassend. Alle Teile graublau. Blüten in kugeligen Dolden. Hüllblätter verkehrt-eiförmig oder lappig, mitunter amethystblau. Zerstreut bis selten in den Dünen atlantischer Küsten. Geschützt! Blüten VI–VIII. Vgl. 158(h).
(b) Meer-Strandkamille *Tripleurospermum maritimum* (L.) KOCH, Fam. Korbblütengewächse *(Asteraceae)*. Einjährige oder ausdauernde Pflanze mit liegendem oder schwach aufsteigendem Stengel, etwa 10–30 cm hoch. Blätter mehrfach fiederteilig. Blüten in großblumigen Köpfen. Pflanze riecht beim Zerreiben schwach aromatisch. Verbreitet auf Strandwällen am Spülsaum, manchmal auch auf Salzwiesen. Nur auf Salzboden. Blüten VII–X. Vgl. 42(g), 114(e), 134(b).
(c) Küsten-Wolfsmilch *Euphorbia paralias* L., Fam. Wolfsmilchgewächse *(Euphorbiaceae)*. Mehrjährige Pflanze von etwa 30–60 cm Höhe mit steif-aufrechtem Stengel. Blätter meist dachziegelartig dicht gestellt, blaugrün, dick, fleischig, spitz zulaufend. Scheindolden 3- bis 6strahlig. Drüsen halbmondförmig. In Sanddünen an den Küsten in West- und Südwesteuropa. Blüten V–IX.
(d) Kleine Eberwurz, Golddistel *Carlina vulgaris* L., Fam. Korbblütengewächse *(Asteraceae)*. Aufrechte, ästige, zweijährige Pflanze von 15–50 cm Höhe. Blätter zerteilt, mit stachelig gezähnten Abschnitten. Blütenköpfe goldgelb, 2–4 cm breit, mit wollig behaarten äußeren und strohgelben inneren Hüllblättern. Formenreich. Dünen, aber auch Trockenrasen, Raine und Steinfluren. Zerstreut. Blüten VII–IX.
(e) Dornige Spitzklette *Xanthium spinosum* L., Fam. Korbblütengewächse *(Asteraceae)*. Einjährige Pflanze von etwa 30–100 cm Höhe. Stengel mit langen, gelben dreiteiligen

Stacheln am Grund der Blätter. Blätter unterseits weißfilzig, oberseits dunkelgrün, mit weißen Blattnerven. Aus Nordamerika eingeführt. Manchmal als Zierpflanze, gelegentlich auch an Wegrändern, Ödplätzen und Schuttstellen. Blüten VII–X.
(f) Zitronen-Melisse *Melissa officinalis* L., Fam. Lippenblütengewächse *(Lamiaceae)*. Ausdauernde Pflanze, etwa 30–80 cm hoch, mit aufsteigendem oder aufrechtem, kantigem Stengel. Blätter eiförmig, gestielt, gekerbt-gesägt. Blüten zu 6 in einseitswendigen Scheinquirlen. Kronen weiß oder gelblich-weiß. Im östlichen Mittelmeergebiet beheimatet, manchmal kultiviert, selten verwildert. Blüten VI–VIII.
(g) Borretsch, Gurkenkraut *Borago officinalis* L., Fam. Rauhblattgewächse *(Boraginaceae)*. Einjährige, 20–60 cm hohe Pflanze mit aufrechtem, stark ästigem Stengel. Alle Teile dicht mit steifen, borstigen Haaren besetzt. Blätter ganzrandig, elliptisch, mit runzliger Oberfläche. Blüten meist nickend; Kronen himmelblau bis azurblau; Staubblätter braunrot. Gartenpflanze oder verwildert an Aufschüttungen, auf Brachland oder an Wegrändern. Blüten V–IX.
(h) Acker-Glockenblume *Campanula rapunculoides* L., Fam. Glockenblumengewächse *(Campanulaceae)*. Mehrjährige Pflanze von etwa 30–80 cm Höhe mit stumpfkantigem, nur kurz rauhhaarigem Stengel. Blätter herzförmig bis eiförmig, wechselständig. Blüten in langer, endständiger Traube, nickend, einseitswendig; Kronzipfel schmal. Zerstreut bis verbreitet an Wegrändern, Äckern, Gebüschsäumen und Rainen. Blüten VI–IX. Vgl. auch 136(b), 136(c) und 152(b).
(i) Rundblättrige Minze *Mentha rotundifolia* (L.) HUDS., Fam. Lippenblütengewächse *(Lamiaceae)*. Mehrjährige Pflanze, etwa 30–50 cm hoch, mit aufrechtem, weichhaarig-zottigem Stengel. Blätter rundlich-eiförmig, gekerbt bis gesägt, oberseits deutlich runzlig, kreuzgegenständig. Pflanze von aromatischem Duft. Blüten in oft lockerer, dünner, walziger Scheinähre, endständig an den Haupt- und Seitenachsen. Kronen hellila bis weiß. Ziemlich zerstreut an Gräben, Ufern, feuchten Ruderalstellen. Blüten VII–IX.
(j) Bergminze *Calamintha officinalis* MOENCH, Fam. Lippenblütengewächse *(Lamiaceae)*. Ausdauernde Pflanze von 30–50 cm Höhe mit dünnen, eiförmigen, kurzgestielten Blättern. Blüten in wenigblütigen, achselständigen Scheinquirlen. Formenreich. Zerstreut bis selten an warmen, trockenen Standorten. Blüten VII–IX. Vgl. 134(k).
(k) Sand-Thymian *Thymus serpyllum* L. EM MILL., Fam. Lippenblütengewächse *(Lamiaceae)*. Zwergstrauch mit lang kriechenden Stengeln, diese selten mit einem Blütenstand abschließend, etwa 2–10 cm hoch. Blütenzweige stets ringsum behaart. Blätter schmal-elliptisch, alle etwa gleich groß, am Rande zerstreut gewimpert. Blüten in kopfig gedrängtem Blütenstand; Kronen hellpurpurn; obere Kelchzähne breit dreieckig. Zerstreut bis verbreitet in Sandtrockenrasen, lichten Kiefernwäldern und in Dünen. Blüten VII–IX. Vgl. auch 50(c) und 134(e).
(l) Gemeine Ochsenzunge *Anchusa officinalis* L., Fam. Rauhblattgewächse *(Boraginaceae)*. Zwei- oder mehrjährige Pflanze von 30–100 cm Höhe mit aufrechtem, ästigem, kantigem, steifhaarigem Stengel. Blätter zungenförmig, lanzettlich, mit runzliger Oberfläche. Blüten etwa 5–15 mm breit; Kronröhre so lang wie der Kelch, nicht gekrümmt. Kronen anfangs rötlich, später hellblau-blauviolett. Zerstreut an Wegrändern, auf Brachland, an Säumen. Blüten V–X.

Aufnahme vom 16. Juli. ○ entspricht 1 cm

(a) Flügel-Hartheu *Hypericum tetrapterum* FRIES, Fam. Hartheugewächse *(Hypericaceae)*. Mehrjährige Pflanze mit aufrechtem, vierflügeligem Stengel, etwa 30–60 cm hoch. Blätter gegenständig, herzförmig bis eiförmig, sitzend, dicht durchscheinend punktiert. Kelchblätter lang zugespitzt. Kronblätter goldgelb bis hellgelb. Zerstreut in nassen Wiesen, an Ufern und Gräben. Blüten VII–VIII. Ähnlich: **Schönes Hartheu** *Hypericum pulchrum* L., Blätter länglich-oval, vorne abgerundet, unterseits graugrün. Kelchblätter verkehrt-eiförmig, stumpf. In Hecken, an Waldrändern und auf Wiesen. Blüten VII–IX. Vgl. auch 112(b), 112(c), 118(e), 118(f) und 142(k).

(b) Wiesen-Pferdesaat *Oenanthe lachenalii* C. C. GMELIN, Fam. Doldengewächse *(Apiaceae)*. Ausdauernde Pflanze von 40–60 cm Höhe, ohne Ausläufer. Stengel markig. Blätter am Grunde mit keilförmigen, weiter oben am Stengel mit sehr schmalen Abschnitten. Blüten weiß, in 5- bis 12strahligen Dolden. Zerstreut in nassen Wiesen, auch in Salzröhrichten. Blüten VII–IX.

(c) Salzbunge *Samolus valerandi* L., Fam. Primelgewächse *(Primulaceae)*. Kleine Pflanze bis 40 cm Höhe mit aufrechtem Stengel. Rosettenblätter und Stengelblätter verkehrt-eiförmig. Blütenstand traubig, ziemlich locker; Blüten klein, weiß. Sehr zerstreut bis verbreitet, besonders in küstennahen Brackwasserröhrichten. Blüten VI–X.

(d) Sumpf-Dreizack *Triglochin palustris* L., Fam. Dreizackgewächse *(Juncaginaceae)*. Mehrjährige Pflanze von etwa 15–40 cm Höhe. Blätter alle grundständig, schmal-linealisch, zweizeilig angeordnet. Blüten ohne Blütenhülle, in langen, ziemlich lockeren Trauben. Frucht länglich, mit 3 Teilfrüchten. Verbreitet bis zerstreut in Sumpfwiesen, Hangmooren und Quellfluren. Blüten VI–VIII. Vgl. 60(k) und 104(a).

(e) Knäuel-Ampfer *Rumex conglomeratus* MURRAY, Fam. Knöterichgewächse *(Polygonaceae)*. Ausdauernde, aufrechte Pflanze, etwa 30–80 cm hoch. Untere Blätter gestielt, Stengelblätter sitzend, herzförmig-länglich bis eiförmig, zugespitzt. Blüten in entfernten Quirlen; alle Blütenhüllblätter mit Schwiele. Blütenstand bis zur Spitze beblättert. Verbreitet in Unkrautfluren an Gräben, Ufern und in feuchten Wiesen. Blüten VII–VIII. Vgl. 72(j) und 120(i).

(f) Große Bibernelle *Pimpinella major* (L.) HUDS., Fam. Doldengewächse *(Apiaceae)*. Kräftige, mehrjährige Pflanze von 40–100 cm Höhe mit kantig gefurchtem, röhrig hohlem Stengel, meist bis zur Spitze beblättert. Blätter unpaarig gefiedert; Fiederblättchen eingeschnitten gezähnt bis fiederteilig. Blüten in vielstrahligen Dolden. Verbreitet in Fettwiesen, Staudenfluren, an Rainen und Gebüschen. Blüten VI–IX. Vgl. auch 132(l).

(g) Breitblättriger Merk *Sium latifolium* L., Fam. Doldengewächse *(Apiaceae)*. Mehrjährige, stattliche Pflanze von 60–150 cm Höhe. Stengel aufrecht, gefurcht. Unterwasserblätter mehrfach gefiedert, in schmale, linealische Zipfel zerteilt; Überwasserblätter einfach gefiedert; Fiederblättchen breit-lanzettlich, scharf gesägt. Kelchblätter ziemlich groß. Verbreitet bis zerstreut in Gräben und im Röhricht stehender und langsam fließender Gewässer. Blüten VII–VIII.

(h) Wiesen-Silau, Roßfenchel *Silaum silaus* (L.) SCH. ET THELL., Fam. Doldengewächse *(Apiaceae)*. Geruchlose, mehrjährige Pflanze von 30–100 cm Höhe. Blätter 2- bis 4fach gefiedert; Fiederblättchen entfernt, linealisch-lanzettlich, Blattstiel oberseits nicht rinnig. Blüten gelblich-weiß; Hüllchenblätter mit weißlichem Hautsaum. In wechselfeuchten Wiesen. Im Norden sehr selten, nach Süden häufiger. Blüten VI–IX.

(i) Blut-Ampfer, Hain-Ampfer *Rumex sanguineus* L., Fam. Knöterichgewächse *(Polygonaceae)*. Mehrjährige Pflanze von 50–80 cm Höhe. Blätter länglich-zungenförmig, zugespitzt, etwas wellig, häufig rötlich überlaufen. Blütenstand nur am Grunde beblättert. Blüten in entfernten Quirlen in locker verzweigter Rispe. Nur ein Blütenhüllblatt mit Schwiele. Verbreitet bis zerstreut an Waldsäumen, Waldwegen, Ufergehölzen und in Wiesen. Blüten VI–VIII. Vgl. 72(j), 120(i), 140(e).

(j) Hoher Ampfer, Fluß-Ampfer *Rumex hydrolapathum* HUDS., Fam. Knöterichgewächse *(Polygonaceae)*. Ansehnliche, mehrjährige Pflanze von 1–2 m Höhe, mit aufrechtem, ästigem Stengel. Grundblätter langgestielt, Spreiten meist 50–80 cm lang, gekerbt. Blüten in genäherten, vielblütigen Scheinquirlen. Blütenhüllblätter rundlich. Verbreitet bis zerstreut an Gewässern, an Ufern, in feuchten Gräben. Blüten VII–VIII.

(k) Krauser Ampfer *Rumex crispus* L., Fam. Knöterichgewächse *(Polygonaceae)*. Mehrjährige Pflanze mit kräftigem, aufrechtem Stengel, etwa 30–150 cm hoch. Blätter länglich-lanzettlich, am Rande ziemlich wellig oder kraus, flacher oder tiefer gebuchtet. Blüten in dichten, aber entfernten Scheinquirlen. Häufig an Äckern, Wegrändern, Triften, auf Weiden und an Schuttstellen. Blüten VI–VIII. Vgl. 72(j) und 140(i).

Aufnahme vom 17. Juli. ○ entspricht 1 cm

(a) Sumpf-Läusekraut *Pedicularis palustris* L., Fam. Braunwurzgewächse *(Scrophulariaceae)*. Zweijährige Pflanze von etwa 20–50 cm Höhe mit einzelnem, aufrechtem, ästigem Stengel, der nur im oberen Teil Blüten trägt. Blätter wechselständig, gefiedert; Abschnitte länglich-oval, fiederteilig. Blüten einzeln in den Blattachseln. Kronen rosenrot; Oberlippe mit 2 auswärts weisenden Zähnen. Halbschmarotzer. Selten bis zerstreut in Flach- und Zwischenmooren auf torfigem Boden. Blüten V–IX. Vgl. auch 64(j).
(b) Strand-Tausendgüldenkraut *Centaurium vulgare* RAFN., Fam. Enziangewächse *(Gentianaceae)*. Einjährige, überwinternde Pflanze von 5–20 cm Höhe mit aufrechtem, nur oberwärts verzweigtem Stengel. Blätter der grundständigen Rosette länglich-spatelig, Stengelblätter länglich-linealisch. Blüten gewöhnlich nicht in trugdoldig aufgebautem Blütenstand; nur bei vollem Sonnenschein geöffnet. Formenreich. Meist an der Küste in Salz- und Außendeichwiesen verbreitet. Blüten VII–IX. Vgl. 130(a).
(c) Sumpf-Ziest *Stachys palustris* L., Fam. Lippenblütengewächse *(Lamiaceae)*. Mehrjährige Pflanze mit aufrechtem, kantigem Stengel, etwa 30–100 cm hoch. Blätter länglich-lanzettlich, am Grunde schwach abgerundet, meist sitzend, kurzhaarig. Blüten in 6- bis 10blütigen Scheinquirlen. Kronen hellrot, doppelt so lang wie der Kelch. Verbreitet auf feuchten Äckern und Wiesen. Blüten VI–IX. Vgl. auch 56(c), 66(l), 110(j), 116(f) und 142(j).
(d) Echter Steinsame *Lithospermum officinale* L., Fam. Rauhblattgewächse *(Boraginaceae)*. Mehrjährige Pflanze, etwa 30–100 cm hoch, mit aufrechtem, reichästigem Stengel. Blätter dicht, lanzettlich, kurzhaarig. Kronen grünlich- oder gelblich-weiß. Ziemlich selten in Auengebüschen und an Waldsäumen. Blüten V–VIII.
(e) Feldlöwenmaul, Katzenmaul *Misopates orontium* (L.) RAFIN., Fam. Braunwurzgewächse *(Scrophulariaceae)*. Zierliche, einjährige Pflanze mit aufrechtem, ästigem Stengel, etwa 20–50 cm hoch. Blätter fast sitzend, länglich-linealisch. Blütenkronen 10–15 mm lang, rötlichpurpurn mit gelbem Schlundhöcker; Blütenstand ziemlich locker. Zerstreut bis selten auf Äckern, Brachland und an Weinbergen. Blüten VII–X.
(f) Streifen-Leinkraut *Linaria repens* (L.) MILL., Fam. Braunwurzgewächse *(Scrophulariaceae)*. Mehrjährige Pflanze mit aufrechtem Stengel, etwa 30–80 cm hoch. Blätter nur im unteren Teil quirlig; sitzend, lanzettlich-linealisch, graugrün. Blütenkrone bläulich- oder gelblich-weiß, mit gelbem Gaumen; Oberlippe weit zurückgeschlagen, violett gestreift. Ziemlich selten an mäßig trockenen, ruderalen Standorten. Blüten VII–VIII. Vgl. 48(b), 98(i), 106(j).
(g) Gelbe Wiesenraute *Thalictrum flavum* L., Fam. Hahnenfußgewächse *(Ranunculaceae)*. Mehrjährige, ansehnliche Pflanze von 50–130 cm Höhe mit hohlem, gerieftem Stengel. Blätter 2- bis 3fach gefiedert; Blättchen eiförmig-keilförmig, vorne meist 3- bis 4spaltig, oberseits dunkelgrün, unterseits meist heller. Blüten zahlreich in dichtem, zylindrischem Blütenstand, gelb, von angenehmem Duft. Zerstreut bis verbreitet in nassen Wiesen, an Ufern und Gräben und in Auengebüschen. Blüten VI–VII. Vgl. auch 134(a).
(h) Echte Katzenminze *Nepeta cataria* L., Fam. Lippenblütengewächse *(Lamiaceae)*. Aufrechte, mehrjährige Pflanze von 50–100 cm Höhe. Pflanze von herbem Aroma. Blätter gestielt, eiförmig bis herzförmig, graugrün, gegenständig, stark gesägt, unterseits graufilzig. Blüten in kurzen, rundlichen, dichten Scheinähren. Kronen weiß, purpurn gefleckt. An trockenen Ruderalstandorten. Mitunter auch als Zierpflanze. Blüten VII–IX. Vgl. 76(d).
(i) Kugelköpfiger Lauch *Allium sphaerocephalon* L., Fam. Liliengewächse *(Liliaceae)*. Mehrjährige, aufrechte Pflanze von 30–60 cm Höhe. Blätter etwa bis 10 mm breit, halbstielrund, immer rinnig. Blüten in doldigem Blütenstand, dieser mit kurz zugespitzter, 1- bis 2blättriger Doldenhülle. Blütenhüllblätter hellpurpurn. Ziemlich zerstreut in Felsfluren und Trockenrasen. Kalkliebend. Blüten VI–VIII. Vgl. 92(e), 144(f) und 144(g).
(j) Deutscher Ziest *Stachys germanica* L., Fam. Lippenblütengewächse *(Lamiaceae)*. Meist zweijährige, seltener ausdauernde Pflanze mit aufrechtem, kantigem Stengel. Stengel und Blätter dicht weißwollig-filzig. Blätter länglich-eiförmig bis lanzettlich, obere Stengelblätter sitzend. Blüten in mehr als zehnblütigen Scheinquirlen. Kronen purpurn. Zerstreut bis ziemlich selten an mäßig trockenen, ruderal beeinflußten Standorten. Blüten VI–VIII. Vgl. auch 79(e), 110(j), 116(f) und 142(c).
(k) Kanten-Hartheu *Hypericum maculatum* CRANTZ, Fam. Hartheugewächse *(Hypericaceae)*. Mehrjährige Pflanze mit deutlich 4kantigem, aber nicht geflügeltem, aufrechtem Stengel, etwa 20–60 cm hoch. Blätter nur sehr wenig oder nicht durchscheinend punktiert. Kelchblätter elliptisch, vorne abgerundet. Kronblätter goldgelb. Verbreitet in Wiesen und in verschiedenen Staudenfluren. Blüten VII–VIII. Vgl. 78(c), 88(c), 112(e), 122(k) und 140(a).

Aufnahme vom 17. Juli. ○ entspricht 1 cm

(a) Gemeine Waldrebe *Clematis vitalba* L., Fam. Hahnenfußgewächse *(Ranunculaceae)*. Kletterstrauch mit windendem, kletterndem, kantigem Stengel, etwa 1–5 m hoch. Linkswinder. Eine der wenigen einheimischen Lianen. Blätter gefiedert, Fiederblättchen ganzrandig oder gekerbt. Blüten in blattachsel- und endständigen Rispen, vierzählig, ausgebreitet, etwa 20 mm breit, innen weiß, außen grünlich. Verbreitet bis häufig in Auwäldern, an Hecken und Zäunen. Blüten VI–VIII. Vgl. auch 188(f).

(b) Weinberg-Lauch *Allium vineale* L., Fam. Liliengewächse *(Liliaceae)*. Mehrjährige, aufrechte Pflanze mit annähernd stielrunden Blättern. Blüten nur zu wenigen in kugeligen Scheindolden, die oft auch nur Brutzwiebeln tragen. Staubblätter meist deutlich länger als die purpurnen Blütenhüllblätter. Verbreitet an Weinbergen, Wegrändern, Gebüschen, meist in Kalkgebieten. Blüten VI–VIII. Vgl. auch 92(e) und 136(a).

(c) Kanadisches Berufskraut *Conyza canadensis* (L.) Cronquist, Fam. Korbblütengewächse *(Asteraceae)*. Ein- oder zweijährige Pflanze mit aufrechtem, borstig gewimpertem, ästigem Stengel. Blätter wechselständig, ungeteilt, linealisch-lanzettlich, gewimpert. Blüten in kleinen Körbchen mit fädigen Zungenblüten, die kaum länger sind als die Röhrenblüten; zahlreich in lockerer, langer Rispe. Verbreitet bis häufig an Äckern, auf Schlägen, an Wegrändern und verschiedenen Ruderalstandorten. Blüten VII–X.

(d) Dolden-Habichtskraut *Hieracium umbellatum* L., Fam. Korbblütengewächse *(Asteraceae)*. Mehrjährige Pflanze von 10–80 cm Höhe mit aufrechtem Stengel. Grundblattrosette fehlt. Stengelblätter zahlreich, alle gleich, linealisch-lanzettlich, sitzend. Blütenkörbchen doldig angeordnet. Verbreitet an Ruderalstellen. Blüten VII–X. Vgl. 62(h), 76(l) und 158(f).

(e) Kohl-Kratzdistel, Kohldistel *Cirsium oleraceum* (L.) Scop., Fam. Korbblütengewächse *(Asteraceae)*. Ausdauernde Pflanze mit aufrechtem Stengel, etwa 50–150 cm hoch. Obere Blätter oft ungeteilt, stengelumfassend, untere meist fiederspaltig mit gezähnten Zipfeln. Köpfchen gedrängt endständig, von bleichen, weichstacheligen Hochblättern umgeben. Röhrenblüten gelblich-weiß. Verbreitet bis häufig in nassen Wiesen, in Staudenfluren an Bächen und Flüssen. Blüten VI–IX.

(f) Englischer Lauch *Allium babingtonii* Borrer, Fam. Liliengewächse *(Liliaceae)*. Mehrjährige Zwiebelpflanze von 50–70 cm Höhe. Blätter flach, nicht hohl, etwa 20–25 mm breit. Blüten in kugeliger, etwas unregelmäßiger Dolde, mit mehreren großen Brutzwiebeln. Selten auf küstennahen Felsen und Dünen. Nur in Südwestengland und Westirland. Endemische Pflanze. Blüten VII–VIII. Vgl. auch 92(e), 142(i) und 144(g).

(g) Sommer-Lauch *Allium ampeloprasum* L., Fam. Liliengewächse *(Liliaceae)*. Mehrjährige Pflanze mit kräftigem, bis 2 m hohem Stengel. Blätter linealisch, spitz, etwa 5–7 cm breit, am Rand rauh, unterseits gekielt. Blüten in großen, 7–10 cm breiten Dolden; Blütenhüllblätter meist purpurn oder weißlich, gewöhnlich ohne Brutzwiebeln. Ursprünglich nur in Südosteuropa. Gelegentlich als Zierpflanze in Gärten oder verwildert. Blüten VII–VIII.

(h) Weber-Karde *Dipsacus sativus* (L.) Scholler, Fam. Kardengewächse *(Dipsacaceae)*. Zweijährige, ansehnliche Pflanze von 100–180 cm Höhe. Stengel und Kopfstiele stachelig. Blätter sitzend, mittlere am Grunde miteinander verwachsen. Blüten in länglichen, bis 8 cm langen Köpfen. Spreublätter mit zurückgebogener Spitze, sehr starr. Kronen lila. Alte Kulturpflanze. Ziemlich selten, nur gelegentlich an ruderal beeinflußten Standorten. Blüten VII–VIII. Vgl. 160(d).

(i) Gemeiner Wasserdost, Wasserhanf *Eupatorium cannabinum* L., Fam. Korbblütengewächse *(Asteraceae)*. Ausdauernde, kräftige Pflanze von 50–150 cm Höhe mit aufrechtem, kantigem, behaartem, oft rötlich überlaufenem Stengel. Blätter gegenständig; untere lanzettlich, gestielt; obere sitzend und tief dreiteilig, mit spitz gezähnten Lappen. Blütenköpfe länglich, in dichten Schirmrispen; je Blütenkopf etwa 5–10 Einzelblüten (Röhrenblüten), weißlich oder rötlichpurpurn. Verbreitete bis häufige Art in Auwaldgebüsch, an Wegen, Gräben und auf Waldlichtungen. Blüten VII–IX.

(j) Wollkopf-Kratzdistel *Cirsium eriophorum* (L.) Scop., Fam. Korbblütengewächse *(Asteraceae)*. Zweijährige Pflanze von 80–150 cm Höhe mit aufrechtem Stengel. Blätter oberseits durch feine Stachel rauh, nicht am Stengel herablaufend, unterseits weißfilzig, tief fiederteilig mit schmalen, lanzettlichen Zipfeln, die am Rande auffallend zurückgerollt sind. Blüten in kugeligen Köpfen von 4–7 cm Breite; Hülle spinnwebig-wollig (Name!). Verbreitet bis zerstreut an Wegen und anderen ruderalen Standorten. Blüten VII–IX.

Aufnahme vom 17. Juli. ○ entspricht 1 cm

(a) Sumpf-Sitter *Epipactis palustris* (MILL.) CRANTZ, Fam. Knabenkrautgewächse *(Orchidaceae)*. Mehrjährige Pflanze von etwa 30–50 cm Höhe. Blüten in lockerem, traubigem Blütenstand. Vorderer Teil der Lippe gegen das Hinterglied beweglich. Zerstreut bis selten auf Sumpfwiesen und in Quellmooren. Geschützt. Blüten VI–VIII. Vgl. 83(b), 101(c), 108(b). Aufnahme vom 16. Juli.

(b) Dünen-Sitter *Epipactis helleborine* (L.) CRANTZ, Fam. Knabenkrautgewächse *(Orchidaceae)*. Aus dem vielgestaltigen Formenkreis dieser Art zeigt die Abbildung die Kleinart *Epipactis dunensis* (T. & T. A. STEPH.) GODF., die sich durch ziemlich breite und kurze Blätter auszeichnet. Blüten abstehend bis nickend, niemals vollständig geöffnet. Sehr selten. Bisher nur aus Dünen und Kiefernwäldern in Mittelengland. Blüten VI–VII.

(c) Grüne Hohlzunge *Coeloglossum viride* (L.) HARTMAN, Fam. Knabenkrautgewächse *(Orchidaceae)*. Mehrjährige Pflanze von 10–25 cm Höhe mit aufrechtem Stengel. Blüten in dichter Traube, grün oder bräunlichgrün. Zerstreut in Magerrasen. Meist auf kalkarmem Untergrund. Geschützt. Blüten VI–VIII. Aufnahme vom 30. Juli. Vgl. 39(e).

(d) Kriechendes Netzblatt *Goodyera repens* (L.) R. BR., Fam. Knabenkrautgewächse *(Orchidaceae)*. Kleine, mehrjährige Pflanze von 10–30 cm Höhe. Blätter eiförmig. Pflanze mit Ausläufern. Blüten gelblich-weiß, in einseitswendiger Traube. Zerstreut bis selten in Nadelwäldern. Geschützt. Blüten VII–VIII. Vgl. auch 172(e). Aufnahme vom 30. Juli.

(e) Schwanenblume, Blumenbinse *Butomus umbellatus* L., Fam. Wasserlieschgewächse *(Butomaceae)*. Mehrjährige Pflanze mit stielrundem Stengel. Blätter am Grunde dreikantig, oben flach, lanzettlich-zugespitzt, grundständig. Blüten in Scheindolden. Blütenhüllblätter rötlich-weiß, dunkler geadert. Verbreitet bis zerstreut im Röhricht stehender oder langsam fließender Gewässer, seltener auch untergetaucht flutend. Blüten VII–IX.

(f) Pfeilkraut *Sagittaria sagittifolia* L., Fam. Froschlöffelgewächse *(Alismataceae)*. Mehrjährige Pflanze mit aufrechtem Stengel, etwa 30–100 cm hoch. Untere Blätter flutend, riemenförmig schmal, obere Blätter schwimmend oder aufrecht, mit ovaler bis pfeilförmiger Spreite. Einhäusig. Blüten in Quirlen, obere männlich, untere weiblich. Blütenhüllblätter kronblattartig, weiß. Zerstreut bis verbreitet im Röhricht stehender oder langsam fließender Gewässer. Blüten VI–VIII.

(g) Ästiger Igelkolben *Sparganium erectum* L. EM. RCHB., Fam. Igelkolbengewächse *(Sparganiaceae)*. Mehrjährige Wasserpflanze, etwa 30–50 cm hoch. Blätter wechselständig, ziemlich derb, deutlich gekielt, am Grunde dreikantig, etwa 10–15 mm breit. Blüten in kugeligen Köpfen, diese in lockeren Rispen; an den Ästen jeweils am Grunde männliche und weiter oben weibliche Blütenköpfe. Verbreitet im Uferröhricht stehender oder langsam fließender Gewässer. Blüten VI–VIII. Vgl. auch 129(f).

(h) Weiße Seerose *Nymphaea alba* L., Fam. Seerosengewächse *(Nymphaeaceae)*. Mehrjährige Wasserpflanze mit dickem, stärkereichem Rhizom im Schlammboden. Schwimmblätter groß, ganzrandig, mit herzförmigem Grund; Basallappen der Blätter mit ± geradem Blattnerv. Blütenhülle aus 4 grünen Kelch- und 15–25 weißen Kronblättern. Geschützt. In stehenden oder langsam fließenden Gewässern. Blüten VI–VIII.

(i) Große Mummel, Gelbe Teichrose *Nuphar lutea* (L.) SM., Fam. Seerosengewächse *(Nymphaeaceae)*. Mehrjährige Wasserpflanze. Blätter groß, glänzend, lederig, ganzrandig, herzförmig eingeschnitten, auf langen, biegsamen Stielen. Blütenhülle einfach, mit 5 gelben Blütenhüllblättern; zusätzlich noch mehrere gelbe Honigblätter vorhanden, die auf der Außenseite Nektar absondern; Blüten etwa 4–5 cm breit, stark duftend. Verbreitet bis zerstreut in Teichen und Seen oder langsam fließenden Gewässern (Altarme). Blüten VI–VIII. Geschützt.

Aufnahme vom 17. Juli. ○ entspricht 1 cm

(a) Garten-Ringelblume *Calendula officinalis* L., Fam. Korbblütengewächse *(Asteraceae)*. Einjährige Pflanze mit aufrechtem Stengel, etwa 30–50 cm hoch. Blätter wechselständig, sitzend, ungeteilt, spatelig. Pflanze drüsig behaart. Blüten in einzelnen, endständigen Köpfen, aufrecht, etwa 3–5 cm breit; Röhrenblüten gelb, Zungenblüten orangegelb. Meist als Zierpflanze in Gärten, seltener verwildert. Blüten VI–IX. Aufnahme vom 16. Juli.

(b) Sand-Wegerich *Plantago indica* L., Fam. Wegerichgewächse *(Plantaginaceae)*. Einjährige Pflanze mit aufrechtem, dünnem Stengel von 15–30 cm Höhe. Blätter gegenständig, linealisch, spitz. Blüten in kugeligen, achselständigen Ähren. An trockenen, kiesig-sandigen Ruderalstellen und auf Brachland. In den großen Flußtälern (Rhein, Elbe) verbreitet, sonst selten. Blüten VI–IX. Aufnahme vom 16. Juli.

(c) Garten-Löwenmaul *Antirrhinum majus* L., Fam. Braunwurzgewächse *(Scrophulariaceae)*. Mehrjährige Pflanze mit aufrechtem oder aufsteigendem, ästigem Stengel, etwa 30–70 cm hoch. Blätter gegenständig, länglich-elliptisch, mit stumpfer Spitze. Kronen verschiedenfarbig, am Schlund meist gelb. Überwiegend als Zierpflanze, sonst an Mauern und in Felsspalten. Blüten VI–IX. Aufnahme vom 16. Juli. Vgl. auch 142(e).

(d) Wolliger Saflor *Carthamus lanatus* L., Fam. Korbblütengewächse *(Asteraceae)*. Einjährige Pflanze von eigenartigem Geruch und mit rötlichem Milchsaft, etwa 30–60 cm hoch. Blätter distelartig. Blütenköpfe goldgelb, mit stark dornigen äußeren Hüllblättern. An Wegrändern und auf Ödland in Südeuropa, sonst selten. Blüten VI–VIII. Aufnahme vom 12. Juli.

(e) Pyrenäen-Milchstern *Ornithogalum pyrenaicum* L., Fam. Liliengewächse *(Liliaceae)*. Mehrjährige Pflanze von 50–100 cm Höhe mit aufrechtem, blattlosem Stengel. Blätter blaugrün, schmal-linealisch, etwa 3–12 mm breit, ohne weißes Band, früh verwelkend. Blütenhüllblätter grünlich-weiß. Auf Wiesen, an Waldrändern. In West- und Südwesteuropa. Blüten V–VII. Aufnahme vom 16. Juli.

(f) Gemüse-Portulak *Portulaca oleracea* L., Fam. Portulakgewächse *(Portulacaceae)*. Einjährige Pflanze mit liegendem bis bogig aufsteigendem, ästigem Stengel, etwa 10–30 cm hoch. Blätter ungeteilt, ganzrandig, verkehrt-eiförmig, graugrün, etwas fleischig. Kulturpflanze oder verwildert in Unkrautfluren und Trittgesellschaften. Blüten VI–IX. Aufnahme vom 17. Juli.

(a) Eiblättriges Tännelkraut *Kickxia spuria* (L.) DUM., Fam. Braunwurzgewächse *(Scrophulariaceae)*. Einjährige, kleine Pflanze mit liegendem, ästigem Stengel, etwa 8–30 cm lang. Alle Blätter am Grunde abgerundet oder nur undeutlich herzförmig. Blütenstiele rauhhaarig. Auf lehmig-tonigen Äckern, ziemlich zerstreut. Fehlt im Norden und in den Alpen. Blüten VII–IX. Vgl. 48(b) und 132(c).

(b) Hoher Rittersporn *Delphinium elatum* L., Fam. Hahnenfußgewächse *(Ranunculaceae)*. Kräftige, mehrjährige Pflanze mit aufrechtem Stengel, etwa 80–150 cm hoch. Blätter handförmig 5- bis 7teilig, mit großen, gesägten Abschnitten. Blüten in langer, vielblütiger Traube; mit 5 äußeren und 4 inneren Blütenhüllblättern, blau oder blauviolett. Meist als Zierpflanze. Blüten VI–VII. Giftig. Aufnahme vom 20. Juli. Vgl. auch 112(f).

(c) Herzgespann *Leonurus cardiaca* L., Fam. Lippenblütengewächse *(Lamiaceae)*. Mehrjährige Pflanze mit aufrechtem, kantigem, etwas gerilltem Stengel, etwa 30–120 cm hoch. Untere Blätter 3- bis 7spaltig, gestielt; obere keilförmig und 3lappig. Blüten zahlreich in blattachselständigen Scheinquirlen. Krone hellrot oder rosa. Ziemlich selten in Unkrautfluren. Stickstoffzeiger. Blüten VI–IX. Aufnahme vom 16. Juli.

(d) Moschus-Steinbrech *Saxifraga moschata* WULFEN, Fam. Steinbrechgewächse *(Saxifragaceae)*. Mehrjährige Pflanze bis etwa 3–10 cm Höhe. Stengel dicht beblättert, bildet Polster. Blätter kurz, schmal, linealisch, vorne stumpf. An Felsen, zwischen Felsschutt und in kalkhaltigen Steinrasen der Alpen verbreitet. Blüten VI–VIII. Aufnahme vom 17. Juli.

(e) Edelweiß *Leontopodium alpinum* CASS., Korbblütengewächse *(Asteraceae)*. Mehrjährige Pflanze von 5–20 cm Höhe. Blüten in kleinen Körbchen, diese zu 5–8 in einem scheibenförmigen, trugdoldigen Blütenstand, umgeben von weißwolligen Hochblättern. Besiedelt Felsspalten, Steinschutt und sonnige Hänge. Blüten VII–IX. Geschützt. Aufnahme vom 17. Juli.

(f) Graugrüner Steinbrech *Saxifraga caesia* L., Fam. Steinbrechgewächse *(Saxifragaceae)*. Mehrjährige, kleine Pflanze von 5–10 cm Höhe in Polstern. Blätter starr, dick, kurz, nach außen gebogen, blaugrün, oft kalkverkrustet. Stengel mehrblütig. Sehr windhart. Kalkreiche Grate, Felsspalten und Steinrasen der Alpen. Verbreitet. Blüten VI–IX. Aufnahme vom 17. Juli.

(a) Kletten-Labkraut, Klebkraut *Galium aparine* L., Fam. Rötegewächse *(Rubiaceae)*. Die Aufnahme zeigt die fruchtende Pflanze. Jede Teilfrucht trägt zahlreiche, kleine Hakenborsten. Übrige Angaben unter 72(a). Vgl. auch 36(d), 64(g), 90(d) und 126(a).
(b) Zaun-Winde *Calystegia sepium* (L.) R. Br., Fam. Windengewächse *(Convolvulaceae)*. Mehrjährige Pflanze mit liegendem oder windendem Stengel, etwa 1–3 m lang. Blätter herzförmig bis pfeilförmig, wechselständig, zugespitzt. Kelch von 2 Vorblättern unvollständig eingehüllt. Krone groß, etwa 3–5 cm lang und breit, trichterig, weiß, selten blaßrosa. Pflanze ganz kahl. Formenreich. Verbreitet bis häufig an Hecken, in Schleiergesellschaften, an Ufern und in Gebüschen. Blüten VI–IX.
(c) Orangerotes Springkraut *Impatiens capensis* Meerburgh, Fam. Balsaminengewächse *(Balsaminaceae)*. Einjährige Pflanze mit aufrechtem, durchscheinendem Stengel, etwa 30–50 cm hoch. Blätter wechselständig, eiförmig, gekerbt. Blüten 2–4 cm lang, mit langem Sporn, orangerot, innen rotbraun gefleckt. Zierpflanze, in Westeuropa auch an Flußufern verwildert. Blüten VII–IX. Ähnlich: **Echtes Springkraut** *Impatiens noli-tangere* L., Blüten goldgelb, innen mit roten Punkten. Verbreitet bis zerstreut an Säumen und in feuchteren Wäldern. Blüten VII–VIII. Vgl. auch 130(b) und 134(f).
(d) Gefleckter Aronstab *Arum maculatum* L., Fam. Aronstabgewächse *(Araceae)*. Die Aufnahme zeigt den giftigen Fruchtstand, der in den Monaten VII–VIII heranreift. Übrige Angaben unter 46(b) und 88(g).
(e) Stechender Hohlzahn *Galeopsis tetrahit* L., Fam. Lippenblütengewächse *(Lamiaceae)*. Einjährige Pflanze mit aufrechtem, kantigem Stengel, etwa 10–30 cm hoch. Stengelblätter gestielt, eiförmig, gezähnt, zugespitzt. Krone 15–20 mm lang, rot oder weiß. Verbreitet auf Äckern und an Ruderalstellen. Blüten VII–IX.
(f) Gemeiner Windenknöterich *Fallopia convolvulus* (L.) A. Löve, Fam. Knöterichgewächse *(Polygonaceae)*. Einjährige Pflanze mit liegendem oder windendem, kantigem, körnig-rauhem Stengel, etwa 20–150 cm lang. Blätter wechselständig, pfeilförmig, mit spitzen Ecken. Blüten klein, unscheinbar, grünlich; Blütenhüllblätter drüsig punktiert. Verbreitet bis häufig auf Äckern, in Gärten und an verschiedenen ruderal beeinflußten Standorten. Blüten VII–IX.
(g) Gemeiner Klettenkerbel *Torilis japonica* (Houtt.) DC., Fam. Doldengewächse *(Apiaceae)*. Ein- oder zweijährige, aufrechte Pflanze von 30–120 cm Höhe. Stengel rauhhaarig, ästig. Blätter mit angedrückten Haaren, rauh, 1- bis 3fach fiederteilig. Blüten in langgestielten, 5- bis 12strahligen Dolden, rosa-weißlich. Verbreitet bis häufig an Waldsäumen, auf Schlägen, in lichten Forsten und an Waldwegen. Blüten VI–VIII. Ähnlich **Feld-Klettenkerbel** *Torilis arvensis* (Huds.) Link, mit fehlender oder 1- bis 2blättriger Hülle. An Ruderalstellen. Sehr zerstreut. Blüten VII–VIII.
(h) Floh-Knöterich *Polygonum persicaria* L., Fam. Knöterichgewächse *(Polygonaceae)*. Einjährige Pflanze von 10–80 cm Höhe mit aufrechtem, ästigem Stengel. Blätter lanzettlich, sitzend, mit purpurner Fleckenzeichnung. Blüten klein, mit weißen oder rosa Blütenhüllblättern, in langen, endständigen Scheinähren, bleiben meist geschlossen. Ziemlich häufig in Gärten, auf Äckern, an Wegen und Gebüsch. Blüten VII–X. Vgl. 64(d), 178(c), 186(b).
(i) Acker-Minze *Mentha arvensis* L., Fam. Lippenblütengewächse *(Lamiaceae)*. Mehrjährige Pflanze mit liegendem oder aufsteigendem Stengel, etwa 15–45 cm hoch. Blätter kreuzgegenständig, rundlich-eiförmig, gekerbt. Blüten mit röhriger Krone. Häufig bis verbreitet in Naßwiesen und auf feuchten Äckern. Blüten VI–IX. Vgl. 138(i) und 154(i).
(j) Huflattich *Tussilago farfara* L., Fam. Korbblütengewächse *(Asteraceae)*. Die Abbildung zeigt die unterseits weißfilzigen, oberseits dunkelgrünen Blätter, die erst nach der Blüte austreiben. Übrige Angaben unter 14(j).
(k) Ufer-Wolfstrapp *Lycopus europaeus* L., Fam. Lippenblütengewächse *(Lamiaceae)*. Mehrjährige Pflanze mit aufrechtem, vierkantigem Stengel von etwa 20–100 cm Höhe. Blätter kreuzgegenständig, kurzgestielt oder sitzend, grob gezähnt bis fiederlappig, am Grunde oft auch fiederteilig; Abschnitte und Zipfel stumpf. Blüten mit weißen, fünfzipfeligen Kronen, in dichten, blattachselständigen Scheinquirlen. Verbreitet in Gräben, an Ufern, in Röhrichten und Auengebüsch. Blüten VII–IX.
(l) Vogel-Knöterich *Polygonum aviculare* L., Fam. Knöterichgewächse *(Polygonaceae)*. Einjährige Pflanze mit liegendem oder aufsteigendem Stengel von etwa 5–50 cm Länge. Blätter wechselständig. Blüten klein, unscheinbar, einzeln oder in wenigblütigen Büscheln in den Blattachseln; Blütenhülle einfach, nicht in Kelch und Krone gegliedert. Häufig in Unkrautfluren auf Äckern und Schuttplätzen, an Wegrändern, Feldwegen und in Pflasterfugen. Blüten V–X.
(m) Sumpf-Hornklee *Lotus uliginosus* Schkuhr, Fam. Schmetterlingsblütengewächse *(Fabaceae)*. Mehrjährige Pflanze von etwa 20–60 cm Höhe. Stengel aufsteigend oder aufrecht, ziemlich dünn, hohl. Pflanze mit langen Ausläufern. Blätter dreizählig; Nebenblätter laubblattartig vergrößert. Kelchzähne meist lang bewimpert; Schiffchen unterseits stumpf gerundet. Zerstreut in nassen Wiesen, an Gräben und auf Weiden. Blüten VI–VII. Vgl. 44(a) und 114.

Aufnahme vom 20. Juli. ○ entspricht 1 cm

(a) Efeu-Moorglöckchen *Wahlenbergia hederacea* (L.) Rchb., Fam. Glockenblumengewächse *(Campanulaceae)*. Mehrjährige, kleine Pflanze, etwa 2–4 cm hoch, mit liegendem, fadendünnem Stengel. Blätter langgestielt, 5- bis 7lappig oder -kantig. Blüten einzeln auf langen Stielen, aufrecht; Krone glockig, hellblau. Ziemlich selten in nassen Flach- und Quellmooren. Schützenswert. Blüten VI–IX.

(b) Breitblättrige Glockenblume *Campanula latifolia* L., Fam. Glockenblumengewächse *(Campanulaceae)*. Mehrjährige Pflanze mit aufrechtem, stumpfkantigem Stengel von 60–80 cm Höhe. Blätter eiförmig-länglich, mit kurzem, geflügeltem Blattstiel, weichhaarig. Blüten etwa 1–3 cm lang, nickend; Kronen hellviolett. Ziemlich zerstreut bis selten an Säumen und in Hochstaudenfluren. Blüten VI–VII. Vgl. auch 136(b) und 136(c).

(c) Zarte Teufelskralle *Phyteuma tenerum* R. Schulz, Fam. Glockenblumengewächse *(Campanulaceae)*. Mehrjährige, kleine Pflanze mit aufrechtem, verzweigtem Stengel, etwa 15–50 cm hoch. Blätter lanzettlich bis herzförmig, unterseits mit deutlichem Adernetz. Blüten in halbkugeligen Köpfen. Kronen blau. Selten auf Kalktrockenrasen. Blüten VI–VIII. Schützenswert.

(d) Rauhe Nelke *Dianthus armeria* L., Fam. Nelkengewächse *(Caryophyllaceae)*. Zweijährige Pflanze mit aufrechtem, ästigem, rauhem Stengel, etwa 30–60 cm hoch. Blätter lanzettlich, gegenständig. Kronblätter an der Spitze gezähnt, purpurn, dunkler punktiert. Verbreitet bis selten auf Heiden, in Trockenrasen, an Waldsäumen. Blüten VI–VIII. Vgl. 92(a) und 92(b).

(e) Nickendes Wintergrün, Birngrün *Orthilia secunda* (L.) House, Fam. Wintergrüngewächse *(Pyrolaceae)*. Kleine mehrjährige, immergrüne Pflanze von 7–25 cm Höhe. Blätter gesägt, oberseits glänzend. Blüten in langer, einseitswendiger Traube; Kronen weiß, glockig-kugelig. Zerstreut bis selten in Nadelwäldern und bodensauren Laubwäldern. Blüten VI–VII. Geschützt.

(f) Wasserschierling *Cicuta virosa* L., Fam. Doldengewächse *(Apiaceae)*. Mehrjährige Pflanze mit aufrechtem, ästigem Stengel. Blätter 2- bis 3fach fiederteilig; Fiederblättchen lanzettlich, scharf-gesägt. Blattstiele hohl. Blüten in vielstrahligen Dolden, reinweiß. Stark giftig. Recht selten, in Gräben, an Ufern und Verlandungsgesellschaften an Seen und Teichen. Blüten VII–IX.

(a) Deutsches Filzkraut *Filago vulgaris* LAM., Fam. Korbblütengewächse *(Asteraceae)*. Einjährige, kleine Pflanze, etwa 10–30 cm hoch. Stengel aufrecht oder aufsteigend, reichblättrig. Blätter spatelig-lanzettlich. Köpfchen nur mit Röhrenblüten. Etwa 8–30 Blütenköpfchen in dichten Knäueln. Hüllblätter weißfilzig. Auf Sandböden. Ziemlich zerstreut bis selten. Blüten VII–IX. Vgl. 153(f).

(b) Acker-Leimkraut *Silene noctiflora* L., Fam. Nelkengewächse *(Caryophyllaceae)*. Einjährige Pflanze mit aufrechtem, ästigem Stengel, etwa 15–45 cm hoch. Blätter gegenständig, lanzettlich, kurzhaarig. Blüten in wenigblütiger Scheindolde. Kronblätter tief 2spaltig, weiß oder hellrosa, mit Nebenkrone. Zerstreut auf Äckern und an Schuttstellen. Kalkliebend. Blüten VI–IX.

(c) Salzkraut *Salsola kali* L., Fam. Gänsefußgewächse *(Chenopodiaceae)*. Einjährige Pflanze mit stark ästigem, aufrechtem oder aufsteigendem Stengel, etwa 15–60 cm hoch. Blätter fleischig, spitz, 1–4 cm lang, graugrün. Blüten einzeln in den Blattachseln, grün oder grünlich-gelb, unscheinbar. An den Küsten verbreitet in Salzwiesen und an Spülsäumen; selten im Binnenland an Salzstellen. Blüten VII–IX.

(d) Große Klette *Arctium lappa* L., Fam. Korbblütengewächse *(Asteraceae)*. Zweijährige, große Pflanze mit kräftigem, rinnigem, behaartem Stengel von etwa 80–150 cm Höhe. Blätter langgestielt, einfach, herzförmig, oberseits stumpfgrün, unterseits weißgrau. Röhrenblüten rotviolett. Zerstreut in Unkrautfluren an Wegen und Schuttstellen. Blüten VII–VIII. Vgl. auch 112(m).

(e) Herbstlöwenzahn *Leontodon autumnalis* L., Fam. Korbblütengewächse *(Asteraceae)*. Mehrjährige Pflanze von 15–45 cm Höhe mit ästigem, meist mehrköpfigem Stengel, blattlos, nicht hohl. Grundständige Blätter fiederteilig, weniger grob gesägt, rauhhaarig. Mit Milchsaft. Verbreitet auf Wiesen, an Wegen und Rainen. Blüten VII–X. Vgl. 68(l).

(f) Zwerg-Filzkraut *Filago minima* (SM.) PERS., Fam. Korbblütengewächse *(Asteraceae)*. Einjährige, kleine Pflanze von 10–20 cm Höhe mit aufrechtem, gabelästigem Stengel. Blätter ungeteilt, lanzettlich, graufilzig, bis 10 mm lang. Blüten in länglichen Köpfen. Hüllblätter wollig behaart. Verbreitet bis zerstreut in Felsfluren, auf Sandböden, auch in Dünen. Blüten VII–IX. Vgl. auch 153(a).

(a) Winter-Bohnenkraut *Satureja montana* L., Fam. Lippenblütengewächse *(Lamiaceae)*. Zwergstrauch von etwa 10–50 cm Höhe, mit aufrechten oder aufsteigenden Stengeln. Blätter gegenständig, sitzend, graugrün, spitz zulaufend. Blüten gestielt in den Achseln der oberen Laubblätter oder endständig an kurzen Seitentrieben. Kronen der Lippenblüten weiß. Pflanze von angenehm würzigem Aroma. Meist als Kulturpflanze in Gärten, selten verwildert. Blüten VII–IX.
(b) Kleines Leinkraut *Chaenorrhinum minus* (L.) LANGE, Fam. Braunwurzgewächse *(Scrophulariaceae)*. Einjährige Pflanze mit aufrechtem, stark ästigem Stengel, etwa 5–20 cm hoch. Pflanze drüsig behaart. Blätter länglich-lanzettlich. Blüten gestielt, blattachselständig, in lockeren Trauben angeordnet. Verbreitet an Wegrändern, Schuttstellen, Dämmen und Rainen. Blüten VI–X.
(c) Purpurrote Taubnessel *Lamium purpureum* L., Fam. Lippenblütengewächse *(Lamiaceae)*. Einjährige Pflanze von etwa 40 cm Höhe oder weniger. Stengel kantig, aufsteigend oder aufrecht. Blätter länglich-eiförmig, grob gezähnt. Blüten deutlich zweilippig; Kronen bis 20 mm lang. Häufig und weit verbreitet auf Äckern, in Gärten, Weinbergen und auf Ödland. Blüten III–X. Vgl. auch 14(f), 14(g), 20(g) und 56(a).
(d) Gelber Günsel *Ajuga chamaepitys* (L.) SCHREB., Fam. Lippenblütengewächse *(Lamiaceae)*. Einjährige oder überwinternde Pflanze von etwa 5–15 cm Höhe mit unverzweigtem, aufrechtem, dichtbeblättertem Stengel. Blätter dreispaltig mit schmal-linealischen Zipfeln, manchmal auch ungeteilt, am Rande bewimpert. Blüten einzeln blattachselständig; Kronen gelb. Zerstreut bis selten auf lehmigen Äckern, in Weinbergen und auf Brachland. Blüten V–IX. Vgl. 30(d).
(e) Gelbe Spargelerbse *Tetragonolobus maritimus* (L.) ROTH, Fam. Schmetterlingsblütengewächse *(Fabaceae)*. Mehrjährige Pflanze mit liegendem oder aufsteigendem Stengel, etwa 5–30 cm hoch. Blätter blaugrün, etwas fleischig, dreizählig, mit laubblattartig vergrößerten Nebenblättern. Blüten einzeln; Kronblätter etwa 2–3 cm lang, hellgelb. Sehr zerstreut in kalkreichen Flachmooren und Magerrasen. Blüten V–VII.
(f) Korn-Rade *Agrostemma githago* L., Fam. Nelkengewächse *(Caryophyllaceae)*. Ein- bis mehrjährige Pflanze von etwa 50–100 cm Höhe mit zottig-graufilzig behaartem, aufrechtem, ästigem Stengel. Blätter gegenständig, ebenfalls zottig behaart, schmal-lanzettlich. Blüten einzeln, langgestielt; Kronen trübpurpurn; Zipfel der Kelchblätter deutlich länger als die Kronblätter. Sehr giftig. Früher weit verbreitet, vor allem in Wintergetreidefeldern. Heute sehr selten und nahezu verschwunden. Blüten VI–VII.
(g) Teufelsabbiß *Succisa pratensis* MOENCH, Fam. Kardengewächse *(Dipsacaceae)*. Mehrjährige Pflanze von 15–80 cm Höhe mit aufrechtem, ästigem Stengel. Blätter gegenständig, gestielt, einfach, ganzrandig, spatelig in den Stiel verschmälert. Blüten in endständigen, halbkugeligen Köpfen. Kronen meist dunkelblauviolett. Alte Heilpflanze. Verbreitet in Moorwiesen und wechselfeuchten Magerrasen. Blüten VII–IX. Vgl. 80(g), 96(e), 134(d) und 166(e).
(h) Wald-Platterbse *Lathyrus sylvestris* L., Fam. Schmetterlingsblütengewächse *(Fabaceae)*. Mehrjährige Pflanze von etwa 1–2 m Länge. Stengel liegend, aufsteigend oder kletternd, wie die Blattstiele vierkantig und breit geflügelt. Blätter nur mit einem Fiederpaar, Fiederblättchen groß, lanzettlich. Blüten zu mehreren in langgestielter, dichter Traube. Krone der Schmetterlingsblüte anfangs gelblich-grün, später rot überlaufen. Verbreitet bis zerstreut an Rainen und Säumen. Blüten VII–VIII. Vgl. 94(d) und 116(k).
(i) Pfeffer-Minze *Mentha ×piperita* L., Fam. Lippenblütengewächse *(Lamiaceae)*. Mehrjährige Pflanze mit aufrechtem, ästigem Stengel, etwa 50–80 cm hoch. Blätter behaart, alle gestielt, länglich-eiförmig bis lanzettlich, gesägt. Blüten in langen, walzigen, dicken Scheinähren; Kronen blaßlila bis purpurn. Bastard aus der **Wasser-Minze** *Mentha aquatica* L. mit der **Grünen Minze** *Mentha spicata* L. Gelegentlich als Kulturpflanze in Bauerngärten, selten verwildert. Blüten VI–VII. Vgl. 138(i), 150(i), 156(d), 158(b) und 166(c).
(j) Lauch-Gamander *Teucrium scordium* L., Fam. Lippenblütengewächse *(Lamiaceae)*. Mehrjährige Pflanze mit kantigem, aufrechtem Stengel von 10–40 cm Höhe. Blätter sitzend, gegenständig, grob gekerbt oder gebuchtet. Blüten in wenigblütigen, entfernten Scheinquirlen, blattachselständig. Pflanze riecht nach Knoblauch. Zerstreut bis selten in nassen Wiesen, Moorwiesen, an Ufern und Gräben. Blüten VII–VIII. Vgl. 122(d) und 134(h).
(k) Saat-Hohlzahn *Galeopsis segetum* NECKER, Fam. Lippenblütengewächse *(Lamiaceae)*. Einjährige Pflanze von 10–50 cm Höhe mit ästigem, aufsteigendem oder aufrechtem Stengel. Blätter gestielt, eiförmig, an beiden Enden verschmälert, seidig behaart, gesägt. Blütenkronen blaßgelb, selten rosa; Unterlippe der Krone mit 2 zahnartigen, höckerigen Ausstülpungen (Name). Zerstreut in sonnigen Steinschuttfluren. Im Gebiet an der Ostgrenze des Verbreitungsraums. Blüten VII–IX. Vgl. 150(e) und 156(f).
(l) Roß-Minze *Mentha longifolia* (L.) L., Fam. Lippenblütengewächse *(Lamiaceae)*. Ähnlich wie die Pfeffer-Minze (s. 138[i]), jedoch mit länglich-lanzettlichen, scharf-gesägten Blättern. Selten bis verbreitet auf nassen Wiesen und an Gräben. Blüten VII–IX.

Aufnahme vom 24. Juli. ○ entspricht 1 cm

(a) Froschbiß *Hydrocharis morsus-ranae* L., Fam. Froschbißgewächse *(Hydrocharitaceae).* Ausdauernde Wasserpflanze mit langen Ausläufern, etwa 15–30 cm hoch. Blätter schwimmend, lang gestielt, kreisrund, am Grunde tief herzförmig, mit 2 größeren Nebenblättern. Zweihäusig. Blüten auffallend, mit 3 großen Kronblättern, einzeln, langgestielt. Zerstreut bis verbreitet in stehenden Gewässern, meist in Wasserlinsen-Teppichen. Blüten VI–VIII.
(b) Kanadische Wasserpest *Elodea canadensis* L. C. Richard, Fam. Froschbißgewächse *(Hydrocharitaceae).* Wasserpflanze von etwa 30–60 cm Länge, manchmal auch wesentlich länger. Blätter etwa 1 cm lang und 3–4 mm breit, zu je 3 (sehr selten 4) in entfernten Quirlen. Zweihäusig. Im Gebiet kommen nahezu ausschließlich weibliche Pflanzen vor. Aus Nordamerika um 1860 eingeschleppt, zeitweise lästiges Unkraut in Wasserstraßen, in letzter Zeit nur noch zerstreut bis verbreitet. In stehenden und fließenden Gewässern. Blüten V–VIII.
(c) Seekanne *Nymphoides peltata* (S. G. Gmelin) O. Kuntze, Fam. Fieberkleegewächse *(Menyanthaceae).* Wasserpflanze von etwa 80–150 cm Länge, mehrjährig. Blätter schwimmend, kreisrund, mit tief herzförmigem Grund, langgestielt an flutendem Stengel. Blüten einzeln, langgestielt, mit 5 goldgelben, am Rande gefransten Kronblättern. Sehr zerstreut in stehenden oder langsam fließenden Gewässern. Blüten VII–VIII. Schützenswert.

(d) Wasser-Minze *Mentha aquatica* L., Fam. Lippenblütengewächse *(Lamiaceae).* Mehrjährige Pflanze mit aufrechtem oder aufsteigendem Stengel. Blätter eiförmig, gesägt, meist kurzgestielt. Blüten in dichten, endständigen Köpfen; unter den Köpfen meist noch 1 oder 2 entfernte, blattachselständige Scheinquirle. Kronen der Lippenblüten hellviolett bis blaßlila. Pflanze von angenehmem aromatischem Geruch. Formenreich. Bastardiert mit den übrigen Arten der Gattung. Blüten VII–X. Verbreitet in nassen Wiesen, an Ufern und in Röhrichten.
(e) Gemeiner Gilbweiderich *Lysimachia vulgaris* L., Fam. Primelgewächse *(Primulaceae).* Mehrjährige Pflanze mit aufrechtem, verzweigtem Stengel, etwa 50–150 cm hoch. Stengel rundlich, zottig behaart. Blätter lanzettlich, ganzrandig, meist zu 3 in Wirteln. Zipfel der Kronblätter am Rand kahl, nicht gewimpert; Kelchzipfel mit rötlichem Rand. Verbreitet an Gräben, Ufern, Bachsäumen und in feuchten Wäldern. Blüten VI–VIII. Vgl. auch 118(k).
(f) Bunter Hohlzahn *Galeopsis speciosa* Mill., Fam. Lippenblütengewächse *(Lamiaceae).* Einjährige Pflanze von etwa 50–100 cm Höhe mit kantigem, kahlem oder weichhaarigem Stengel, der an den Knoten nicht verdickt ist. Blätter länglich eiförmig. Blüten mit etwa 25–40 mm langen gelben Kronen; Mittellappen der Unterlippe mit violettem Fleck. Verbreitet in feuchtem Gehölz, an Säumen, auch in Ackerunkrautfluren. Blüten VI–X. Vgl. auch 150(e) und 154(k).
(g) Schmalblättriger Rohrkolben *Typha angustifolia* L., Fam. Rohrkolbengewächse *(Typhaceae).* Mehrjährige, etwa 1–3 m hohe Pflanze. Stengel aufrecht, unverzweigt. Blätter etwa 3–12 mm breit, schmal, zugespitzt, etwas blaugrün. Männlicher und weiblicher Blütenstand meist 3–5 cm voneinander entfernt. Das abgebildete Exemplar ist bereits verblüht. Die männlichen Blüten sind abgefallen, doch kann man oberhalb des weiblichen Kolbens noch ein Stück grünen Stengels erkennen. Verbreitet bis zerstreut in Teichröhrichten und an Gräben. Blüten VII–VIII. Vgl. auch 116(c) und 156(h).
(h) Breitblättriger Rohrkolben *Typha latifolia* L., Fam. Rohrkolbengewächse *(Typhaceae).* Mehrjährige Pflanze mit aufrechtem Stengel von etwa 1–2 m Höhe. Blätter blaugrün, etwa 10–20 mm breit. Männlicher und weiblicher Kolben folgen ohne Zwischenraum hintereinander. Das abgebildete Exemplar ist bereits verblüht – die männlichen Blüten sind abgefallen. Vgl. dazu Abb. 116(c). Dort auch die übrigen Angaben.
(i) Wasser-Schwertlilie, Sumpf-Schwertlilie *Iris pseudacorus* L., Fam. Schwertliliengewächse *(Iridaceae).* Mehrjährige, aufrechte, unverzweigte Pflanze bis etwa 100 cm Höhe mit langen, schwertförmigen Blättern. Die Abbildung zeigt den heranreifenden Fruchtstand, der etwa ab VII zu erwarten ist. Blüte und übrige Angaben siehe unter 20(i). Vgl. auch 88(i) und 120(e).

Aufnahme vom 25. Juli. ○ entspricht 1 cm

(a) Gemeiner Beifuß *Artemisia vulgaris* L., Fam. Korbblütengewächse *(Asteraceae)*. Ausdauernde Pflanze von etwa 60–120 cm Höhe mit steif-aufrechtem, reichästigem, meist rotbraun überlaufenem Stengel. Blätter oberseits kahl, dunkelgrün, unterseits weißfilzig behaart, 1- bis 2fach gefiedert oder fiederschnittig, mit lanzettlichen Zipfeln. Blütenköpfe sehr klein, gelb oder rotbraun. Verbreitet bis häufig an Wegrändern, auf Schuttstellen und in Schotterfluren. Blüten VII–IX. Vgl. 158(k), 162(d) und 178(a).

(b) Grüne Minze *Mentha spicata* L. EM. L., Fam. Lippenblütengewächse *(Lamiaceae)*. Mehrjährige Pflanze mit aufrechtem, kantigem Stengel, bis 80 cm hoch. Blätter sitzend oder kurzgestielt, kahl oder nur auf den Nerven behaart, scharf gesägt. Blüten in langen, lockeren Scheinähren. Eine der Stammpflanzen der Pfeffer-Minze. Sehr zerstreut an Ufern, Schuttplätzen und Wegrändern. Alte Kulturpflanze. Blüten VII–IX. Vgl. auch 138(i), 150(i), 154(i), 156(d) und 166(c).

(c) Stachel-Lattich, Kompaß-Lattich *Lactuca serriola* L., Fam. Korbblütengewächse *(Asteraceae)*. Ein- oder zweijährige Pflanze mit aufrechtem Stengel, etwa 60–120 cm Höhe. Blätter buchtig-fiederteilig mit rückwärts gerichteten Zipfeln; Spreiten meist senkrecht gestellt. Blütenköpfe mit gelben Zungenblüten, ziemlich klein, zahlreich in rispigem Blütenstand. Verbreitet bis zerstreut an trokkenen, ruderalen Standorten. Blüten VII–IX.

(d) Vielsamiger Gänsefuß *Chenopodium polyspermum* L., Fam. Gänsefußgewächse *(Chenopodiaceae)*. Einjährige Pflanze mit aufrechtem, kantigem, meist rötlich überlaufenem Stengel, etwa 15–60 cm hoch. Blätter ganzrandig, eiförmig-elliptisch, langgestielt. Blüten in vielblütiger Rispe. Verbreitet an Wegrändern und Schuttstellen. Blüten VII–IX. Vgl. auch 130(h) und 182(c).

(e) Wiesen-Flockenblume *Centaurea jacea* L., Fam. Korbblütengewächse *(Asteraceae)*. Mehrjährige Pflanze mit aufrechtem, wenigästigem Stengel, etwa 10–80 cm hoch. Untere Blätter buchtig-fiederspaltig, mittlere und obere Blätter meist ungeteilt und ganzrandig, wechselständig. Körbchen nur mit Röhrenblüten; Randblüten deutlich vergrößert. Anhängsel der äußeren Hüllblätter ziemlich groß, bräunlich. Häufig bis verbreitet in Wiesen, an Wegrändern und Halbtrockenfluren. Blüten VI–X. Vgl. 96(h) und 114(h).

(f) Silber-Fingerkraut *Potentilla argentea* L., Fam. Rosengewächse *(Rosaceae)*. Mehrjährige Pflanze mit kräftigem, meist aufrechtem Stengel, etwa 20–50 cm hoch. Grundblätter und untere Stengelblätter 5- bis 9zählig, oberseits grün, unterseits durch stark gekräuselte Haare weißfilzig; Blättchen mit wenigen tiefen Einschnitten fiederspaltig, am Rande oft umgerollt. Blüten fünfzählig, gelb. Verbreitet bis zerstreut in Felsfluren und Sandtrokkenrasen. Blüten VI–VIII. Vgl. 54(c), 64(i), 68(k), 118(d) und 158(g).

(g) Aufrechtes Fingerkraut *Potentilla recta* L., Fam. Rosengewächse *(Rosaceae)*. Mehrjährige Pflanze mit aufrechtem Stengel von etwa 15–70 cm Höhe. Stengel und Blätter mit langen weichen Haaren und kurzen, abstehenden Borsten. Blätter unterseits nicht weißfilzig. Blüten 20–25 mm breit. Zerstreut bis selten in Felsfluren und Sandtrockenrasen, manchmal auch als Zierpflanze. Blüten VI–VII.

(h) Feld-Mannstreu *Eryngium campestre* L., Fam. Doldengewächse *(Apiaceae)*. Mehrjährige Pflanze mit ästigem Stengel, etwa 20–60 cm hoch. Blätter dreizählig, mit doppelt fiederspaltigen Abschnitten, graugrün bis weißlich-grün, ziemlich starr. Blüten in kopfigen Dolden, mit abstehenden, linealischen Hüllblättern. Zerstreut an trocken-warmen Standorten. Schützenswert. Blüten VII–VIII. Vgl. 138(a).

(i) Wilde Färberröte *Rubia peregrina* L., Fam. Rötegewächse *(Rubiaceae)*. Mehrjährige, wintergrüne Kletterpflanze von 30–120 cm Höhe. Stengel vierkantig, von rückwärts gerichteten Stacheln rauh. Blätter steif, länglich-lanzettlich, in Wirteln. Blüten in end- oder achselständigen Rispen, grünlichgelb. In Gehölz, an Hecken und auf Felsen. Ursprünglich nur im Mittelmeergebiet. Stellenweise auch in Westeuropa. Blüten VI–VIII.

(j) Savoyer Habichtskraut *Hieracium sabaudum* L., Fam. Korbblütengewächse *(Asteraceae)*. Mehrjährige Pflanze mit aufrechtem, reich beblättertem Stengel, etwa 50–150 cm Höhe. Blätter wechselständig, länglichoval, ungleich gezähnt, oberseits meist sattgrün und etwas glänzend. Korbblüten gelb, in locker-rispigem Blütenstand. Formenreich. Verbreitet bis zerstreut an Säumen, in Gebüschen, Böschungen und Schotterfluren. Blüten VII–IX. Vgl. 62(h), 76(l) und 144(d).

(k) Wermut, Absinth *Artemisia absinthium* L., Fam. Korbblütengewächse *(Asteraceae)*. Mehrjährige Pflanze oder Halbstrauch von 60–120 cm Höhe mit aufrechtem, sehr ästigem, flaumig behaartem Stengel. Untere Blätter gestielt, 2- bis 3fach gefiedert, obere Blätter sitzend, zweifach fiederschnittig, beidseits weißsilbrig behaart. Pflanze von starkem, aromatischem Geruch. Blütenköpfe gelb, nickend. Zerstreut bis selten an ruderalen Standorten, mitunter aus Kultur verwildert. Blüten VII–IX. Vgl. 158(a), 162(d) und 178(a).

Aufnahme vom 25. Juli. ○ entspricht 1 cm

(a) Kamm-Wachtelweizen *Melampyrum cristatum* L., Fam. Braunwurzgewächse *(Scrophulariaceae)*. Einjährige Pflanze mit aufsteigendem oder aufrechtem, ästigem Stengel, etwa 15–30 cm hoch. Blätter schmal-linealisch, gegenständig. Blüten in gedrungenen, vierkantigen Ähren, allseitswendig, Deckblätter kammförmig oder borstig gezähnt. Kronen gelblich-weiß, purpurn überlaufen. Zerstreut bis selten in Trockengebüschen, an Waldsäumen und Rainen. Blüten V–IX. Vgl. 96(a).
Ähnlich:
Acker-Wachtelweizen *Melampyrum arvense* L., Blüten in walziger, lockerer Ähre mit flachen Deckblättern. Kronen purpurn, mit weißlichem Ring. Verbreitet bis selten auf Äckern und in Trockenrasen. Blüten V–IX.
(b) Roter Zahntrost *Odontites rubra* (Baumg.) Opiz, Fam. Braunwurzgewächse *(Scrophulariaceae)*. Einjährige Pflanze von etwa 25–50 cm Höhe mit aufrechtem, ästigem Stengel. Blätter gegenständig, graugrün, lanzettlich. Kronen rot, filzig behaart. Verbreitet bis selten auf Äckern, Weiden, Trittrasen und in Salzwiesen. Blüten V–IX.
(c) Großes Flohkraut *Pulicaria dysenterica* (L.) Bernh., Fam. Korbblütengewächse *(Asteraceae)*. Aufrechte, verzweigte Pflanze von 30–60 cm Höhe, mehrjährig. Blätter länglich, mit herzförmigem Grund stengelumfassend, etwas graugrün. Blüten in 15–30 mm breiten Köpfen, Zungenblüten deutlich länger als die Röhrenblüten, goldgelb. Zerstreut bis selten in feuchten Wiesen, an Ufern und Böschungen. Blüten VII–IX.
(d) Behaarte Karde *Dipsacus pilosus* L., Fam. Kardengewächse *(Dipsacaceae)*. Einjährige Pflanze von 60–100 cm Höhe. Stengelblätter nicht verwachsen. Blütenköpfe kugelig, bis 20 mm breit. Ziemlich selten in Auenwäldern. Blüten VII–VIII. Vgl. 144(h).
(e) Schlitzblättriger Sonnenhut *Rudbeckia laciniata* L., Fam. Korbblütengewächse *(Asteraceae)*. Mehrjährige, aufrechte Pflanze von 1–2 m Höhe mit kahlem, ästigem Stengel. Untere Stengelblätter fiederteilig, mit zugespitzten, lanzettlichen Abschnitten, obere Blätter einfach. Korbblüten bis 8 cm breit, mit meist 12 goldgelben Zungenblüten. Röhrenblüten dunkel-gelblich bis braun. Zierpflanze, gelegentlich auch verwildert. Blüten VII–VIII.
(f) Echter Eibisch *Althaea officinalis* L., Fam. Malvengewächse *(Malvaceae)*. Mehrjährige, ansehnliche Pflanze von 60–120 cm Höhe. Stengel samtig behaart, wenig verzweigt. Blätter gestielt, 3- bis 5lappig geteilt oder länglich eiförmig, dichtfilzig. Blüten etwa 3–5 cm breit mit Außenkelch. Kronblätter rötlich-violett, vorne leicht ausgerandet. Sehr zerstreut in Binsenwiesen und Salzröhrichten im Küstenbereich. Blüten VI–IX. Heilpflanze. Vgl. auch 86(f), 110(f) und 173(d).
(g) Dürrwurz-Alant, Dürrwurz *Inula conyza* DC., Fam. Korbblütengewächse *(Asteraceae)*. Zwei- oder mehrjährige Pflanze mit aufrechtem, beblättertem, verzweigtem Stengel, etwa 20–100 cm hoch. Blätter oval-elliptisch, untere gestielt, obere sitzend, wollig behaart, fein gesägt. Blütenköpfe meist nur mit gelben Röhrenblüten, zahlreich in endständiger Schirmtraube. Hüllblätter an der Spitze abstehend. Zerstreut bis selten in Trockengebüschen, an lichten Waldsäumen und in Halbtrockenrasen. Blüten VII–X.
(h) Sumpf-Haarstrang *Peucedanum palustre* (L.) Moench, Fam. Doldengewächse *(Apiaceae)*. Mehrjährige Pflanze mit aufrechtem, ästigem, kantig gefurchtem Stengel, etwa 80–150 cm hoch. Blätter mehrfach fiederteilig, mit linealisch-schmalen Zipfeln. Blüten in weißen Dolden; Doldenstrahlen flaumig-rauhhaarig; Hülle zurückgebogen. Verbreitet bis zerstreut in nassen Wiesen, Erlenbrüchern und Seggenriedern. Blüten VII–VIII. Vgl. 132(h).
(i) Weißer Stechapfel *Datura stramonium* L., Fam. Nachtschattengewächse *(Solanaceae)*. Einjährige, ansehnliche Pflanze von 30–100 cm Höhe, mit gabelästig verzweigtem Stengel. Blätter von ovalem Umriß, mit großen Buchten unregelmäßig gelappt oder gezähnt. Blüten kurzgestielt in den Blattachseln, bis 5 cm lange Trichter, weiß, selten rötlich; öffnen sich erst abends und riechen ziemlich unangenehm. Selten bis zerstreut an stickstoffreichen Ruderalstandorten. Blüten VI–X. Giftig.
(j) Gemeines Bitterkraut *Picris hieracioides* L., Fam. Korbblütengewächse *(Asteraceae)*. Zwei- oder mehrjährige Pflanze von 30–60 cm Höhe. Stengel beblättert, ebenso wie die Blätter rauhhaarig. Blätter wechselständig, buchtig gezähnt bis gelappt. Blüten in großen Körbchen, nur mit Zungenblüten, schwefel- bis goldgelb. Pflanze führt Milchsaft. Hüllblätter mit steifhaarigem Mittelstreifen. Verbreitet bis zerstreut an Wegrändern, Böschungen und Dämmen. Blüten VII–X. Vgl. 108(i).

Aufnahme vom 27. Juli. ○ entspricht 1 cm

(a) Sumpf-Gänsedistel *Sonchus palustris* L., Fam. Korbblütengewächse *(Asteraceae)*. Mehrjährige Pflanze mit aufrechtem, einfachem Stengel, etwa 1–3 m hoch. Blätter am Grunde mit zugespitzten, abstehenden Öhrchen, sonst fast ungeteilt, länglich-lanzettlich. Blüten in bis zu 30 mm breiten Köpfchen. Zerstreut in nassen Wiesen und Salzröhrichten. Blüten VII–IX. Vgl. 98(k) und 118(l). Aufnahme vom 25. Juli.

(b) Gemeine Besenrauke *Descurainia sophia* (L.). WEBB EX PRANTL, Fam. Kreuzblütengewächse *(Brassicaceae)*. Einjährige Pflanze von 20–70 cm Höhe. Stengel aufrecht, ästig. Blätter graugrün, 2- bis 3fach fiederteilig mit langen, linealischen Zipfeln. Kronblätter blaßgelb. Verbreitet bis zerstreut auf Äckern und an mäßig trockenen Ruderalstandorten. Blüten V–IX. Aufnahme vom 25. Juli.

(c) Maßlieb-Strandflieder *Limonium bellidifolium* (GOUAN) DUMORT, Fam. Bleiwurzgewächse *(Plumbaginaceae)*. Mehrjährige Pflanze von etwa 15–30 cm Höhe. Stengel aufrecht, zickzackförmig hin- und hergebogen, oben sehr reichästig. Äste rauh, brüchig, Kelch papierartig, weiß; Kronen blauviolett oder blaulila. Hauptsächlich im Mittelmeerraum verbreitet. Stellenweise auch in Westeuropa. Blüten V–IX. Vgl. 120(c) und 134(l).

(d) Strand-Beifuß, Strand-Wermut *Artemisia maritima* L., Fam. Korbblütengewächse *(Asteraceae)*. Mehrjährige Pflanze mit aufrechtem, ästigem Stengel. Blätter 2- bis 3fach fiederteilig, mit stumpfen, linealischen Abschnitten, allseits dicht weißfilzig behaart. Blütenköpfe mit goldgelben Röhrenblüten, rispig angeordnet. Pflanze von starkem Duft. Blüten VIII–IX. Vgl. 158(a), 158(k) und 178(a).

(e) Zwerg-Lein *Radiola linoides* ROTH, Fam. Leingewächse *(Linaceae)*. Einjährige Pflanze mit liegendem oder aufsteigendem Stengel, etwa 2–10 cm hoch. Stengel sehr dünn, gabelästig. Blätter gegenständig. Blüten sehr klein, vierzählig; Kelchblätter gezähnt. Sehr zerstreut bis selten auf armen Sandböden, an Wegen, in Fahrspuren und Mulden. Blüten VII–VIII. Aufnahme vom 2. August.

(f) Lungen-Enzian *Gentiana pneumonanthe* L., Fam. Enziangewächse *(Gentianaceae)*. Mehrjährige Pflanze von etwa 10–40 cm Höhe. Blätter gegenständig, schmal-lanzettlich. Kronröhre trichterig, blau oder blauviolett, außen mit grünlichen Streifen. In Moorwiesen, Magerrasen und Feuchtheiden. Blüten VII–IX. Geschützt. Vgl. 53(a), 173(a). Aufnahme vom 5. August.

(a) Japanischer Staudenknöterich *Reynoutria japonica* HOUTT., Fam. Knöterichgewächse *(Polygonaceae)*. Mehrjährige, ansehnliche Pflanze von 1–2 m Höhe mit steif aufrechten, dicken Stengeln. Blätter zugespitzt, am Grunde gestutzt. Blüten in blattachselständigen Rispen. Angepflanzt, verwildert und stellenweise eingebürgert in Säumen, Gebüschen und an Ufern. Blüten VIII–X. Vgl. 98(d), 150(f). Aufnahme vom 5. August.

(b) Fuchsie *Fuchsia magellanica* LAM., Fam. Nachtkerzengewächse *(Onagraceae)*. Strauch bis etwa 2–3 m Höhe. Blätter wechselständig, länglich-elliptisch, mit schmal-ovalen Nebenblättern. Blüten langgestielt, mit weit heraushängenden Staubblättern. Ursprünglich nur in Südamerika. Vielfach als Zierpflanze angepflanzt, in Westeuropa stellenweise verwildert. Blüten VI–IX. Aufnahme vom 27. Juli.

(c) Gemeiner Hopfen *Humulus lupulus* L., Fam. Hanfgewächse *(Cannabaceae)*. Mehrjährige Kletterpflanze mit rechtswindendem Stengel, bis etwa 6 m Höhe. Blätter gegenständig, 3- bis 5lappig handförmig. Zweihäusig. Weibliche Blüten in zapfenförmigen Ähren (oben), männliche in Rispen (unten). Verbreitet bis häufig an Auwaldrändern, in Gebüsch und Niederwald. Blüten VII–VIII. Vgl. 188(e). Aufnahme vom 27. Juli.

(d) Bereifte Brombeere, Kratzbeere *Rubus caesius* L., Fam. Rosengewächse *(Rosaceae)*. Ausdauernde Pflanze von etwa 30–60 cm Höhe. Blätter dreizählig, seitliche Blättchen sitzend, Nebenblätter lanzettlich. Schößlinge stielrund. Frucht stark bereift. Verbreitet an Waldsäumen und in Gebüschen. Blüten V–VII. Vgl. auch 70(a) sowie 122(o), 178(n). Aufnahme vom 5. August.

(e) Gewöhnliche Traubenkirsche *Padus avium* MILL., Fam. Rosengewächse *(Rosaceae)*. Baum bis etwa 10 m Höhe mit schwarzer Rinde und weichen, etwas runzligen, mattgrünen Blättern. Die Abbildung zeigt schwarze Steinfrüchte, die ab VII erscheinen. Weitere Angaben siehe unter 40(i). Aufnahme vom 25. Juli.

(f) Wimpern-Glockenheide *Erica ciliaris* L., Fam. Heidekrautgewächse *(Ericaceae)*. Zwergstrauch von etwa 30–50 cm Höhe. Blätter 1–3 mm lang, oval-rundlich, drüsenhaarig, lang gewimpert, zu 3 in Wirteln. Blüten in verlängerten, einseitswendigen Trauben. Krone tiefrot. Verbreitet in lichten Kiefernbeständen und auf Heiden. Nur in Westeuropa. Blüten V–X. Vgl. 170(m).

Sommer (Juli–August)
Feuchtwiesen, Sümpfe, Bergwiesen, Felsfluren

(a) Gemeiner Klettenkerbel *Torilis japonica* (HOUTT.) DC., Fam. Doldengewächse *(Apiaceae)*. Ein- oder zweijährige Pflanze von etwa 30–120 cm Höhe mit aufrechtem, rauhhaarigem Stengel. Blätter mit angedrückten Haaren, 1- bis 3fach fiederteilig, mit ovalen oder lanzettlichen Abschnitten. Blüten in vielstrahligen Dolden; Kronblätter weißlich oder rosa. Verbreitet an Waldsäumen, Schlägen, in feuchten Wiesen und an Waldwegen. Blüten VI–VIII. Vgl. auch 150(g).
(b) Wasser-Greiskraut, Wasser-Kreuzkraut *Senecio aquaticus* HUDS., Fam. Korbblütengewächse *(Asteraceae)*. Zweijährige Pflanze mit aufrechtem, ästigem Stengel, etwa 20–60 cm hoch. Blätter wechselständig, buchtig-fiederspaltig; Seitenzipfel vorwärts gerichtet. Korbblüten mit wenigen goldgelben Zungenblüten und zahlreichen Röhrenblüten, etwa 20–30 mm breit, in lockeren Rispen. Verbreitet bis zerstreut in Naß- und Flachmoorwiesen. Blüten VII–VIII. Vgl. 24(f), 84(j) und 104(g).
(c) Wald-Engelwurz *Angelica sylvestris* L., Fam. Doldengewächse *(Apiaceae)*. Mehrjährige, aber nur einmal blühende Pflanze von 80–150 cm Höhe mit rundlichem, gerieftem Stengel. Blätter langgestielt, doppelt gefiedert; Blattabschnitt eiförmig, gesägt. Blüten in vielstrahligen Dolden; Kronblätter weiß oder rötlich, anfangs grünlich. Verbreitet in Feuchtwiesen, an Säumen, in Gebüschen. Blüten VII–IX. Vgl. 70(g).
(d) Montbretie *Crocosmia* × *crocosmiiflora* (LEMOINE) N. E. BR., Fam. Schwertliliengewächse *(Iridaceae)*. Mehrjährige Pflanze mit aufrechtem Stengel und langen, schwertförmigen Blättern. Zierpflanze, in Westeuropa stellenweise verwildert und an Gräben, Flußufern, Teich- und Bachröhrichten eingebürgert. Blüten VII–VIII.

(e) Stern-Steinbrech *Saxifraga stellaris* L., Fam. Steinbrechgewächse *(Saxifragaceae)*. Mehrjährige Pflanze von 5–15 cm Höhe. Blätter in grundständiger Rosette, keilförmig, vorne grob gezähnt, etwas fleischig, glänzend. Blüten in lockerer Traube; Kronblätter weißlich, am Grunde mit je 2 gelben Punkten. In Quellfluren, an Bachufern, in Geröll und an überrieselten Felsen. In den Alpen und in Skandinavien verbreitet. Blüten V–VIII.
(f) Silberwurz *Dryas octopetala* L., Fam. Rosengewächse *(Rosaceae)*. Zwergstrauch von etwa 2–10 cm Höhe. Die Abbildung zeigt den reifen Fruchtstand im Hochsommeraspekt. Übrige Angaben und Blüte unter 60(c).
(g) Echte Alpenscharte *Saussurea alpina* (L.) DC., Fam. Korbblütengewächse *(Asteraceae)*. Mehrjährige Pflanze mit aufrechtem, unverzweigtem Stengel von etwa 5–40 cm Höhe. Blätter ungeteilt, entfernt grob gezähnt, elliptisch-lanzettlich, unterseits locker spinnwebig-weißwollig. Blattstiel der unteren Blätter geflügelt. Blüten in dichten Blütenkörbchen, diese doldig am Ende des Stengels. Auf Graten, im Felsschutt und in Felsspalten. In den Alpen zerstreut. Blüten VII–IX.
(h) Fetthennen-Steinbrech *Saxifraga aizoides* L., Fam. Steinbrechgewächse *(Saxifragaceae)*. Mehrjährige, kleine Pflanze in lockeren Rasen aus vielen, dichtbeblätterten Stengeln, etwa 3–30 cm hoch. Blüten in wenigblütigen Scheintrauben. Kronblätter hellgelb bis chromgelb, etwas glänzend, schmaler als die Kelchblätter. Auf Rieselfelsen, in Quellfluren und an Bachufern. In den Alpen verbreitet, sonst sehr selten. Blüten VI–IX.
(i) Pyrenäen-Löffelkraut *Cochlearia pyrenaica* DC., Fam. Kreuzblütengewächse *(Brassicaceae)*. Mehrjährige Pflanze von etwa 15–30 cm Höhe mit niederliegendem oder aufsteigendem Stengel. Grundblätter langgestielt, kaum dicklich, nierenförmig, dunkelgrün glänzend, ganzrandig. Blüten in verlängerten Trauben, auf langen Stielen. Kronblätter weiß. Selten in Quellfluren, in moorigen Gräben oder in Moosrasen. Nur im Bergland. Blüten V–VIII. Vgl. auch 28(b), 60(j) und 174(b).
(j) Stengelloses Leimkraut *Silene acaulis* (L.) JAQU., Fam. Nelkengewächse *(Caryophyllaceae)*. Mehrjährige Pflanze, in dichten Polstern. Stengel sehr kurz, rosettig beblättert. Blätter kurz, schmal, lederig, am Rand bewimpert. Blüten einzeln gestielt. Kronblätter blaßrosa bis dunkelrosa, vorne nur schwach ausgerandet. In Steinrasen und Felsschutt. In den Alpen verbreitet. Blüten VI–IX.
(k) Roter Steinbrech, Gegenblättriger Steinbrech *Saxifraga oppositifolia* L., Fam. Steinbrechgewächse *(Saxifragaceae)*. Mehrjährige Pflanze in meist flachen Polstern. Blätter nur etwa 5 mm lang, spitz. Blütenstengel mit 2–4 Blattpaaren. Blüten 1–2 cm breit, einzeln. Auf Felsbändern, steinigen Rasen, in Steinschutt und auf Graten. In den Alpen und in Nordeuropa verbreitet, sonst sehr selten. Blüten V–VIII.

Aufnahme vom 1. August. ○ entspricht 1 cm

(a) Scharfes Berufskraut *Erigeron acris* L., Fam. Korbblütengewächse *(Asteraceae)*. Zweijährige Pflanze, etwa 10–30 cm hoch. Pflanze rauhhaarig. Blätter wechselständig, ungeteilt, lanzettlich, sitzend. Blüten in Körbchen; mehrere Reihen rötliche Zungenblüten und gelbe Röhrenblüten; Körbchen traubig angeordnet. Sehr zerstreut in Sandfluren und Halbtrockenrasen. Blüten VI–IX. Vgl. 144(c). Aufnahme vom 1. August.

(b) Kleines Geldkraut *Sibthorpia europaea* L., Fam. Braunwurzgewächse *(Scrophulariaceae)*. Kleine, mehrjährige Pflanze mit liegendem, kriechendem Stengel, etwa 10–30 cm lang. Blätter ungestielt, rundlich, gekerbt-eingeschnitten. Blüten klein, fünfzipflig, die oberen gelblich, die unteren rosa. Zerstreut in feuchten Gräben, in Gebüschen und an Waldwegen. Nur in Nordwesteuropa. Blüten VII–X. Aufnahme vom 2. August.

(c) Polei-Minze *Mentha pulegium* L., Fam. Lippenblütengewächse *(Lamiaceae)*. Mehrjährige Pflanze mit aufrechtem, kantigem Stengel von etwa 10–30 cm Höhe. Pflanze mit Ausläufern. Blätter rundlich-eiförmig. Blüten klein, in Scheinquirlen. Kelch zweilippig. Giftig. Sehr zerstreut an Ufern und auf Weiden, nur im Bereich der Hauptstromtäler. Blüten VII–IX. Aufnahme vom 5. August.

(d) Behaarte Fetthenne *Sedum villosum* L., Fam. Dickblattgewächse *(Crassulaceae)*. Ein- oder zweijährige Pflanze mit aufrechten oder aufsteigenden Stengeln. Blätter länglich-linealisch, oberseits nahezu flach, unterseits gewölbt. Pflanze drüsig behaart. Blüten rosenrot oder rosa. Sehr selten in Flachmooren und Quellfluren. Blüten VI–VII. Schützenswert. Aufnahme vom 31. Juli.

(e) Teufelsabbiß *Succisa pratensis* Moench., Fam. Kardengewächse *(Dipsacaceae)*. Mehrjährige Pflanze von 15–80 cm Höhe mit aufrechtem, ästigem Stengel. Blätter gegenständig, gestielt, einfach, ganzrandig, spatelig-keilförmig in den Blattstiel verschmälert. Blüten in halbkugeligen, endständigen Köpfen. Kronen dunkelblau-violett. Verbreitet in Feuchtwiesen, Mooren und feuchten Magerrasen. Blüten VII–IX. Vgl. 80(g), 96(e), 134(d) und 154(g).

(f) Rundblättrige Glockenblume *Campanula rotundifolia* L., Fam. Glockenblumengewächse *(Campanulaceae)*. Mehrjährige Pflanze mit aufrechtem, nur im Blütenstand ästigem Stengel, etwa 15–30 cm hoch. Grundblätter herzförmig, rundlich oder nierenförmig, langgestielt, Stengelblätter länglich-linealisch. Blüten nickend, ebenso lang wie breit, in vielblütiger Traube. Krone violettblau bis dunkelblau. Verbreitet in Magerrasen, Trokkenwäldern und Felsfluren. Blüten VI–X.

(g) Beinbrech, Ährenlilie *Narthecium ossifragum* (L.) Huds., Fam. Liliengewächse *(Liliaceae)*. Mehrjährige Pflanze mit aufrechtem, unverzweigtem Stengel, etwa 10–40 cm hoch. Blätter alle grundständig, grasartig, schmal, zugespitzt. Blüten zu mehreren in endständiger Traube. Blütenhüllblätter innen hellgelb, außen grünlich. Selten in Moorwiesen und Heidemooren. Im Gebiet an der Südgrenze des Verbreitungsraumes. Im Norden häufiger. Blüten VII–VIII.

(h) Sumpf-Herzblatt *Parnassia palustris* L., Fam. Herzblattgewächse *(Parnassiaceae)*, früher Steinbrechgewächse (Saxifragaceae). Mehrjährige Pflanze mit aufrechtem Stengel, etwa 10–25 cm hoch. Grundblätter langgestielt; Stengel mit einem sitzenden, herzförmigen Blatt. Stengel einblütig; Kronblätter weiß, mit dunklerer Aderung. Verbreitet bis zerstreut in Kalkmagerrasen und Flachmooren. Blüten VII–IX.

(i) Rundblättriger Sonnentau *Drosera rotundifolia* L., Fam. Sonnentaugewächse *(Droseraceae)*. Mehrjährige Pflanze mit jährlich erneuerter Blattrosette. Blätter alle grundständig, langgestielt, rundlich, oberseits hellgrün, rötlich überlaufen, am Rand mit reizbaren Drüsententakeln, die zähflüssige, glänzende Schleimtropfen absondern; Einrichtung zum Fang kleiner Insekten. Blüten in endständigen Wickeln am 5–30 cm hohen Stengel; nur die jeweils aufblühende Blüte wird aufgerichtet. Selten bis zerstreut in Hochmooren und in Torfmoosrasen. Steht unter Naturschutz! Blüten VII–VIII. Vgl. 170(e) und weitere insektenfangende Pflanzen unter 52(b), 57(a) und 129(e).

(j) Langblättriger Sonnentau *Drosera anglica* Huds., Fam. Sonnentaugewächse *(Droseraceae)*. Mehrjährige Pflanze von etwa 7–20 cm Höhe. Blätter langgestielt, keilig-linealisch in den Blattstiel verschmälert, etwa 4- bis 8mal so lang wie breit. Am Rande mit drüsigen Fangtentakeln. Blüten auf aufrechtem Stengel. Selten in Hochmooren, Zwischenmooren, Schwingrasen an Rändern von Moorseen. Steht unter Naturschutz! Blüten VII–VIII. Blüten öffnen sich nur sehr selten.

Aufnahme vom 1. August. ○ entspricht 1 cm

(a) Gallischer Stechginster *Ulex gallii* PLANCHON, Fam. Schmetterlingsblütengewächse *(Fabaceae)*. Sparriger Strauch mit zahlreichen Kurztrieb- und Blattdornen, etwa 30–90 cm hoch, anliegend (zerstreut) behaart. Dornen schwach gefurcht, sehr steif. Blüten goldgelb; Flügel gebogen, etwas länger als das Schiffchen. Kelch mindestens 10 mm lang. Nur in atlantischen Heiden Westeuropas, von Portugal bis England. Blüten VII–IX. Vgl. 22(c) und 170(h).
(b) Spargel *Asparagus officinalis* L., Fam. Liliengewächse *(Liliaceae)*. Mehrjährige Pflanze mit meist niederliegendem und nur schwach aufsteigendem Stengel, etwa 30–150 cm hoch. Blätter sehr klein, schmal-linealisch. Blüten unscheinbar, grünlich. Formenreich. Zwischen der Wildform und verwildertem Kultur-Spargel ist nicht immer eindeutig zu unterscheiden. Zerstreut bis sehr selten in Trockenrasen und in Sandfluren. Blüten VI–VIII.
(c) Purpur-Fetthenne *Sedum telephium* L., Fam. Dickblattgewächse *(Crassulaceae)*. Mehrjährige Pflanze mit aufrechtem Stengel von 25–60 cm Höhe. Blätter dicklich, flach; obere Blätter mit keilförmig verschmälertem Grund, breit sitzend, nicht stengelumfassend, länglich-lanzettlich, gezähnt. Blüten zahlreich in Rispen; Kronblätter purpurn, sehr selten weiß. Zerstreut bis selten in Fels- und Schotterfluren. Blüten VII–IX.
(d) Braunrotes Habichtskraut *Hieracium brunneocroceum* PUGSL., Fam. Korbblütengewächse *(Asteraceae)*. Mehrjährige Pflanze bis 20 cm Höhe und lanzettlich-keilförmigen Blättern. Blütenköpfe dunkel-orangerot, Zierpflanze. In Westeuropa stellenweise verwildert. Blüten VI–VII.
(e) Schottische Mutterwurz *Ligusticum scoticum* L., Fam. Doldengewächse *(Apiaceae)*. Mehrjährige, kräftige Pflanze von 30–90 cm Höhe. Stengel aufrecht, gefurcht, kahl. Blätter doppelt dreizählig, mit rautenförmigen, vorne gezähnten Abschnitten. Blüten in 4–8 cm breiten Dolden; Kronblätter grünlich-weiß. Pflanze riecht beim Zerreiben stark aromatisch. Früher als Gewürzpflanze verwendet. Verbreitet bis zerstreut an Küstenfelsen in Nordeuropa. Blüten VII–VIII.
(f) Wasser-Greiskraut, Wasser-Kreuzkraut *Senecio aquaticus* HUDS., Fam. Korbblütengewächse *(Asteraceae)*. Zweijährige Pflanze mit aufrechtem, ästigem Stengel von etwa 20–60 cm Höhe. Blätter wechselständig, buchtig-fiederspaltig. Die abgebildete Pflanze unterscheidet sich von der typischen Form durch ihre sehr dichten Blüten, die außerdem deutlich größer sind. Alle übrigen Angaben unter 164(b).
(g) Wald-Ruhrkraut *Gnaphalium sylvaticum* L., Fam. Korbblütengewächse *(Asteraceae)*. Mehrjährige Pflanze von 10–60 cm Höhe. Blätter wechselständig, ungleich lang, oberseits dünner, unterseits dicht weißfilzig. Blüten in länglichen Köpfchen, diese ährig oder traubig angeordnet. Verbreitet an Waldwegen, auf Schlägen, Magerrasen und an Gebüschsäumen. Blüten VII–IX. Vgl. 122(a).
(h) Wald-Greiskraut, Wald-Kreuzkraut *Senecio sylvaticus* L., Fam. Korbblütengewächse *(Asteraceae)*. Einjährige Pflanze mit aufrechtem, ästigem Stengel, etwa 15–80 cm hoch. Blätter sitzend, buchtig-fiederteilig, wie der Stengel spinnwebig-weichhaarig. Blütenköpfe walzig, mit Röhrenblüten und kleinen, häufig zurückgerollten Zungenblüten. Verbreitet auf Schlägen und in Laub- und Mischwäldern. Blüten VII–IX. Vgl. 14(e) und 114(l).
(i) Schild-Ehrenpreis *Veronica scutellata* L., Fam. Braunwurzgewächse *(Scrophulariaceae)*. Mehrjährige Pflanze von etwa 15–45 cm Höhe mit liegendem, aufsteigendem oder aufrechtem, zartem Stengel. Blätter linealisch-lanzettlich, sitzend, sehr fein gesägt. Blüten in einzelnen, blattachselständigen Trauben. Kronen weißlich bis rosa mit dunkleren Streifen. Verbreitet bis zerstreut in Quell- und Flachmooren. Blüten VI–VIII. Vgl. 86(a) und 104(i).
(j) Strand-Aster, Salz-Aster *Aster tripolium* L., Fam. Korbblütengewächse *(Asteraceae)*. Mehrjährige Pflanze mit ausgebreiteten oder bogig aufsteigenden Stengeln, am Grunde verholzt, etwa 30–100 cm hoch. Blätter ungeteilt, etwas fleischig, ganzrandig, verkehrt-eiförmig bis lanzettlich. Blütenköpfe mit blaßvioletten Zungenblüten und goldgelben Röhrenblüten. In Salzwiesen und am Rande von Salzwassergräben. An den Küsten verbreitet. Blüten VII–X. Vgl. 126(f).

Aufnahme vom 6. August. ○ entspricht 1 cm

(a) Rundblättriges Wintergrün *Pyrola rotundifolia* L., Fam. Wintergrüngewächse *(Pyrolaceae)*. Mehrjährige Pflanze von etwa 15–30 cm Höhe mit stumpfkantigem, rötlichem, etwas brüchigem Stengel. Blätter alle grundständig, immergrün, rundlich-eiförmig. Blüten mit offenen, glockigen Kronen. Selten bis zerstreut in Nadelwäldern und bodensaurem Gebüsch. Blüten VI–VIII. Vgl. auch 100(e) und 170(b). Geschützt.

(b) Mittleres Wintergrün *Pyrola media* Sw., Fam. Wintergrüngewächse *(Pyrolaceae)*. Mehrjährige Pflanze von 15–30 cm Höhe mit rundlichem Stengel. Grundständige Blattrosette, immergrün, fast kreisrund. Blüten mit geschlossenen, annähernd kugeligen Kronen. Zerstreut bis selten in lichten Nadel- und Laubwäldern. Blüten VI–VIII. Vgl. 100(e). Geschützt.

(c) Arktisches Hornkraut *Cerastium arcticum* Lange, Fam. Nelkengewächse *(Caryophyllaceae)*. Mehrjährige Pflanze mit aufsteigendem oder aufrechtem Stengel, etwa 10–15 cm hoch. Stengel und Blätter kurzhaarig. Blätter gegenständig, länglich-elliptisch. Blüten etwa 20–30 mm breit, tief ausgerandet bis gespalten. Zerstreut auf Bergwiesen NW-Europas. Blüten VI–VIII. Vgl. 60(a) und 104(g).

(d) Wild-Hanf *Cannabis sativa* L., Fam. Hanfgewächse *(Cannabaceae)*. Einjährige, kräftige Pflanze von 40–150 cm Höhe mit aufrechtem, kantigem Stengel. Blätter schopfig gehäuft, gegenständig, 3- bis 7lappig tief handförmig geteilt; Blättchen schmal-lanzettlich, grob gesägt. Zweihäusig. Nur selten verwildert. Blüten VII–IX.

(e) Mittlerer Sonnentau *Drosera intermedia* Hayne, Fam. Sonnentaugewächse *(Droseraceae)*. Mehrjährige Pflanze von etwa 3–10 cm Höhe. Insektenfangende Pflanze. Sehr zerstreut bis selten in Hochmooren. Blüten VII–VIII. Vgl. 166(i) und andere carnivore Arten wie 52(b), 57(a) und 129(e). Geschützt!

(f) Gemeine Moosbeere *Oxycoccus palustris* Pers., Fam. Heidekrautgewächse *(Ericaceae)*. Zwergstrauch mit liegenden, kriechenden Zweigen, etwa 15–60 cm lang. Die Abbildung zeigt die reifen, etwa erbsengroßen Früchte. Vgl. 92(f).

(g) Heidelbeere, Blaubeere *Vaccinium myrtillus* L., Fam. Heidekrautgewächse *(Ericaceae)*. Zwergstrauch mit grünen Ästen und Zweigen von etwa 15–60 cm Höhe. Die Abbildung zeigt die reifen Früchte, die etwa ab Mitte VII zu erwarten sind. Vgl. 76(i).

(h) Zwerg-Stechginster *Ulex minor* Roth, Fam. Schmetterlingsblütengewächse *(Fabaceae)*. Ausgebreiteter Dornstrauch von etwa 30–90 cm Höhe mit zahlreichen Blatt- und Kurztriebdornen. Dornen nur schwach gefurcht, ziemlich weich. Kelch etwa so lang wie Krone. Flügel gerade, kürzer als das Schiffchen. Verbreitet in atlantischen Heiden in Westeuropa. Blüten VII–IX. Vgl. 22(c) und 168(a).

(i) Schwarze Krähenbeere *Empetrum nigrum* L., Fam. Krähenbeerengewächse *(Empetraceae)*. Zwergstrauch mit flach ausgebreiteten, stark ästigen Zweigen, etwa 10–45 cm lang (hoch). Blätter nadelförmig, wechsel- oder fast quirlständig, kurzgestielt, am Rande zurückgerollt, unterseits mit weißlichem Kiel. Zweihäusig. Blüten zu 1–3 in den Blattachseln. Verbreitet bis häufig in Braundünen. Blüten IV–V, Früchte ab VII–VIII.

(j) Echte Bärentraube *Arctostaphylos uva-ursi* (L.) Spreng., Fam. Heidekrautgewächse *(Ericaceae)*. Zwergstrauch mit immergrünen, glänzend dunkelgrünen Blättern, etwa 20–60 cm hoch. Die Abbildung zeigt die Früchte, die ab Mitte VII heranreifen. Vgl. 46(e).

(k) Preiselbeere, Kronsbeere *Vaccinium vitis-idaea* L., Fam. Heidekrautgewächse *(Ericaceae)*. Zwergstrauch. Die Abbildung zeigt die reifen, sehr wohlschmeckenden und vitaminreichen Früchte, die ab etwa VII gesammelt werden können. Übrige Angaben zur Pflanze s. unter 46(g).

(l) Heidekraut, Besenheide *Calluna vulgaris* L., Fam. Heidekrautgewächse *(Ericaceae)*. Immergrüner Zwergstrauch von 20–100 cm Höhe mit reichverzweigten, rutenartigen, etwas gewundenen Ästen. Blätter wechselständig, dreikantig, schuppenförmig, linealisch-lanzettlich, dachziegelartig in 4 Längsreihen angeordnet. Blüten in dichten einseitswendigen Trauben; Kelch kronblattartig gefärbt; Krone länglich, glockig, meist hellila oder weißlich. Verbreitet in Heiden, auf Magerweiden und in lichten, bodensauren Wäldern. Blüten VII–X.

(m) Grau-Heide *Erica cinerea* L., Fam. Heidekrautgewächse *(Ericaceae)*. Zwergstrauch von etwa 20–60 cm Höhe. Äste und Zweige meist bogig aufsteigend. Blätter nadelförmig, zu je 3 in Wirteln, etwa 5–7 mm lang, kahl, spitz, dunkelgrün. Blüten in dichten, quirligen Trauben. Kronen violettrosa. Fast nur in Westeuropa. Blüten VI–VIII.

(n) Glocken-Heide *Erica tetralix* L., Fam. Heidekrautgewächse *(Ericaceae)*. Zwergstrauch mit bogig aufsteigenden Ästen, etwa 15–50 cm hoch. Blätter stumpf, zu je 4 in Wirteln, steifhaarig-gewimpert, am Rande bis zur Mittelrippe zurückgerollt. Blüten kopfig-doldig gedrängt; Kronen rosa. Verbreitet bis zerstreut in Heiden, Mooren, Magerrasen. Blüten VI–IX. Vgl. 163(f) und 170(m).

Aufnahme vom 16. August. ○ entspricht 1 cm

(a) Breitblättrige Sitter *Epipactis helleborine* (L.) CRANTZ, Fam. Knabenkrautgewächse *(Orchidaceae)*. Mehrjährige Pflanze. Die Abbildung zeigt die Kleinart *Epipactis purpurata* SM., die sich durch ziemlich schmale Blätter und einen dichten Blütenstand mit graufilzig behaarter Achse auszeichnet. Geschützt. Sehr zerstreut in Laubwäldern. Blüten VIII. Vgl. 83(b), 101(c), 108(b), 146(a) und 146(b).

(b) Rotkelchige Nachtkerze *Oenothera erythrosepala* BORBAS, Fam. Nachtkerzengewächse *(Onagraceae)*. Kleinart aus dem Formenkreis der **Gemeinen Nachtkerze** *(Oenothera biennis)* mit buckligen Blättern und braunrot gestreiftem Kelch. Etwa 50–150 cm hoch. Meist nur als Gartenpflanze und nur selten verwildert. Blüten VI–VIII. Vgl. 125(c).

(c) Bach-Quellkraut *Montia fontana* L., Fam. Portulakgewächse *(Portulacaceae)*. Einjährige oder überwinternde Pflanze von etwa 10–30 cm Höhe. Stengel dünn, unverzweigt. Blätter spatelig, gegenständig, glänzend. Blüten unscheinbar, nur 2–3 mm breit, mit ungleichen, weißen Kronblättern, kaum länger als die Kelchblätter. Flutend in Gräben, Quellen, Bächen. Zerstreut bis verbreitet. Blüten VI–VIII. Vgl. 36(a).

(d) Quendel-Seide *Cuscuta epithymum* (L.) L., Fam. Seidegewächse *(Cuscutaceae)*. Blattgrünfreie Schmarotzerpflanze mit etwa 20–60 cm langen, windend-kletternden, bleichen oder rötlich-braunen Stengeln. Blätter völlig zurückgebildet. Blüten sitzend, in bis zu zehnblütigen Knäueln. In Heiden und Magerrasen, zerstreut bis selten. Blüten VII–IX. Vgl. auch 130(f).

(e) Herbst-Wendelorchis *Spiranthes spiralis* (L.) CHEVALL., Fam. Knabenkrautgewächse *(Orchidaceae)*. Mehrjährige, kleine Pflanze von 7–25 cm Höhe. Blätter in grundständiger Rosette, zur Blütezeit meist abgestorben. Blüten in langer, schlanker, deutlich gedrehter Ähre. Blüten klein, grünlich-weiß, mit konkaver Lippe. Selten in Halbtrocken- und Magerrasen. Blüten VIII–X. Geschützt.

(f) Röhrige Pferdesaat *Oenanthe fistulosa* L., Fam. Doldengewächse *(Apiaceae)*. Mehrjährige Pflanze mit Ausläufern, etwa 30–60 cm hoch. Stengel und Blattstiele röhrig-hohl. Blätter 1- bis 2fach fiederteilig, mit schmal-linealischen Abschnitten. Dolden dicht zusammengezogen, blattgegenständig. Zerstreut in Seggenriedern, Gräben, Ufern. Blüten VI–VIII. Vgl. auch 72(e) und 124(f).

(a) Schnee-Enzian *Gentiana nivalis* L., Fam. Enziangewächse *(Gentianaceae)*. Einjährige Pflanze mit dünnem, aufrechtem, ästigem Stengel, etwa 3–15 cm hoch. Blätter grundständig, rosettig. Krone stielstellerförmig, mit abstehenden Kronzipfeln, etwa 10 mm breit. Kelch an den Kanten etwas gekielt. In den Alpen auf Matten und in Steinrasen verbreitet. Blüten VII–IX. Vgl. 53(a), 74(f), 173(c).

(b) Bitterer Enzian *Gentianella amarella* L., Fam. Enziangewächse *(Gentianaceae)*. Ein -bis zweijährige Pflanze von 5–40 cm Höhe. Stengel wenig oder erst ab der Mitte verzweigt. Grundständige Blätter rosettig, obere Stengelblätter rauh. Etwa 5–30 Blüten, im Schlund bärtig, rötlich-lila. In Matten, Flachmooren und an Wald- oder Gebüschsäumen, auf nährstoffarmen Böden. Blüten VII–IX. Vgl. 53(a), 74(f). Geschützt.

(c) Feld-Enzian *Gentianella campestris* (L.) Börner, Fam. Enziangewächse *(Gentianaceae)*. Zweijährige Pflanze mit aufrechtem, vom Grunde an ästigem Stengel. Blätter sitzend, spatelig bis verkehrt-eiförmig. Blüten 1,5–3 cm lang, mit 4 lila-violetten, in stumpfe Spitzen auslaufenden Kronblättern. Blüten V–X. Zerstreut in feuchten Magerrasen und Bergwiesen. Vgl. 53(a), 74(f), 173(a), 173(b). Geschützt.

(d) Große Strauchpappel *Lavatera arborea* L., Fam. Malvengewächse *(Malvaceae)*. Kräftige, ein- oder mehrjährige Pflanze, 1–3 m hoch. Blätter rundlich, bis 20 cm breit, mit 5–7 eingeschnittenen Lappen. Blüten mit Außenkelch; Krone etwa 3–4 cm breit, purpurn, dunkler geadert; Kronblätter ausgerandet. Meist aus Gärten verwildert. Blüten V–IX. Vgl. 86(f), 110(f), 136(h) und 160(f).

(e) Türkenbund-Lilie *Lilium martagon* L., Fam. Liliengewächse *(Liliaceae)*. Mehrjährige Pflanze. Blätter elliptisch-lanzettlich, in der Mitte fast quirlständig. Blütenhüllblätter stark zurückgebogen, hellpurpurn mit dunkleren Flecken. Blüten nickend, in lockerer Traube. In Laubwäldern und Gebüschen. In den Alpen zerstreut, sonst sehr selten. Geschützt. Blüten VI–VII. Vgl. 56(e).

(f) Moltebeere *Rubus chamaemorus* L., Fam. Rosengewächse *(Rosaceae)*. Mehrjährige Pflanze, etwa 20 cm hoch, mit einfachen, fünflappigen Blättern. Stengel glatt. Blüten einzeln, endständig. Früchte anfangs rot, später orangegelb. Eßbar. In Mitteleuropa sehr selten. Nordisch-arktische Pflanze. Früchte VIII–X. Vgl. auch 100(c).

Sommer (August)
Küstennahe Felsen und Raine

(a) Spreizende Melde *Atriplex patula* L., Fam. Gänsefußgewächse *(Chenopodiaceae)*. Einjährige Pflanze mit meist weit abstehenden, liegenden Stengeln und Zweigen, etwa 30–80 cm lang (hoch). Blätter lanzettlich, am Grunde spießförmig. Blüten in aufrechten, dichten Scheinähren. Nährstoffreiche, frische Ruderalstandorte. Verbreitet bis häufig. Blüten VII–X. Vgl. auch 180(b), 182(b) und 182(d).

(b) Gebräuchliches Löffelkraut *Cochlearia officinalis* L., Fam. Kreuzblütengewächse *(Brassicaceae)*. Zwei- oder mehrjährige Pflanze mit liegendem oder aufsteigendem Stengel von etwa 10–30 cm Höhe. Grundblätter gestielt, rundlich-herzförmig; Stengelblätter geöhrt, sitzend, stengelumfassend. Blüten etwa 8–10 mm breit, in endständigen, wenigblütigen Trauben. Vor allem in Salzwiesen und -röhrichten an der Küste. Gelegentlich auch als Salatpflanze angebaut. Blüten V–VI. Vgl. 28(b), 60(j) und 164(i).

(c) Meerfenchel *Crithmum maritimum* L., Fam. Doldengewächse *(Apiaceae)*. Kräftige, mehrjährige Pflanze mit liegenden oder aufsteigenden Stengeln und kahlen, 2- bis 3fach fiederteiligen Blättern. Fiederabschnitte dicklich, etwa halbfingerlang. Blüten gelblich-grün oder hellgelb, sehr klein, in kurzgestielten Dolden. Verbreitet in Felsspalten und Felsnischen der Küste. Blüten VII–X.

(d) Strand-Alant *Inula crithmoides* L., Fam. Korbblütengewächse *(Asteraceae)*. Mehrjährige, aufrechte Pflanze, etwa 10–80 cm hoch. Blätter fleischig, linealisch, etwas rinnig, vorne stumpf dreizipflig. Blütenköpfe goldgelb, etwa 20–25 mm breit; Zungenblüten doppelt so lang wie die kahlen Hüllblätter. Verbreitet an Felsen und in Salzsümpfen. Nur in West- und Südeuropa. Blüten VIII–X.

(e) Gemeine Buche, Rot-Buche *Fagus sylvatica* L., Fam. Buchengewächse *(Fagaceae)*. Baum bis etwa 40 m Höhe. Die Abbildung zeigt die Blätter und die reifenden Früchte (Bucheckern), die ein wertvolles Speiseöl liefern. Fruchtreife etwa VIII–X. Vgl. 26(f).

(f) Blut-Buche *Fagus sylvatica* var. *atropunicea*, Fam. Buchengewächse *(Fagaceae)*. Baum bis etwa 40 m Höhe mit glatter, grauer Rinde. Gewöhnlich fallen die Blätter dieser Varietät sehr viel dunkler aus, als es das abgebildete Exemplar zeigt. Vgl. 26(g).

(g) Feld-Ulme, Rotrüster *Ulmus minor* MILL., Fam. Ulmengewächse *(Ulmaceae)*. Baum bis etwa 40 m Höhe oder kleinerer Strauch. Blätter etwa 6–10 cm lang, jederseits mit ca. 8–12 Seitennerven. Sehr ähnlich ist die im Vorkommen auf die Britischen Inseln beschränkte **Englische Ulme** *Ulmus procera*. Der Rotrüster besiedelt Auen- und Laubwälder sowie Feldgehölze. Blüten II–IV. Vgl. auch 12(l), 26(i).

(h) Berg-Ulme, Weißrüster *Ulmus glabra* HUDS., Fam. Ulmengewächse *(Ulmaceae)*. Baum bis etwa 30 m Höhe. Blätter 8–15 cm lang, beidseits mit etwa 12–20 Seitennerven, unterseits behaart, im vorderen Drittel am breitesten. In Gebüschen und Laubwäldern. Blüten III–IV. Vgl. auch 12(k) und 26(h).

(i) Rauli *Nothofagus procera* (POEPP. ET ENDL.) OERST., Fam. Buchengewächse *(Fagaceae)*. Baum bis etwa 30 m Höhe. Blätter etwa 4–8 cm lang, länglich-oval mit stumpfer Spitze und 15–18 vertieften Seitennervenpaaren, fein gesägt. Blattstiel gelb, Blattspreite hellgrün bis gelbgrün. Eingeführt aus Chile. Selten in Parkanlagen.

(j) Robelbuche *Nothofagus obliqua* (MIRB.) BL., Fam. Buchengewächse *(Fagaceae)*. Baum bis etwa 30 m Höhe mit glatter, hellgrauer Rinde. Blätter 5–8 cm lang. Aus Chile eingeführt. Gelegentlich in Parks. Blüten IV–V. Ziemlich starkwüchsig.

(k) Holländische Linde *Tilia × europaea* L., Fam. Lindengewächse *(Tiliaceae)*. Baum bis etwa 40 m Höhe, natürlicher Bastard der beiden einheimischen Linden-Arten. Die Abbildung zeigt die fertig entwickelten Blätter und die jungen Früchte. Vgl. auch 122(p).

(l) Winter-Linde *Tilia cordata* MILL., Fam. Lindengewächse *(Tiliaceae)*. Baum bis etwa 30 m Höhe. Blätter unterseits blaugrün, oberseits matt dunkelgrün. Achselbärte der Blattunterseite rostbraun. Triebe immer kahl. Früchte schwach kantig bis rundlich. Blüten VI–VII. Vgl. auch 122(p).

(m) Buchsbaum *Buxus sempervirens* L., Fam. Buchsbaumgewächse *(Buxaceae)*. Immergrüner Strauch von 1–4 m Höhe mit kleinen, eiförmigen, lederigen Blättchen. Die Abbildung zeigt die reifen Kapselfrüchte. Vgl. auch 20(b).

(n) Sommer-Linde *Tilia platyphyllos* SCOP., Fam. Lindengewächse *(Tiliaceae)*. Baum bis ungefähr 30 m Höhe. Blätter ziemlich groß, oberseits kurzhaarig, unterseits heller, in den Achseln der Hauptnerven weißbärtig. Junge Triebe behaart. Blütenstand dreiblütig; Früchte deutlich fünfkantig. Zerstreut in Edellaubwäldern. Im Norden ziemlich selten. Oft als Straßen- und Parkbaum gepflanzt. Vgl. auch 122(p).

(o) Schwarz-Erle *Alnus glutinosa* (L.) GAERTN., Fam. Birkengewächse *(Betulaceae)*. Strauch oder Baum bis etwa 20 m Höhe. Blätter gestielt, breit-oval, vorne stumpf. Verbreitet in Bachauengebüsch, Bruchwäldern, Weidenauen. Vgl. auch 12(n).

(p) Grau-Erle *Alnus incana* (L.) MOENCH, Fam. Birkengewächse *(Betulaceae)*. Strauch oder Baum, etwa 3–25 m hoch. Blätter gestielt, breit-oval, vorne stumpf oder mit schlanker Spitze, scharf doppelt gesägt, unterseits graugrün behaart. Verbreitet in Auwäldern und -gebüschen des Berglandes. Oft auch angepflanzt. Vgl. 22(f).

Aufnahme vom 16. August. ○ entspricht 1 cm

(a) Alpen-Vergißmeinnicht *Myosotis alpestris* F. W. SCHM., Fam. Rauhblattgewächse *(Boraginaceae)*. Mehrjährige Pflanze mit liegenden oder bogig aufsteigenden Stengeln, etwa 5–20 cm hoch. Stiele der Rosettenblätter deutlich von der Blattspreite abgesetzt; Stengelblätter sitzend, keilförmig verschmälert. Kronröhre meist kürzer als der Kelch; Blütenkrone tiefblau, sehr klein. In Schuttfluren, auf Kiesböden und in Schneetälchen der Alpen verbreitet. Blüten VII–IX. Vgl. auch 34(b), 34(e) und 104(h).

(b) Acker-Spark, Acker-Spergel *Spergula arvensis* L., Fam. Nelkengewächse *(Caryophyllaceae)*. Einjährige Pflanze mit aufsteigendem oder aufrechtem Stengel, der unterhalb der Knoten verdickt ist. Etwa 10–50 cm hoch. Blätter fadenförmig-linealisch, scheinbar quirlständig, unterseits mit Längsfurche. Blüten in lockeren Rispen. Kronblätter ganzrandig. Zerstreut an sandigen Wegen und in Unkrautfluren auf Hackfruchtäckern. Blüten VI–X.

(c) Heide-Frankenie *Frankenia laevis* L., Fam. Frankeniengewächse *(Frankeniaceae)*. Zwergstrauch mit ausgebreiteten, niederliegenden Zweigen, etwa 15–20 cm lang. Blätter dicht gedrängt, sehr kurz, elliptisch, am Rand meist umgerollt. Blüten kurzgestielt; Kronblätter rosarot bis violettlila, an der Spitze wenig gezähnt. Vor allem in Südeuropa an den Küsten auf sandigem oder sandig-kiesigem Salzboden. In Nordwesteuropa selten. Blüten VI–VIII.

(d) Balsam-Pappel, Amerikanische Pappel *Populus balsamifera* L., Fam. Weidengewächse *(Salicaceae)*. Baum bis etwa 25 m Höhe. Jüngere Äste glänzend braunrot. Die Blätter sind giftig und verströmen einen eigenartigen Geruch nach Balsam. Meist nur als Zierbaum. Vgl. auch 12(j).

(e) Pyramiden-Pappel *Populus nigra* var. *italica*, Fam. Weidengewächse *(Salicaceae)*. Baum von schlankem Säulenwuchs, bis etwa 30 m hoch. Die Abbildung zeigt die ziemlich kleinen, dreieckigen Blätter. Vgl. 12(i).

(f) Silber-Pappel *Populus alba* L., Fam. Weidengewächse *(Salicaceae)*. Baum von etwa 20–30 m Höhe. Blätter von dreieckigem Umriß, ungleich gezähnt und gesägt, unterseits auffallend weißfilzig. Nur in den großen Flußtälern heimisch, sonst meist angepflanzt. Vgl. 12(h).

(g) Zitter-Pappel *Populus tremula* L., Fam. Weidengewächse *(Salicaceae)*. Baum bis etwa 20 m Höhe. Blätter annähernd kreisrund, langgestielt, unterseits heller, kahl, ungleich gekerbt-gesägt. Verbreitet bis häufig in Wäldern, an Säumen, in Hecken, Schlägen und Blockhalden. Vgl. 12(f).

(h) Kanadische Pappel, Bastard-Schwarz-Pappel *Populus canadensis* MOENCH, Fam. Weidengewächse *(Salicaceae)*. Baum bis etwa 25 m Höhe. Bastard zwischen der einheimischen Schwarz-Pappel und verschiedenen eingeführten amerikanischen Pappel-Arten. Oft als Forstbaum gepflanzt. Blätter meist mit schlanker, von der übrigen Spreite deutlich abgesetzter Spitze. Vgl. 12(g).

(i) Schwarz-Pappel *Populus nigra* L., Fam. Weidengewächse *(Salicaceae)*. Mächtiger Baum mit breit ausladender Krone, etwa 20–25 m hoch. Äste rundlich, ohne Korkrippen, schlank, gelb. Blattstiele seitlich zusammengedrückt. Blatt dreieckig bis rhombisch, zugespitzt. Zerstreut in den Auengehölzen und -gebüschen der großen Ströme (Rhein, Oder, Elbe, Donau) und ihrer Nebentäler. Sonst nur angepflanzt. Vgl. 12(g).

(j) Bastard-Platane *Platanus hybrida* BROT., Fam. Platanengewächse *(Platanaceae)*. Mächtiger Baum mit breiter Krone und dicken Stämmen und Ästen, etwa 35–40 m hoch. Bastard aus einer asiatischen und einer amerikanischen Art. Die Abbildung zeigt die typischen Blätter und den kugeligen Fruchtstand. Vgl. auch 26(p).

(k) Eibe *Taxus baccata* L., Fam. Eibengewächse *(Taxaceae)*. Zweihäusiger Baum bis etwa 15 m Höhe. Die Abbildung zeigt die fruchtende weibliche Pflanze. Die eigentlichen Samen werden von einem fleischigen, karminroten Samenmantel (= Arillus) umgeben. Alle Teile der Pflanze, mit Ausnahme des Arillus, sind sehr giftig. Vgl. auch 20(d).

(l) Grau-Pappel *Populus canescens* (AIT.) SM., Fam. Weidengewächse *(Salicaceae)*. Bastard aus der einheimischen Silber-Pappel (176[f]) und der Zitter-Pappel (176[g]). Baum bis etwa 35 m Höhe, häufig gepflanzt. Blätter länglich-oval, mit wenigen stumpfen Zähnen gekerbt-gelappt. Blätter unterseits grauhaarig. Vgl. auch 12(e).

Aufnahme vom 26. August. ○ entspricht 1 cm

(a) Feld-Beifuß *Artemisia campestris* L., Fam. Korbblütengewächse *(Asteraceae)*. Ausdauernde Pflanze von 30–60 cm Höhe mit aufrechtem, wenigästigem Stengel. Blätter fiederteilig, mit sehr schmalen, linealischen, stachelspitzigen Zipfeln, die mit der Fiederachse einen spitzen Winkel bilden, meist behaart. Blattstielgrund mit Öhrchen. Blüten in kleinen, bis etwa 3 mm breiten, gelblichen Köpfchen, in einseitswendigen, blattachselständigen Rispen. Ziemlich selten bis zerstreut in Trockenrasen, an sandigen Standorten oder auf Dünen. Blüten VIII–X. Vgl. 158(a), 158(k) und 162(d).

(b) Ohrlöffel-Leimkraut *Silene otites* (L.) Wib., Fam. Nelkengewächse *(Caryophyllaceae)*. Zwei- oder mehrjährige Pflanze mit aufrechtem Stengel, etwa 20–50 cm hoch. Blätter spatelig, langgestielt, klebrig-behaart. Blüten gelbgrün, in schmalem, rispigem Blütenstand. Ein- oder zweihäusig. Kronblätter ungeteilt, ohne Nebenkrone. Ziemlich selten in Trockenrasen und Kalkfelsfluren. Blüten V–VIII.

(c) Ampfer-Knöterich *Polygonum lapathifolium* L., Fam. Knöterichgewächse *(Polygonaceae)*. Einjährige Pflanze mit aufrechtem, meist unverzweigtem Stengel, etwa 20–80 cm hoch. Blätter mit verschmälertem Grund, etwa viermal so lang wie breit oder länger, unterhalb der Spreitenmitte am breitesten, mit dunkler Fleckenzeichnung. Blüten weißlich-grün, in dichten, gedrungenen Scheinähren. Verbreitet bis häufig auf Äckern, an Gräben und Ufern. Blüten VII–X. Vgl. auch 64(d), 186(b), 186(e) und 150(h).

(d) Salbei-Braunwurz *Scrophularia scorodonia* L., Fam. Braunwurzgewächse *(Scrophulariaceae)*. Mehrjährige Pflanze mit aufrechtem, kantigem Stengel. Blätter runzlig, wie der Stengel flaumig behaart. Blüten grünlich mit purpurroter Oberlippe. Sehr zerstreut an Hecken und Rainen. Nur in Nordwesteuropa. Blüten V–IX. Vgl. 86(k), 112(h).

(e) Schwarzer Holunder *Sambucus nigra* L., Fam. Geißblattgewächse *(Caprifoliaceae)*. Strauch oder kleiner Baum von 3–7 m Höhe mit unpaarig gefiederten, gegenständigen Blättern. Zweige mit weißem Mark. Früchte sind Steinfrüchte und keine Beeren. Fruchtreife etwa von VIII–XI. Vgl. auch 44(e).

(f) Eberesche, Vogelbeere *Sorbus aucuparia* L., Fam. Rosengewächse *(Rosaceae)*. Strauch oder Baum bis etwa 15 m Höhe mit unpaarig gefiederten, wechselständigen Blättern. Früchte etwa erbsengroß, zur Reifezeit (VIII–IX) scharlachrot. Genießbar. Übrige Angaben s. unter 40(d).

(g) Gemeiner Schneeball *Viburnum opulus* L., Fam. Geißblattgewächse *(Caprifoliaceae)*. Strauch bis etwa 3 m Höhe. Blätter 3- bis 5lappig, beiderseits grün, unbehaart, gegenständig. Früchte ungenießbar und leicht giftig. Sie sollten nicht gesammelt und mit anderen Wildobstarten gemeinsam verwendet werden. Vgl. auch 66(b).

(h) Mannsblut *Hypericum androsaemum* L., Fam. Hartheugewächse *(Hypericaceae)*. Halbstrauch von etwa 50–100 cm Höhe mit deutlich zweikantigem Stengel. Blätter gegenständig, sitzend, breit-elliptisch. Reife Früchte (ab VIII) schwarz, zuvor rötlich. In feuchten Gebüschen, bevorzugt an schattigen Standorten. Vgl. 88(c).

(i) Eingriffliger Weißdorn *Crataegus monogyna* Jaqu., Fam. Rosengewächse *(Rosaceae)*. Strauch oder kleiner Baum von 1–10 m Höhe mit gelappten, fast fiederteiligen Blättern. Reife Früchte von VIII–XI, können gesammelt und zusammen mit anderem Wildobst verwendet werden. Übrige Angaben s. unter 44(g).

(j) Wolliger Schneeball *Viburnum lantana* L., Fam. Geißblattgewächse *(Caprifoliaceae)*. Strauch von 1–2,5 m Höhe mit eiförmigen, unterseits dicht graufilzigen Blättern. Die reifen Früchte sind leicht giftig und sollten nicht verwendet werden. Fruchtreife ab VIII. Vgl. auch 40(b).

(k) Deutsches Geißblatt *Lonicera periclymenum* L., Fam. Geißblattgewächse *(Caprifoliaceae)*. Rechtswindender Schlingstrauch bis etwa 2–3 m Höhe mit gegenständigen, elliptischen, ganzrandigen, leicht blaugrünen Blättern. Reife Früchte etwa von VIII–IX. Ungenießbar. Übrige Angaben s. unter 33(d).

(l) Schwarze Tollkirsche *Atropa belladonna* L., Fam. Nachtschattengewächse *(Solanaceae)*. Staude von 50–150 cm Höhe mit eiförmigen, in den Stiel herablaufenden Blättern. Die schwarzen Früchte sind wie alle übrigen Teile der Pflanze sehr giftig. Fruchtreife VIII–IX. Vgl. auch 84(h).

(m) Zwerg-Holunder, Attich *Sambucus ebulus* L., Fam. Geißblattgewächse *(Caprifoliaceae)*. Mehrjährige Pflanze, etwa 60–150 cm hoch, mit gegenständigen, unpaarig gefiederten Blättern. Die schwarzen Steinfrüchte sollten nicht mit denen des Schwarzen Holunders verwechselt werden. Attich-Früchte sind giftig und unbrauchbar. Fruchtreife etwa VIII–IX. Vgl. auch 132(k).

(n) Brombeere *Rubus fruticosus* L., Fam. Rosengewächse *(Rosaceae)*. Formenreiche Sammelart. Sträucher von 20–200 cm Höhe mit kriechenden, niederliegenden, aufrechten oder bogig überhängenden Zweigen. Fruchtreife ab VIII. Brombeeren (Sammelsteinfrucht) gehören zu den populärsten Wildobstarten. Vgl. auch 122(o).

Autnahme vom 26. August. ○ entspricht 1 cm

(a) Queller *Salicornia europaea* L., Fam. Gänsefußgewächse *(Chenopodiaceae)*. Einjährige, niederliegende oder steif aufrechte Pflanze von 5–30 cm Höhe. Stengel dickfleischig, durch Einschnürungen gegliedert, armleuchterartig verzweigt. Blätter zu kleinen Schuppen reduziert. Blüten zwittrig, klein, unscheinbar, in der Achsel winziger Tragblätter; Bestäubung erfolgt unter Wasser. Charakterart der Quellerflur im Schlickwatt der Küsten; gelegentlich auch an Salzstandorten des Binnenlandes. Blüten VIII–X. Eßbar. Liefert ein sehr erfrischend schmeckendes Wildgemüse. Formenreich.

(b) Gelappte Melde *Atriplex sabulosa* ROUY, Fam. Gänsefußgewächse *(Chenopodiaceae)*. Einjährige Pflanze mit ausgebreitetem, niederliegendem Stengel von etwa 30–60 cm Länge. Untere Blätter stumpf-buchtig gezähnt bis annähernd dreilappig, obere Blätter eher lanzettlich bis spießförmig. Blüten in end- und achselständigen Rispen, mitunter rötlich überlaufen. Zerstreut bis selten im Bereich der Spülsäume an den Meeresküsten. Blüten VII–IX. Vgl. 174(a), 182(b), 182(c).

(c) Strand-Sode *Suaeda maritima* (L.) DUM., Fam. Gänsefußgewächse *(Chenopodiaceae)*. Einjährige Pflanze mit niederliegenden oder aufsteigenden Stengeln, etwa 10–40 cm hoch. Blätter schmal, sitzend, stumpf, walzlich, etwas dicklich, schmecken salzig, etwa 5–10 mm lang. Blüten unscheinbar. Pflanze graugrün, manchmal auch rötlich oder kräftig rot überlaufen. Vereinzelt oder gesellig auf nassen, salzigen Schlickböden an den Küsten. Blüten VII–IX. Vgl. 132(d).

(d) Strand-Salzmelde *Halimione portulacoides* (L.) ALLEN, Fam. Gänsefußgewächse *(Chenopodiaceae)*. Mehrjähriger Halbstrauch mit ästigen, ausgebreiteten Stengeln, etwa 30–100 cm hoch. Blätter graugrün, gegenständig, spatelig. Blüten grünlich, unscheinbar. Verbreitet in den Salzmarschen der Küste. Blüten VII–IX.

(e) Gemeine Hasel *Corylus avellana* L., Fam. Haselgewächse *(Corylaceae)*. Strauch bis etwa 6 m Höhe. Blätter wechselständig, breit oval, am Grunde herzförmig eingeschnitten, mit schlanker, von der Spreite etwas abgesetzter Spitze, doppelt gesägt. Früchte etwa ab VIII–IX. Übrige Angaben s. unter 12(m).

(f) Schlehe, Schwarzdorn *Prunus spinosa* L., Fam. Rosengewächse *(Rosaceae)*. Strauch oder kleiner Baum bis etwa 1–3 m Höhe mit stark verdornten Ästen und Zweigen. Früchte stark blau bereift (Steinfrüchte), für vielerlei Zwecke verwendbar, jedoch vor dem ersten herbstlichen Nachtfrost kaum erntefähig (Gerbstoffgehalt). Fruchtreife zwischen VIII und X. Übrige Angaben s. unter 16(a).

(g) Schneebeere, Knallerbse *Symphoricarpos rivularis* SUKSD., Fam. Geißblattgewächse *(Caprifoliaceae)*. Strauch von etwa 1–2 m Höhe mit gegenständigen, rundlich-elliptischen, nur selten lappigen, dunkelgrünen Blättern. Zweige dünn und kantig. Die Abbildung zeigt die reifen, schneeweißen Beeren. Sie sind giftverdächtig und sollten nicht verzehrt werden. Fruchtreife etwa ab VIII–IX. Vgl. auch übrige Angaben unter 93(d).

(h) Weißer Stechapfel *Datura stramonium* L., Fam. Nachtschattengewächse *(Solanaceae)*. Einjährige, auffallende Pflanze von 30–100 cm Höhe mit gabelig verzweigtem Stengel. Blätter unregelmäßig gelappt. Kapselfrüchte stachelig. Alle Teile dieser Pflanze sind ziemlich giftig. Fruchtreife VIII–X. Übrige Angaben unter 160(i).

(i) Roter Hartriegel *Cornus sanguinea* L., Fam. Hartriegelgewächse *(Cornaceae)*. Strauch von 2–4 m Höhe mit oft rötlich überlaufenen oder (besonders im Herbst und Winter) blutrot berindeten Zweigen. Blätter breit-oval, bogig fiedernervig. Reifende Früchte schwarz. Fruchtreife etwa VIII–IX. Unbrauchbar für Genußzwecke. Vgl. auch 66(c).

(j) Sanddorn *Hippophae rhamnoides* L., Fam. Ölweidengewächse *(Elaeagnaceae)*. Strauch bis 1,5 m Höhe mit schmal-lanzettlichen, oberseits kahlen, unterseits silberweißen haarigen Blättern. Die Abbildung zeigt die reifen, sehr vitaminreichen Früchte, die ausnahmsweise aus der Kronröhre entstehen. Wertvolles Wildobst. Fruchtreife etwa ab IX. Übrige Angaben unter 40(g).

(k) Pimpinell-Rose, Dünen-Rose *Rosa pimpinellifolia* L., Fam. Rosengewächse *(Rosaceae)*. Kleiner Strauch bis etwa 50 cm Höhe mit meist neunzähligen Blättern. Fiederblättchen ziemlich klein, eiförmig bis rundlich, nur einfach fein gesägt. Die Hagebutten sind im Unterschied zu anderen einheimischen Wildrosen tief-dunkelrot bis fast schwarz. Eßbar. Fruchtreife ab VIII. Vgl. auch 56(d).

(l) Purgier-Kreuzdorn *Rhamnus cathartica* L., Fam. Kreuzdorngewächse *(Rhamnaceae)*. Strauch oder kleiner Baum, meist bis etwa 3 m Höhe. Zweige mit langen, endständigen Sproßdornen. Blätter gegenständig, rundlich bis lanzettlich-eiförmig, fein gesägt. Die reifen Früchte sind tiefdunkelblau bis fast schwarz und werden für medizinische Zwecke verwendet. Fruchtreife VII–X. Vgl. auch 68(c).

(m) Faulbaum, Pulverholz *Frangula alnus* MILL., Fam. Kreuzdorngewächse *(Rhamnaceae)*. Strauch von etwa 1–4 m Höhe mit brüchigen, dornenlosen Zweigen. Blätter wechselständig oder fast gegenständig, ganzrandig, breit-elliptisch, spitz zulaufend. Blattnerven ziemlich gerade. Die schwarzen Früchte und alle übrigen Teile der Pflanze (besonders die Rinde) sind im frischen Zustand sehr giftig. Fruchtreife ab VIII. Vgl. auch übrige Angaben unter 88(a).

Aufnahme vom 1. September. ○ entspricht 1 cm

(a) Weißer Gänsefuß *Chenopodium album* L., Fam. Gänsefußgewächse *(Chenopodiaceae).* Einjährige Pflanze mit aufrechtem Stengel, etwa 20–150 cm Höhe. Untere und mittlere Stengelblätter meist rhombisch-eiförmig oder oval-lanzettlich, ziemlich vielgestaltig, meist deutlich gezähnt, hell bläulichgrün, zugespitzt. Blüten in Scheinähre aus einzelnen Blütenknäueln; Blütenstand mehlig bestäubt. Häufig und weit verbreitet, oft als Pionierpflanze auf frischen Schuttstellen (Baustellen) und an Wegrändern. Blüten VII–X. Vgl. auch 130(h), 130(i), 130(k), 158(d) und 182(c).

(b) Strand-Melde *Atriplex littoralis* L., Fam. Gänsefußgewächse *(Chenopodiaceae).* Einjährige Pflanze mit liegendem oder aufrechtem Stengel, etwa 30–80 cm hoch. Blätter linealisch-lanzettlich, ganzrandig oder gezähnt, beidseits einfarbig graugrün. Blüten einhäusig, in entfernten Knäueln an aufrechten, langgestielten, rutenartigen Seitenzweigen. Fruchthülle mehlig bestäubt. Verbreitet an den Meeresküsten im Bereich der Spülsäume, sonst selten. Blüten VII–IX. Vgl. auch 174(a), 182(d).

(c) Roter Gänsefuß *Chenopodium rubrum* L., Fam. Gänsefußgewächse *(Chenopodiaceae).* Einjährige Pflanze mit aufrechtem, meist ästigem Stengel von etwa 5–80 cm Höhe. Blätter meist gestielt, nur im oberen Stengelbereich sitzend, beiderseits gleichfarben grün, nicht mehlig eingestäubt, meist buchtig gezähnt bis gelappt. Zerstreut an Wegrändern und Schuttstellen, gelegentlich auch an der Küste. Blüten VII–IX. Vgl. 130(h), 158(d) und 182(a).

(d) Spieß-Melde *Atriplex hastata* L., Fam. Gänsefußgewächse *(Chenopodiaceae).* Einjährige, aufrechte Pflanze von 30–100 cm Höhe. Untere Blätter dreieckig-spießförmig, gezähnt; obere zum Teil ganzrandig. An Wegrändern und Schuttstellen, auch an den Meeresküsten. Blüten VII–X. Vgl. auch 174(a), 180(a).

(e) Bruch-Weide *Salix fragilis* L., Fam. Weidengewächse *(Salicaceae).* Baum bis etwa 15 m Höhe. Zweige gelb oder braun, brechen sehr leicht ab. Blätter feinadrig, oberseits grün, wenig glänzend, unterseits blaugrün, etwa 10–20 cm lang und 2–4 cm breit, mit lang ausgezogener Spitze, kahl, anfangs klebrig, entfernt gezähnt. Blüten IV–V. Zerstreut bis verbreitet in Weichholzauen.

(f) Trauer-Weide *Salix babylonica* L., Fam. Weidengewächse *(Salicaceae).* Baum bis etwa 10 m Höhe, Zweige auffallend hängend, sehr schlank und dünn, gelbgrün oder olivbraun. Blätter etwa 10–17 cm lang und bis 25 mm breit, meist in eine schiefe Spitze verlängert. Ziemlich selten in Gärten und Parks. Blüten IV–V.

(g) Korb-Weide *Salix viminalis* L., Fam. Weidengewächse *(Salicaceae).* Strauch oder Baum, bis etwa 4 m hoch. Zweige sehr schlank, lang, anfangs grauhaarig, später kahl. Blätter ziemlich schmal, am Rande umgebogen, unterseits dicht weißhaarig. Blüten (Kätzchen) erscheinen meist mit den Blättern. Verbreitet bis zerstreut an Flußauen, Bachgehölzen und Ufern. Blüten III–IV.

(h) Silber-Weide *Salix alba* L., Fam. Weidengewächse *(Salicaceae).* Baum oder Strauch bis etwa 25 m Höhe. Zweige aufrecht oder abstehend, rotbraun. Blätter etwa 6–10 cm lang und 2–4 cm breit, kurz zugespitzt, im jungen Zustand beiderseits seidenhaarig, später nur noch auf der Unterseite behaart. Formenreich. Bastardiert mit vielen anderen Arten. Im flußbegleitenden Weidengebüsch die häufigste Art. Blüten IV–V.

(i) Purpur-Weide *Salix purpurea* L., Fam. Weidengewächse *(Salicaceae).* Strauch oder Baum, meist zwischen 50 und 300 cm hoch, selten auch bis 10 m. Zweige zäh, schlank, ausgebreitet. Blätter bis etwa 10 cm lang, ganzrandig oder an der stumpfen Spitze wenig gesägt, beidseits kahl. Verbreitet in Weidengebüschen und Auwaldbeständen. Blüten III–IV.

(j) Grau-Weide *Salix cinerea* L., Fam. Weidengewächse *(Salicaceae).* Strauch oder kleinerer Baum, selten bis 10 m Höhe. Zweige meist dicht grauhaarig. Blätter länglich-lanzettlich bis elliptisch oder verkehrt-eiförmig, etwa 5–10 cm lang, 2–4 cm breit, wellig gesägt, oberseits kurzhaarig, unterseits meist filzig behaart. Häufig bastardiert. Zerstreut in Brüchern, an Ufern und Gräben. Blüten IV.

(k) Bastard-Sal-Weide *Salix capreola* J. KERNER, Fam. Weidengewächse *(Salicaceae).* Strauch oder kleinerer Baum, Bastard zwischen der Sal-Weide (vgl. 182[l]) und der **Öhrchen-Weide** *Salix aurita* L. Die auffallenden und kennzeichnenden Nebenblätter der Öhrchen-Weide fehlen dem Bastard. Blätter etwa 6–10 cm lang und 4–6 cm breit, elliptisch, langgestielt. Verbreitet bis zerstreut im Verbreitungsgebiet der Elternarten.

(l) Sal-Weide *Salix caprea* L., Fam. Weidengewächse *(Salicaceae).* Strauch oder Baum von 2–10 m Höhe. Zweige nur in jungem Zustand behaart. Blätter etwa 7–10 cm lang, elliptisch bis fast rundlich, runzlig, unregelmäßig gesägt, mit kurzer, schlanker Spitze. Verbreitet in Saum-, Schlag- und Schuttgehölzen. Häufig Pionierpflanze auf Tonböden. Blüten III–IV.

(m) Kriech-Weide *Salix repens* L., Fam. Weidengewächse *(Salicaceae).* Formenreicher Strauch von etwa 20–100 cm Höhe mit meist unterirdisch kriechendem Hauptstamm und aufsteigenden oder liegenden Zweigen. Blätter eiförmig, bis 6 cm lang und 2 cm breit. Verbreitet in den Graudünen der Küsten, meist auf der Leeseite. Blüten IV–V.

Aufnahme vom 1. September. ○ entspricht 1 cm

(a) Herbst-Zeitlose *Colchicum autumnale* L., Fam. Liliengewächse *(Liliaceae)*. Mehrjährige Pflanze mit zeitlich weit auseinanderliegender Blüh-, Frucht- oder Wachstumsphase. Die Abbildung zeigt die Blüte mit 6 länglichen, rötlich-violetten oder blaßlila Blütenhüllblättern, die am Grunde zu einer 5–20 cm langen, bleichen Röhre verwachsen. Fruchtknoten unterirdisch. Blütezeit etwa VIII–IX, Fruchtreife im nachfolgenden Frühjahr IV–VI. Verbreitet in Auwäldern oder auf Wiesen. Sehr giftig. Vgl. auch 42(a).
(b) Herbst-Blaustern *Scilla autumnalis* L., Fam. Liliengewächse *(Liliaceae)*. Mehrjährige Pflanze mit aufrechtem, blattlosem Stengel von etwa 10–20 cm Höhe. Blätter zu 4–8 grundständig, schmal, etwas rinnig. Blüten in lockerer, verlängerter Traube; Blütenhüllblätter ausgebreitet, lilafarben. Verbreitet in trockenen Felsfluren und Steinrasen. Nur in Süd- und Südosteuropa. Selten als Zierpflanze. Blüten VIII–X.
(c) Maiglöckchen *Convallaria majalis* L., Fam. Liliengewächse *(Liliaceae)*. Pflanze mit kriechendem Wurzelstock und meist zwei länglich-breitlanzettlichen, grundständigen Blättern. Wichtige, ziemlich giftige Arzneipflanze. Die Abbildung zeigt die reifen Beerenfrüchte, die etwa ab VIII–IX zu erwarten sind. Vgl. auch 34(k).
(d) Neapolitanisches Alpenveilchen *Cyclamen hederifolium* AIT., Fam. Primelgewächse *(Primulaceae)*. Mehrjährige Pflanze mit grundständigen, langgestielten, herzförmigen Blättern, unterseits rötlich, oberseits silbergrau gefleckt. Blüten mit zurückgeschlagenen Kronblättern; Schlund dunkler gefleckt, fünfeckig. Zerstreut an Waldsäumen, in Gebüschen und lichten Wäldern. Nur in Südeuropa. Blüten VIII–XI. Selten als Zierpflanze.

(e) Douglasie *Pseudotsuga menziesii* (MIRB.) FRANCO, Fam. Kieferngewächse *(Pinaceae)*. Baum bis etwa 30 m Höhe. Nadelblätter flach, zweizeilig, unterseits mit weißen Längsstreifen, beim Zerreiben von angenehmem Aroma. Häufig als Park- oder Forstbaum angepflanzt. Stammt aus dem östlichen Nordamerika. Blüten V.
(f) Gemeine Wald-Kiefer *Pinus silvestris* L., Fam. Kieferngewächse *(Pinaceae)*. Nadelbaum bis etwa 40 m Höhe. Nadelblätter zu je 2 an Kurztrieben, 5–7 cm lang, blaugrün oder graugrün, häufig gedreht. Die Abbildung zeigt die reifen Zapfen, die erst im dritten Jahr nach der Blüte fertig entwickelt sind. Übrige Angaben s. unter 70(d).
(g) Dreh-Kiefer *Pinus contorta* DOUGL. EX LOUD., Fam. Kieferngewächse *(Pinaceae)*. Nadelbaum bis etwa 30 m Höhe. Nadeln zu je 2 an Kurztrieben, etwa 3–10 cm lang, häufig gedreht. Reife Zapfen mit Stachelspitzen. Ursprünglich nur im westlichen Nordamerika von Alaska bis Kalifornien. Stellenweise auch in Mitteleuropa zur Aufforstung verwendet oder als Parkbaum.
(h) Japanische Lärche *Larix kaempferi* (LAMB.) CARR., Fam. Kieferngewächse *(Pinaceae)*. Baum bis etwa 30 m Höhe. Rinde rotbraun. Nadelblätter blaugrün bereift, unterseits mit 2 helleren Längsstreifen. Zapfen mit umgeschlagenen oder umgerollten Samenschuppen. Ursprünglich nur in Ostasien, als Forst- und Parkbaum eingeführt und stellenweise gepflanzt. Vgl. auch 26(n) und 184(i).
(i) Europäische Lärche *Larix decidua* MILL., Fam. Kieferngewächse *(Pinaceae)*. Baum bis etwa 35 m Höhe. Rinde grau oder graubraun. Nadelblätter hellgrün, büschelig an Kurztrieben, einzeln nur an Langtrieben (vgl. Abbildung). Samenschuppen der Zapfen am Rande wellig, nicht zurückgebogen. Blüten IV–V. Heimisch und bestandsbildend nur in den Hochgebirgsnadelwäldern der Alpen. Sonst nur angepflanzt. Vgl. 184(h).
(j) Sitka-Fichte *Picea sitchensis* (BONG.) CARR., Fam. Kieferngewächse *(Pinaceae)*. Nadelbaum bis etwa 35 m Höhe. Nadelblätter ziemlich flach, an den Flanken deutlich gekielt, oberseits dunkelgrün, glänzend, unterseits matt, mit 5–7 silberweißen Linien. Zweige und Äste unterseits gescheitelt. Ursprünglich nur in Nordamerika. Verschiedentlich in Nadelforsten angepflanzt. Blüten IV–V.
(k) Westliche Hemlockstanne *Tsuga heterophylla* (RAF.) SARG., Fam. Kieferngewächse *(Pinaceae)*. Nadelbaum bis etwa 50 m Höhe. Triebe oberseits braun, gefurcht, mit dichten, krausen, hellbraunen Haaren. Nadelblätter gescheitelt, verschieden groß, in der oberseitigen Reihe etwa 5–7 mm lang, in der unterseitigen 15–18 mm lang, länglich, allmählich in eine runde Spitze verschmälert, unterseits mit 2 breiten, weißen Bändern. Zapfen stumpf. Ursprünglich nur im westlichen Nordamerika. Gelegentlich in Parks gepflanzt.
(l) Gemeine Fichte, Rottanne *Picea abies* (L.) KARST., Fam. Kieferngewächse *(Pinaceae)*. Nadelbaum bis etwa 60 m Höhe, damit höchster einheimischer Baum. Krone regelmäßig kegelförmig. Rinde kupferrot, fein geschuppt. Nadelblätter vierkantig, allseits gleichfarbig, mit feinen weißen Linien, hart, sehr spitz. Heimisch und bestandsbildend nur in den höchsten Mittelgebirgslagen (Harz, Schwarzwald) und in den Alpen, ab etwa 800 m. Sonst nur angepflanzt. Wichtiger Forstbaum, meist in Monokulturen.

Aufnahme vom 4. September. ○ entspricht 1 cm

(a) Nickender Zweizahn *Bidens cernua* L., Fam. Korbblütengewächse *(Asteraceae)*. Einjährige Pflanze mit aufrechtem, ästigem Stengel, etwa 5–100 cm hoch. Blätter ungeteilt, sitzend, am Grunde miteinander verwachsen, mit vorwärts weisenden Zähnen gesägt. Blüten in kugeligen Körbchen, diese nickend und trugdoldig angeordnet. Meist nur bräunlich-gelbe Röhrenblüten, gelegentlich auch gelbe Zungenblüten. Verbreitet bis zerstreut in Unkrautfluren an Teichrändern und Ufern. Blüten VIII–X. Vgl. 186(c).
(b) Wasserpfeffer, Pfeffer-Knöterich *Polygonum hydropiper* L., Fam. Knöterichgewächse *(Polygonaceae)*. Einjährige Pflanze mit ästigem, aufrechtem Stengel, etwa 30–50 cm hoch. Blätter einfach, länglich-lanzettlich, gegen Grund und Spitze verschmälert, ganzrandig, von scharfem Geschmack und leicht giftig. Blüten unscheinbar, in Knäueln an lockerer, verlängerter Scheinähre. Verbreitet in Quellfluren, an Ufern, Gräben und in Sumpfwiesen. Blüten VII–X.
(c) Dreiteiliger Zweizahn *Bidens tripartita* L., Fam. Korbblütengewächse *(Asteraceae)*. Einjährige Pflanze mit aufrechtem, ästigem Stengel, etwa 15–100 cm hoch. Blätter 3- bis 7teilig, dunkelgrün, mit vorwärts gerichteten Zähnen. Blüten in kugeligen Köpfchen mit gelbbraunen Röhrenblüten, ohne Zungenblüten. Verbreitet an Naßstellen, Gräben und Teichufern. Blüten VII–X. Vgl. 186(a).
(d) Floh-Knöterich *Polygonum persicaria* L., Fam. Knöterichgewächse *(Polygonaceae)*. Pflanze zum Vergleich abgebildet. Alle übrigen Angaben unter 150(h).
(e) Wasser-Knöterich *Polygonum amphibium* L., Fam. Knöterichgewächse *(Polygonaceae)*. Mehrjährige Pflanze, etwa 30–100 (300) cm hoch. Wasserform mit langgestielten, länglich-eiförmigen Blättern; Landform mit länglich-lanzettlichen Blättern (Abb. oben). In und an Gewässern verbreitet. Blüten VI–X.

(f) Schwarz-Kiefer *Pinus nigra* ARNOLD, Fam. Kieferngewächse *(Pinaceae)*. Nadelbaum bis 20 m Höhe. Nadelblätter zu je 2 in einem Kurztrieb, etwa 8–15 cm lang, schwarzgrün. Die Abbildung zeigt einen reifen, geöffneten Zapfen. Übrige Angaben siehe unter 68(d).
(g) Monterey-Kiefer *Pinus radiata* DONN, Fam. Kieferngewächse *(Pinaceae)*. Baum bis etwa 30 m Höhe mit tief zerrissener, mattgrauer Borke. Nadelblätter zu je 3, dichtstehend, sehr dünn, glänzend grün; färben vor dem Abfallen nach orangebraun um. Zapfen gedrungen, bis 12 cm lang und 9 cm breit. Ursprünglich nur in Kalifornien. Selten in Parks als Zierbaum. Blüten III–IV.
(h) Edel-Tanne *Abies procera* REHD., Fam. Kieferngewächse *(Pinaceae)*. Baum bis etwa 45 m Höhe. Rinde blaßgrau oder rötlich, anfangs glatt. Nadelblätter schmal, etwas gebogen, oft blaugrün bereift, bis 20 mm lang, ziemlich steif. Zapfen aufrecht, bis etwa 20 cm lang und 8 cm breit, mit flacher Spitze. Ursprünglich nur im westlichen Nordamerika. Gelegentlich als Park- und Zierbaum gepflanzt.
(i) Küsten-Sequoie *Sequoia sempervirens* (DON) ENDL., Fam. Sumpfzypressengewächse *(Taxodiaceae)*. Einer der höchsten Bäume, kann bis über 100 m hoch werden. Rinde hellfuchsrot bis rötlichbraun. Nadelblätter an grünen Trieben, bis etwa 2 cm lang, linealisch, abstehend, scharf gespitzt, zweizeilig. An den Triebspitzen Schuppenblätter. Zapfen sehr klein, bis 2 cm lang, kugelig, mit wenigen Schuppen. Ursprünglich nur in den Küstenregionen des westlichen Nordamerika. Gelegentlich als Parkbaum. Frostempfindlich.
(j) Mammutbaum, Riesen-Sequoia *Sequoiadendron giganteum* (LINDL.) BUCHH., Fam. Sumpfzypressengewächse *(Taxodiaceae)*. Baum bis etwa 100 m Höhe und mehr als 20 m Stammumfang. Blätter alle schuppenförmig, spiralig in 3 Längsreihen, blaugrau bis glänzend-dunkelgrün. Zapfen bis 8 cm lang, bleibt bis 20 Jahre am Baum. Heimisch nur im kalifornischen Bergland. Gelegentlich als Parkbaum gepflanzt.
(k) Lawsons Scheinzypresse *Chamaecyparis lawsoniana* (MURRAY) PARL., Fam. Zypressengewächse *(Cupressaceae)*. Baum bis etwa 40 m Höhe. Rinde anfangs glatt dunkelbraun, später in Längsstreifen zerrissen. Nadelblätter schuppenförmig, im durchscheinenden Licht mit hellen Punkten, duften beim Zerreiben nach Petersilie, oberseits dunkelgrün, unterseits etwas blasser. Zapfen kugelig, mit schildförmigen Schuppen. Heimisch nur im westlichen Nordamerika. Häufig in Parks und auf Friedhöfen gepflanzt. Blüten II–IV.
(l) Leyland-Zypresse *Cupressocyparis leylandii* JACKS. ET DALLIM., Fam. Zypressengewächse *(Cupressaceae)*. Baum bis etwa 35 m Höhe. Gattungsbastard aus der **Monterey-Zypresse** *Cupressus macrocarpa* und der **Nutka-Scheinzypresse** *Chamaecyparis nootkatensis*. Zweige in 2 flachen Reihen gefiedert, ziemlich breit. An der Form kann man entscheiden, welche Ausgangsform der mütterliche Elter ist (*C. macrocarpa* bei der abgebildeten Form). Gelegentlich in Parks und Gärten angepflanzt.
(m) Libanon-Zeder *Cedrus libani* A. RICHARD, Fam. Kieferngewächse *(Pinaceae)*. Baum bis etwa 40 m Höhe mit breit ausladender Krone. Rinde dunkelgrau, anfangs glatt, später an älteren Exemplaren netzförmig gefeldert. Nadelblätter zu 10–30 in Büscheln an Kurztrieben, bis 3 cm lang, ziemlich steif, dunkelgrün oder blaugrün. Zapfen aufrecht auf den Ästen, lösen sich am Baum auf. Ziemlich selten in Parks.

Aufnahme vom 20. September. ○ entspricht 1 cm

(a) Wild-Apfel, Holz-Apfel *Malus sylvestris* (L.) MILL., Fam. Rosengewächse *(Rosaceae).* Strauch oder Baum bis etwa 10 m Höhe. Zweige sparrig verzweigt, meist sehr dornig. Blätter unterseits nur auf den Blattnerven behaart. Apfelfrüchte meist in Büscheln, klein, ziemlich holzig, aber genießbar. Weitere Angaben unter 26(m). Fruchtzeit etwa IX–X.
(b) Wild-Apfel, Holz-Apfel *Malus sylvestris* ssp. *mitis,* Fam. Rosengewächse *(Rosaceae).* Strauch oder Baum bis etwa 10 m Höhe. Bei dieser Unterart sind die Apfelfrüchte meist etwas größer und hängen einzeln an den Zweigen. Diese Form kann nicht immer mit Sicherheit von verwilderten Exemplaren der Kultursorten unterschieden werden. Weitere Angaben s. unter 26(m).
(c) Europäisches Pfaffenhütchen, Spindelbaum *Euonymus europaea* L., Fam. Baumwürgergewächse (Spindelbaumgewächse, *Celastraceae).* Strauch oder kleiner Baum, bis etwa 3 m Höhe. Junge Äste und Zweige auffallend graugrün, vierkantig, mit Korkleisten. Kapselfrüchte etwa ab IX, karminrot. Samen sind von einem orangefarbenen Samenmantel umgeben. Alle Teile der Pflanze, besonders auch die Früchte, sind sehr giftig. Vgl. auch 66(a).
(d) Gemeiner Liguster, Rainweide *Ligustrum vulgare* L., Fam. Ölbaumgewächse *(Oleaceae).* Strauch bis etwa 5 m Höhe, mit lederigen, teilweise (bis zum nachfolgenden Frühjahr) wintergrünen Blättern. Die schwarzen Liguster-Beeren, die etwa ab IX reifen, sind giftig und können insbesondere Kindern gefährlich werden. Übrige Angaben s. unter 98(c).
(e) Gemeiner Hopfen *Humulus lupulus* L., Fam. Hanfgewächse *(Cannabaceae).* Mehrjährige Kletterpflanze mit rechtswindendem Stengel, etwa bis 6 m hoch. Blätter gegenständig. Die Abbildung zeigt eine weibliche Pflanze mit reifen Hopfen-„Dolden". Die Deckblätter der weiblichen Blütenstände tragen gelbliche Drüsen, die die bei der Bierbrauerei verwendeten Bitterstoffe enthalten. Reifezeit etwa IX–X. Weitere Angaben s. unter 163(c).
(f) Gemeine Waldrebe *Clematis vitalba* L., Fam. Hahnenfußgewächse *(Ranunculaceae).* Kletterstrauch mit windendem, kletterndem Stengel und gegenständigen, unpaarig gefiederten Blättern. Die Abbildung zeigt einen reifen Fruchtstand. Jeder Samen trägt ein gefiedertes Flugorgan, das aus dem vergrößerten Griffel der Blüte hervorgegangen ist. Weitere Angaben s. unter 144(a).
(g) Schwarzer Nachtschatten *Solanum nigrum* L., Fam. Nachtschattengewächse *(Solanaceae).* Einjährige Pflanze von etwa 10–80 cm Höhe mit kahlem Stengel und langgestielten, rautenförmigen Blättern. Die Abbildung zeigt die schwarzen Beerenfrüchte, die etwa ab IX heranreifen. Sie sind zwar weniger giftig als die übrigen Teile der Pflanze, doch ist der Genuß dennoch nicht anzuraten. Vgl. auch 130(g).
(h) Bittersüßer Nachtschatten *Solanum dulcamara* L., Fam. Nachtschattengewächse *(Solanaceae).* Kletternder Halbstrauch bis etwa 5–7 m Höhe. Stengel an der Basis holzig. Die Abbildung zeigt die reifen roten Früchte, die anfangs grün, später orangegelb gefärbt sind. Alle Teile der Pflanze sind giftig. Vgl. auch 54(j).
(i) Gemeine Schmerwurz *Tamus communis* L., Fam. Yamswurzelgewächse *(Dioscoreaceae).* Mehrjährige Kletterpflanze mit dünnem, windendem Stengel und breit-herzförmigen bis pfeilförmigen Blättern. Die Abbildung zeigt die reifen, kugeligen, korallenroten Beerenfrüchte. Alle Teile der Pflanze sind giftig. Vgl. auch 94(f).
(j) Rotbeerige Zaunrübe *Bryonia dioica* JAQU., Fam. Kürbisgewächse *(Cucurbitaceae).* Ausdauernde Kletterpflanze, bis etwa 2–4 m lang, mit biegsamem, längsstreifigem, rankendem Stengel. Blätter 5lappig, gestielt. Ranken korkenzieherartig aufgewunden, mit Umkehrbögen. Die Abbildung zeigt die reifen roten Früchte, die von VIII–X reifen. Sie sind hochgiftig und dürfen auf keinen Fall verzehrt werden. Vgl. übrige Angaben unter 94(a).
(k) Hunds-Rose, Hecken-Rose *Rosa canina* L., Fam. Rosengewächse *(Rosaceae).* Strauch von etwa 1–3 m Höhe mit ausgebreiteten oder bogig überhängenden Ästen und Zweigen. Blätter mit 5–7 kahlen Teilblättchen. Stacheln an Stengeln und Blütenstielen hakig umgebogen. Die reifen Hagebutten, die die Abbildung zeigt, sind sehr vitaminreich und können zu einer sehr schmackhaften Hagebuttenkonfitüre verarbeitet werden. Zuvor müssen allerdings die mit widerhakigen Stachelhaaren besetzten Nüßchen entfernt werden. Fruchtreife VIII–X. Übrige Angaben s. unter 88(b).
(l) Gemeiner Efeu *Hedera helix* L., Fam. Araliengewächse *(Araliaceae).* Kletterstrauch (Wurzelkletterer) von 1–20 m Höhe, seltener auch kleiner Baum bis etwa 5 m Höhe. Blätter immergrün, etwas lederig, oberseits mit hellerem Netzmuster, entweder ganzrandig oder 5- bis 7lappig. Die Abbildung zeigt die in Dolden stehenden gelblich-grünen Blüten, die zur Reifezeit schwarze Beerenfrüchte liefern. Nektarabscheidung der Blüten sehr reichlich, daher immer reger Insektenanflug. Blüten IX–XII. Vgl. auch 20(c).

Aufnahme vom 24. September. ○ entspricht 1 cm

Herbst (September–Oktober) Wälder, Gebüsche, Parks

(a) Mäusedorn *Ruscus aculeatus* L., Fam. Liliengewächse *(Liliaceae)*. Kleiner, sehr sparriger Strauch von 30–80 cm Höhe. Sproßachse teilweise blattartig verbreitert, eigentliche Blätter schuppenförmig, klein. In den Blattachseln stehen die auffallenden, korallenroten (ungenießbaren) Früchte, die ab etwa X heranreifen. Übrige Angaben zur Art s. unter 20(a). Aufnahme vom 10. Dezember.

(b) Gemeiner Wacholder *Juniperus communis* L., Fam. Zypressengewächse *(Cupressaceae)*. Immergrüner Strauch. Nadeln zu 3 wirtelig, starr, abstehend, graugrün. Zweihäusig. Die Samenschuppenblätter des weiblichen Blütenstandes werden allmählich fleischig und bilden einen Beerenzapfen. In Heiden und Gebüschen. Geschützt. Fruchtreife IX–X. Aufnahme vom 24. September.

(c) Hülse, Stechpalme *Ilex aquifolium* L., Fam. Stechpalmengewächse *(Aquifoliaceae)*. Immergrüner Strauch oder Baum, etwa 2–6 m hoch, mit glänzenden, lederigen, dornspitzigen oder ganzrandigen Blättern. Zweihäusig. Die Abbildung zeigt die reifen Früchte, die giftig und daher ungenießbar sind. Geschützt. In Westeuropa häufiger. Fruchtreife IX–III. Übrige Angaben s. unter 44(f)

(d) Laubholz-Mistel *Viscum album* L., Fam. Mistelgewächse *(Loranthaceae)*. Halbschmarotzer auf Bäumen, meist auf Weichholz. Blätter gegenständig, gelbgrün, lederig. Die Abbildung zeigt die beerenartigen Scheinfrüchte, die von einem schleimig-klebrigen Fleisch eingehüllte Schließfrüchte darstellen. Fruchtreife im Winter, von XII–III. Aufnahme vom 10. Dezember.

(e) Echte Mehlbeere *Sorbus aria* (L.) CRANTZ, Fam. Rosengewächse *(Rosaceae)*. Strauch oder kleinerer Baum bis höchstens 10 m Höhe. Blätter einfach, ungelappt, breit-oval, ungleichmäßig gesägt, unterseits weißfilzig. Die reifen Früchte sind ziemlich wertlos, werden aber von den Vögeln sehr gerne angenommen. Fruchtreife IX–X. Vgl. übrige Angaben unter 66(d).

(f) Gemeine Esche *Fraxinus excelsior* L., Fam. Ölbaumgewächse *(Oleaceae)*. Baum bis etwa 40 m Höhe, mit lichter, wenigästiger Krone und unpaarig gefiederten, gegenständigen Blättern. Die Früchte sind zweisamige Nüsse mit propellerartigem, einseitigem Flügel, die bei starkem Wind im Herbst vom Baum gelöst werden. Fruchtreife X–XI. Übrige Angaben s. unter 28(d).

(g) Eß-Kastanie *Castanea sativa* MILL., Fam. Buchengewächse *(Fagaceae)*. Baum bis etwa 30 m Höhe mit grauer, längsrissiger Borke und ungeteilten, derb dornig gezähnten, länglich-elliptischen Blättern. Fruchtbecher dicht dornig. Fruchtreife X. Maronen waren in Südeuropa früher ein wertvolles Grundnahrungsmittel. Vgl. auch 122(c) sowie 190(l) und 190(m).

(h) Stein-Eiche *Quercus ilex* L., Fam. Buchengewächse *(Fagaceae)*. Baum bis etwa 15 m Höhe, mit immergrünen, unterseits auch behaarten Blättern. Die Abbildung zeigt die kurzgestielten Eicheln der Stein-Eiche, die meist nur im angestammten Verbreitungsgebiet der Pflanze heranreifen. Vgl. auch 88(d).

(i) Trauben-Eiche, Winter-Eiche *Quercus petraea* (MATT.) LIBEL., Fam. Buchengewächse *(Fagaceae)*. Baum bis etwa 35 m Höhe mit deutlich gestielten Blättern. Die Eicheln der Trauben-Eiche sind sehr kurzgestielt bzw. sitzen an den Zweigen in Büscheln. Fruchtreife IX–X. Übrige Angaben s. unter 40(e).

(j) Stiel-Eiche, Sommer-Eiche *Quercus robur* L., Fam. Buchengewächse *(Fagaceae)*. Baum bis etwa 40 m Höhe, mit kurzgestielten, fast sitzenden Blättern. Eicheln dieser Art sind langgestielt. Fruchtreife IX–X. Die Eicheln wurden früher zur Gewinnung von Mehl- und Kaffee-Ersatz gesammelt. Mit Eicheln konnten auch Schweine gemästet werden. Übrige Angaben s. unter 40(f).

(k) Echte Walnuß *Juglans regia* L., Fam. Walnußgewächse *(Juglandaceae)*. Baum bis etwa 30 m Höhe. Einhäusig. Blätter unpaarig gefiedert; Fiederblättchen ganzrandig, gestielt, nach unten kleiner werdend. Walnüsse sind Steinfrüchte. Die steinharten Schalen sind sehr gerbstoffhaltig und können zu Färbezwecken verwendet werden. Fruchtreife IX–X. Vgl. auch 26(j).

(l) Gemeine Roßkastanie *Aesculus hippocastanum* L., Fam. Roßkastaniengewächse *(Hippocastanaceae)*. Baum bis etwa 25 m Höhe mit großen, langgestielten, fingerförmig geteilten Blättern, die im Herbst nach Goldgelb umfärben. Weichschalige, stachelbewehrte Kapselfrüchte mit 1–2 braunen Samen (= Kastanien), die einen großen, hellen Nabelfleck tragen. Wegen des Gehalts giftiger Saponine ungenießbar. Fruchtreife VIII–IX. Vgl. auch 44(h).

(m) Rote Roßkastanie *Aesculus × carnea* HAYNE, Fam. Roßkastaniengewächse *(Hippocastanaceae)*. Baum bis etwa 10 m Höhe. Die Früchte gleichen denen der Gemeinen Roßkastanie, sind jedoch weniger stachelig und gewöhnlich auch wesentlich kleiner. Übrige Angaben s. unter 44(i).

Aufnahme vom 2. Oktober. ○ entspricht 1 cm

Weitere Literatur

Populäre Literatur

AICHELE, D.: Was blüht denn da? Kosmos-Verlag, Stuttgart 1973
AICHELE, D. UND R., SCHWEGLER, H. W. UND A.: Welcher Baum ist das? Kosmos-Verlag, Stuttgart 1976
AICHELE, D. UND R., SCHWEGLER, H. W. UND A.: Blumen der Alpen und der nordischen Länder. Kosmos-Verlag, Stuttgart 1977
KREMER, B. P.: Pflanzen unserer Küsten. Kosmos-Verlag, Stuttgart 1977
TRISKA, J.: Kosmos-Pflanzenwelt. Europäische Flora. Kosmos-Verlag, Stuttgart 1976

Speziellere Werke:

OBERDORFER, E.: Pflanzensoziologische Exkursionsflora. 4. Aufl., Stuttgart 1979
ROTHMALER, W.: Exkursionsflora, Bd. 2: Gefäßpflanzen. Berlin 1972
SCHMEIL, O., FITSCHEN, J.: Flora von Deutschland und seinen angrenzenden Gebieten. Heidelberg 1968

Besonders für das benachbarte Ausland:

BINZ, A., BECHERER, A.: Schul- und Exkursionsflora für die Schweiz. Basel 1973
ABBAYES, H. DES, CLAUSTRE, G., CORILLION, R., DUPONT, P.: Flore et Végétation du Massif Armoricain. Saint Brieuc 1971
FOURNIER, P.: Les Quatres Flores de la France. Paris 1946. Nachdruck 1977
CLAPHAM, A. R., TUTIN, T. G., WARBURG, E. F.: Excursion Flora of the British Isles. Cambridge 1975
URSING, B.: Norsk Fargeflora. Oslo 1974

Register der Pflanzenfamilien

Diese Übersicht wurde zusammengestellt, um die Familienzugehörigkeit der einzelnen behandelten Arten aufzuzeigen, die aus der Reihenfolge im Bildteil nicht hervorgeht.
Wissenschaftliche Klassifizierung arbeitet nach dem Ähnlichkeitsprinzip. Je ähnlicher sich zwei Pflanzen in möglichst vielen Merkmalen sind, um so verwandter sind sie auch. Fünf große Gruppen von übergeordnetem Rang können im Pflanzenreich im wesentlichen unterschieden werden. Dazu gehören die Pilze, die Algen, die Laub- und Lebermoose, die Farne, Schachtelhalme und Bärlappe sowie die Blütenpflanzen. Innerhalb dieser Großgruppen werden aus praktischen Gründen kleinere Rangstufen ausgegliedert, von denen wir in der folgenden Übersicht die einzelnen Familien herausgreifen. Die Namen der Pflanzenfamilien enden einheitlich auf -aceae, z. B. *Caryophyllaceae* Nelkengewächse. Die Familien umfassen weitere kleinere Einheiten, die Gattungen genannt werden. *Stellaria* und *Cerastium* sind Gattungen der *Caryophyllaceae.* Der Gattungsname bildet den ersten Teil des wissenschaftlichen Namens. Gattungen gliedern sich schließlich in einzelne Arten. *Stellaria media* und *Stellaria holostea* sind zwei verschiedene Arten derselben Gattung.
Gewöhnlich bilden die einzelnen Arten genetisch ziemlich einheitliche und erbkonstante Linien. Ausnahmsweise sind jedoch auch Arten der gleichen Gattung miteinander kreuzbar und bilden Hybriden.
Im wissenschaftlichen Pflanzennamen kann dieser Vorgang abgelesen werden, wie das Beispiel *Salix caprea* × *Salix aurita* zeigt. Meist sind die Hybriden unfruchtbar. Eine Ausnahme bildet der Bastard aus *Primula veris* × *Primula vulgaris* = *Primula brevistyla.*
Auf jeden Fall sollte immer betont werden, daß die Einteilung der Pflanzen (und Tiere) in Arten, Gattungen, Familien etc. ein wissenschaftlicher Kunstgriff ist und der natürlichen Formenvielfalt sozusagen aufgezwungen wird. Daher werden verschiedene Pflanzen von verschiedenen Autoren verschieden benannt oder in verschiedene Verwandtschaftsgruppen gestellt. Manche erhielten überflüssigerweise auch noch mehr als einen wissenschaftlichen Namen. Im ganzen stellt das hier benutzte System jedoch die derzeit mehrheitlich angenommene und genutzte Übereinkunft dar.
Die Blütenpflanzen bilden die artenreichste Pflanzengruppe, die sich von allen anderen Pflanzen vor allem durch die Art ihrer Fortpflanzung unterscheidet. Sie gliedern sich in zwei größere Gruppen: Die Nadelhölzer (Gymnospermen) tragen Zapfen, die Samen hervorbringen, wobei die Fruchtblätter nicht zum Fruchtknoten geschlossen werden. Diese Gruppe ist in diesem Buch durch die Familien *Cupressaceae, Pinaceae, Taxaceae* und *Taxodiaceae* vertreten. Die übrigen Blütenpflanzen bilden die Samen in einem geschlossenen Fruchtknoten, der zur Zeit der Samenreife zur Frucht wird; sie heißen deswegen auch Bedecktsamer (Angiospermen). Der größte Teil der im systematischen Teil erwähnten und abgebildeten Arten gehört zu dieser Gruppe.
Farne und Schachtelhalme vermehren sich nicht durch Samen, sondern durch Sporen. Nur je ein Vertreter der *Equisetaceae* und *Ophioglossaceae,* die man mit blütenlosen Angiospermen verwechseln könnte, sind in diesem Buch berücksichtigt worden.
Die Familien werden in der Übersicht in alphabetischer Reihenfolge aufgelistet. Innerhalb der Familien folgen die einzelnen Gattungen und deren Arten ebenfalls in alphabetischer Abfolge. Bei den großen und wichtigen Pflanzenfamilien werden jeweils einige allgemeine, kennzeichnende Merkmale vorangestellt. Für alle weiteren Fragen zur Benennung, Verwandtschaft oder Rangstufengliederung sollten die spezielleren Werke zu Rate gezogen werden, von denen einige im Literaturverzeichnis empfohlen werden.

Register der deutschen Pflanzennamen

Register der wissenschaftlichen Pflanzennamen